国家级线下一流本科课程、国家级精品课程配套教材
航空宇航科学与技术教材出版工程

空气动力学习题解答

Solution of Exercises in Aerodynamics

主 编 刘沛清
副主编 郭 昊 刘 媛 宋章辰

科学出版社
北 京

内 容 简 介

本书是与刘沛清编著的国家级线下一流本科课程、国家级精品课程教材《空气动力学》配套的习题解答参考书。

全书的内容按照主教材的章节顺序编排，知识要点简洁概要，习题解答过程规范、详细。本书可帮助学生学习课程内容，复习和巩固空气动力学知识，也可供教师备课和批改作业时参考。

本书适合于选用《空气动力学》教材的学校作为教学辅导书，也可供其他空气动力学学习者使用。

图书在版编目(CIP)数据

空气动力学习题解答 / 刘沛清主编. --北京：科学出版社，2024.8. --（国家级线下一流本科课程、国家级精品课程配套教材）. -- ISBN 978-7-03-078726-2

Ⅰ. V211

中国国家版本馆 CIP 数据核字第 2024T2L279 号

责任编辑：徐杨峰 / 责任校对：谭宏宇
责任印制：黄晓鸣 / 封面设计：殷 靓

科学出版社 出版
北京东黄城根北街 16 号
邮政编码：100717
http://www.sciencep.com
南京展望文化发展有限公司排版
广东虎彩云印刷有限公司印刷
科学出版社发行 各地新华书店经销

*

2024 年 8 月第 一 版 开本：787×1092 1/16
2025 年 6 月第二次印刷 印张：15 3/4
字数：364 000
定价：70.00 元
（如有印装质量问题，我社负责调换）

航空宇航科学与技术教材出版工程
专家委员会

主 任 委 员　杨　卫

副主任委员　包为民　杜善义

委　　　员（按姓名笔画排序）
　　　　　　　于起峰　尹泽勇　邓小刚　包为民　刘永才
　　　　　　　杜善义　李应红　李椿萱　杨　卫　何国强
　　　　　　　陈迎春　胡海岩　郭万林　唐长红　陶　智
　　　　　　　程耿东　蔡国飙　廖文和

航空宇航科学与技术教材出版工程
编写委员会

主任委员　郑　耀

副主任委员（按姓名笔画排序）

　　丁水汀　申胜平　李存标　李路明　孟松鹤
　　唐　硕　敬忠良

委　　员（按姓名笔画排序）

　　丁水汀　于达仁　王占学　尤延铖　申胜平
　　曲绍兴　刘　莉　李　岩　李小平　李仁府
　　李存标　李路明　吴志刚　吴建军　陈伟芳
　　罗世彬　郑　耀　孟松鹤　胡　宁　秦开宇
　　高效伟　唐　硕　崔平远　敬忠良

丛 书 序

我在清华园中出生，旧航空馆对面北坡静置的一架旧飞机是我童年时流连忘返之处。1973年，我作为一名陕北延安老区的北京知青，怀揣着一张印有西北工业大学航空类专业的入学通知书来到古城西安，开始了延绵46年矢志航宇的研修生涯。1984年底，我在美国布朗大学工学部固体与结构力学学门通过Ph.D的论文答辩，旋即带着在24门力学、材料科学和应用数学方面的修课笔记回到清华大学，开始了一名力学学者的登攀之路。1994年我担任该校工程力学系的系主任。随之不久，清华大学委托我组织一个航天研究中心，并在2004年成为该校航天航空学院的首任执行院长。2006年，我受命到杭州担任浙江大学校长，第二年便在该校组建了航空航天学院。力学学科与航宇学科就像一个交互传递信息的双螺旋，记录下我的学业成长。

以我对这两个学科所用教科书的观察：力学教科书有一个推陈出新的问题，航宇教科书有一个宽窄适度的问题。20世纪80~90年代是我国力学类教科书发展的鼎盛时期，之后便只有局部的推进，未出现整体的推陈出新。力学教科书的现状也确实令人扼腕叹息：近现代的力学新应用还未能有效地融入力学学科的基本教材；在物理、生物、化学中所形成的新认识还没能以学科交叉的形式折射到力学学科；以数据科学、人工智能、深度学习为代表的数据驱动研究方法还没有在力学的知识体系中引起足够的共鸣。

如果说力学学科面临着知识固结的危险，航宇学科却孕育着重新洗牌的机遇。在军民融合发展的教育背景下，随着知识体系的涌动向前，航宇学科出现了重塑架构的可能性。一是知识配置方式的融合。在传统的航宇强校（如哈尔滨工业大学、北京航空航天大学、西北工业大学、国防科技大学等），实行的是航宇学科的密集配置。每门课程专业性强，但知识覆盖面窄，于是必然缺少融会贯通的教科书之作。而2000年后在综合型大学（如清华大学、浙江大学、同济大学等）新成立的航空航天学院，其课程体系与教科书知识面较宽，但不够健全，即宽失于泛、窄不概全，缺乏军民融合、深入浅出的上乘之作。若能够将这两类大学的教育名家聚集于一堂，互相切磋，是有可能纲举目张，塑造出一套横跨航空和宇航领域、体系完备、粒度适中的经典教科书。于是在郑耀教授的热心倡导和推动下，我们聚得22所高校和5个工业部门（航天科技、航天科工、中航、商飞、中航发）的数十位航宇专家为一堂，开启"航空宇航科学与技术教材出版工程"。在科学出版社的大力促进下，为航空与宇航一级学科编纂这套教科书。

考虑到多所高校的航宇学科,或以力学作为理论基础,或由其原有的工程力学系改造而成,所以有必要在教学体系上实行航宇与力学这两个一级学科的共融。美国航宇学科之父冯·卡门先生曾经有一句名言:"科学家发现现存的世界,工程师创造未来的世界……而力学则处在最激动人心的地位,即我们可以两者并举!"因此,我们既希望能够表达航宇学科的无垠、神奇与壮美,也得以表达力学学科的严谨和博大。感谢包为民先生、杜善义先生两位学贯中西的航宇大家的加盟,我们这个由18位专家(多为两院院士)组成的教材建设专家委员会开始使出十八般武艺,推动这一出版工程。

因此,为满足航宇课程建设和不同类型高校之需,在科学出版社盛情邀请下,我们决心编好这套丛书。本套丛书力争实现三个目标:一是全景式地反映航宇学科在当代的知识全貌;二是为不同类型教研机构的航宇学科提供可剪裁组配的教科书体系;三是为若干传统的基础性课程提供其新貌。我们旨在为移动互联网时代,有志于航空和宇航的初学者提供一个全视野和启发性的学科知识平台。

这里要感谢科学出版社上海分社的潘志坚编审和徐杨峰编辑,他们的大胆提议、不断鼓励、精心编辑和精品意识使得本套丛书的出版成为可能。

是为总序。

2019 年于杭州西湖区求是村、北京海淀区紫竹公寓

前　言

《空气动力学》是专为航空航天类大学飞行器设计与工程、工程力学、飞行力学、导弹设计等专业开设的专业基础课程。空气动力学课程学习中，做习题是一个不可缺少的教学环节，不仅可以检查学生对课程知识点掌握的程度，巩固所学的知识，而且有助于加深理解和掌握空气动力学的基本概念、基本原理和基本方法，培养发现、提出、分析、解决问题的能力和素养。为了帮助学生掌握正确的解题方法，我们编撰了本书。

本书是与刘沛清编著的科学出版社"十三五"普通高等教育本科规划教材、国家级线下一流本科课程、国家级精品课程教材《空气动力学》（本书中称主教材）配套的习题解答参考书。为了便于学习，本书按照主教材的章节顺序编排，结合课程知识点的重点、难点和疑点，首先简述各章所涉及的空气动力学基本原理和方法，其中包括飞行器在低速、亚声速、跨声速、超声速绕流下空气动力特性等基本知识要点；然后按照教材习题，依次给出详细解答。

本书可帮助学生学习课程内容，复习和巩固空气动力学知识，也可供教师备课和批改作业时参考。

本书共分14章，和主教材一致，包括：第一部分的绪论、流体的基本属性与流体静力学、流体运动学与动力学基础、理想不可压缩流体平面势流、黏性流体动力学基础、边界层理论及其近似、可压缩空气动力学基础；第二部分的低速翼型绕流与气动特性、低速机翼绕流气动特性、低速机身与翼身组合体气动特性、亚声速薄翼型和机翼绕流气动特性、超声速薄翼型与机翼绕流气动特性、跨声速薄翼型与机翼绕流气动特性、高升力装置及其气动性能。北京航空航天大学刘媛负责题目审核工作，郭昊、宋章辰负责习题解答与公式编辑工作，刘沛清负责全书统稿和定稿。

由于编者水平有限，书中难免有错误和疏漏之处，我们衷心期待得到广大读者、同行专家的批评、指正，感谢对编者的关爱和帮助。

编　者

2024 年 1 月

目　　录

丛书序
前言

第1章　绪论 ·· 001
  1.1　内容要点 ·· 001
  1.2　习题解答 ·· 002
      一、思考题 ·· 002
      二、计算题 ·· 004

第2章　流体的基本属性与流体静力学 ·· 006
  2.1　内容要点 ·· 006
    2.1.1　连续介质的概念 ·· 006
    2.1.2　流体的属性 ··· 006
    2.1.3　质量力和面力 ··· 009
    2.1.4　流体静力平衡微分方程及应用 ··· 010
  2.2　习题解答 ·· 012
      一、思考题 ·· 012
      二、计算题 ·· 014

第3章　流体运动学与动力学基础 ·· 021
  3.1　内容要点 ·· 021
    3.1.1　描述流体运动的方法 ·· 021
    3.1.2　流体微团运动分解 ··· 024
    3.1.3　理想流体运动微分方程组 ··· 025
    3.1.4　伯努利积分方程 ·· 027
    3.1.5　流体运动的积分方程 ·· 028
    3.1.6　旋涡运动及其特性 ··· 031
  3.2　习题解答 ·· 033

一、思考题 ··· 033
　　二、计算题 ··· 043

第 4 章 理想不可压缩流体平面势流 ··· 055
　4.1 内容要点 ··· 055
　　4.1.1 势函数与流函数 ··· 055
　　4.1.2 流函数 ··· 056
　　4.1.3 理想不可压缩流体平面位流的基本方程 ······························ 058
　　4.1.4 理想不可压缩平面定常无旋流动 ······································· 060
　　4.1.5 简单位流叠加 ·· 060
　4.2 习题解答 ··· 064
　　一、思考题 ··· 064
　　二、计算题 ··· 068

第 5 章 黏性流体动力学基础 ··· 079
　5.1 内容要点 ··· 079
　　5.1.1 变形率矩阵（变形率张量） ··· 079
　　5.1.2 应力矩阵（应力张量） ··· 080
　　5.1.3 广义牛顿内摩擦定理（本构关系） ···································· 080
　　5.1.4 黏性流体运动方程——N-S 方程 ······································ 082
　　5.1.5 黏性流体运动的基本性质 ·· 083
　5.2 习题解答 ··· 084
　　一、思考题 ··· 084
　　二、计算题 ··· 088

第 6 章 边界层理论及其近似 ··· 099
　6.1 内容要点 ··· 099
　　6.1.1 边界层厚度 ·· 099
　　6.1.2 边界层方程 ·· 100
　　6.1.3 边界层动量积分方程解 ··· 101
　　6.1.4 边界层中的流动状态 ·· 102
　　6.1.5 边界层分离 ·· 102
　6.2 习题解答 ··· 103
　　一、思考题 ··· 103
　　二、计算题 ··· 106

第 7 章 可压缩空气动力学基础 ·· 119
　7.1 内容要点 ··· 119

	7.1.1 热力学基础知识	119
	7.1.2 能量方程	122
	7.1.3 高速一维绝热定常流	123
	7.1.4 声速与马赫数	126
	7.1.5 马赫波	127
	7.1.6 膨胀波	128
	7.1.7 激波	129
7.2	习题解答	131
	一、思考题	131
	二、计算题	137

第8章 低速翼型绕流与气动特性 ········ 150
- 8.1 内容要点 ········ 150
  - 8.1.1 翼型的空气动力系数 ········ 150
  - 8.1.2 低速翼型的低速气动特性 ········ 150
  - 8.1.3 库塔-茹科夫斯基后缘条件及环量的确定 ········ 152
  - 8.1.4 薄翼理论 ········ 152
- 8.2 习题解答 ········ 157
  - 一、思考题 ········ 157
  - 二、计算题 ········ 161

第9章 低速机翼绕流气动特性 ········ 176
- 9.1 内容要点 ········ 176
  - 9.1.1 大展弦比直机翼的气动特性 ········ 176
  - 9.1.2 后掠翼的低速气动特性 ········ 182
  - 9.1.3 小展弦比机翼的低速气动特性 ········ 183
- 9.2 习题解答 ········ 184

第10章 低速机身与翼身组合体气动特性 ········ 202
- 10.1 内容要点 ········ 202
- 10.2 习题解答 ········ 203

第11章 亚声速薄翼型和机翼绕流的气动特性 ········ 206
- 11.1 内容要点 ········ 206
  - 11.1.1 亚声速可压流中绕翼型的流动特点 ········ 206
  - 11.1.2 小扰动线化理论 ········ 206
  - 11.1.3 亚声速大展弦比机翼基本特性 ········ 209
- 11.2 习题解答 ········ 210

第 12 章　超声速薄翼型与机翼绕流气动特性 ·· 219
12.1　内容要点 ·· 219
12.1.1　超声速薄翼的绕流和近似理论 ·· 219
12.1.2　无限翼展斜置翼的超声速气动特性 ····································· 221
12.1.3　薄机翼超声速绕流的气动特性 ·· 222
12.2　习题解答 ·· 223

第 13 章　跨声速薄翼型与机翼绕流气动特性 ·· 230
13.1　内容要点 ·· 230
13.1.1　翼型的跨声速流动特性 ·· 230
13.1.2　跨声速面积律 ·· 231
13.2　习题解答 ·· 231

第 14 章　高升力装置及其气动性能 ·· 237
14.1　内容要点 ·· 237
14.2　习题解答 ·· 238

参考文献 ··· 240

第1章
绪 论

1.1 内 容 要 点

每个物理量都有它的量纲。量纲分为基本量纲和导出量纲两大类,基本量纲要求在一个物理过程中所有物理量的量纲都可以通过它们的组合被表示出来,而它们本身相互间又是独立的。力学中常选用的一组基本量纲为质量 M、长度 L 和时间 T;或者选用力 F、长度 L 和时间 T。

量纲理论的基础是量纲齐次性原理,它可以表述为:表达物理规律的函数关系(或方程式)中,每一项都必须具有相同的量纲,称为量纲齐次式。例如我们熟悉的牛顿第二定律 $f = ma$,两项的量纲必定是一致的。利用量纲齐次性原理,我们可以方便地得到一些物理量的量纲。例如,在剪切流中,牛顿流体的本构方程为 $\tau = \mu du/dy$,其中切应力 τ、速度 u 和空间坐标 y 的量纲是已知的,根据量纲齐次性原理,由此可知流体动力黏性系数 μ 的量纲为 $[\mu] = ML^{-1}T^{-1}$。

1914 年 Buckingham 在量纲齐次性原理的基础上提出了 π 定理,奠定了现代量纲理论的基础。

π 定理叙述为:如果一个物理过程由 n 个物理量组成的量纲齐次方程 $g(a_1, a_2, \cdots, a_n) = 0$ 所描述,而这 n 个物理量的量纲是根据 r 个基本量纲定义的,则该方程一定可以转化成 $(n-m)$ 个无量纲量之间的关系式 $f(\pi_1, \pi_2, \cdots, \pi_{(n-m)}) = 0$,其中 m 是 n 个物理量量纲矩阵的秩,满足 $m \leq r$。这 $n-m$ 个无量纲量是相互独立的,它们由 m 个重复出现的物理量乘上另一个物理量组成。

具体计算步骤如下:

(1) 列出量纲齐次性方程中所有 n 个物理量;
(2) 选定基本量纲中的一组;
(3) 列出所有 n 个物理量的量纲,确定在其中出现的基本量纲数 r;
(4) 求 n 个物理量的量纲矩阵的秩,即在各 π 中重复出现的物理参数的个数 m;
(5) 选定 m 个物理参数,它们必须包括所有基本量纲,与剩下的 $n-m$ 个物理量逐一组成无量纲数 π;
(6) 确定各无量纲数,得到数目为 $n-m$ 的无量纲量完备系。

在对空气动力学问题进行量纲分析时,会得到一系列无量纲量,其中许多具有重要的物理意义,它们也是使得两个几何相似流场保持动力学相似的相似判据(参数)。量纲分析是相似理论的基础。在空气动力学中,广泛使用无量纲化的数学模型。基本方程无量纲化出现的无量纲参数,不但给实验设计提出了重要的相似准则。它们的大小还反映了流场的基本特征和方程中各项量级的相对大小。

1.2 习题解答

一、思考题

1.1 为什么早期出现双层翼、三层翼飞机,今天都不见了?说明增大飞机升力的主要措施。

答:早期飞机受制于动力不足,无法产生足够的速度,从而需要通过增大机翼面积的方式达到所需要的升力,包括使用多层机翼;现代飞机具备大功率推进设备,可以满足提供升力所需要的速度,因此不需要更多层的机翼,否则会增大飞行阻力。所以双层翼飞机、三层翼飞机逐渐消失了。

　　增大飞机升力的主要措施有:提高飞机速度、增大机翼面积、适当增加机翼飞行迎角、改变翼剖面形状(学名"翼型")等。

1.2 定性说明平板、弯板、翼型三者的气动力差别原因。

答:由平板变成弯板,增加了机翼弯度,提高了升力;由弯板变成翼型,可以在提高升力的同时减小阻力,有助于构造升阻比大的外形。

1.3 如果飞机起落架不收起,请说明如何影响飞机的飞行性能。

答:如果飞机起落架不收起,会明显增大飞机阻力,同时增加了飞机的低头力矩(由机轮阻力导致)。

1.4 飞机在飞行中,平衡要求绕飞机重心的合力矩为零,如果力矩不平衡了,飞机上靠什么部件调整力矩?

答:常规布局靠平尾来平衡飞机的纵向力矩。鸭式布局靠前面鸭翼产生负升力平衡力矩。

1.5 请给出力、力矩、加速度的量纲和单位。

答:基本物理量纲有长度 L、时间 T、质量 M,则

　　　　力的量纲表达式为 $f=[MLT^{-2}]$,其单位可为 $kg \cdot m/s^2$;

　　　　力矩的量纲表达式为 $m=[ML^2T^{-2}]$,其单位可为 $kg \cdot m^2/s^2$;

　　　　加速度的量纲表达式为 $a=[LT^{-2}]$,其单位可为 m/s^2。

1.6 什么是相对飞行原理?地速与空速的差别是什么?

答:飞机以一定速度做水平直线飞行时,作用在飞机上的空气动力与远前方空气以该速度反方向流向静止不动的飞机时所产生的空气动力效果完全相同。

　　　　地速是飞机相对于地面惯性参考系的速度。

　　　　空速是飞机相对于当地(周围)风速的速度。

　　　　二者关系为:$\overline{空速}=\overline{地速}-\overline{风速}$。

1.7 逆风与顺风飞行的空气动力学差别是什么?

答:固定相对地速下,顺风则相对空速降低,逆风则相对空速增大;

固定相对风速下，顺风则相对地速增大，逆风则相对地速减小；

在风速准定常假设下，相对空速越大，飞行器的升力越大，阻力也越大。因为升力与相对空速大小相关，假设开始时固定地速，从无风到顺风，则飞机升力下降，阻力下降；反之，从无风到逆风，风机升力上升，阻力上升。

1.8 英国物理学家乔治·凯利空气动力学的科学思想是什么？

答：凯利被称为经典空气动力学之父，对鸟类飞行原理进行了大量的研究，通过对鸟翼面积、鸟的体重和飞行速度的观察，估算出速度、翼面积和升力之间的关系，发现机翼的升力除正比于飞行速度的平方和机翼面积外，还随机翼的迎角发生变化。他在1809年所发表的著名论文《论空中航行》中，勾勒出了现代飞机的轮廓，提出了人造飞行器应该将推进动力和升力面分开考虑的设想，对空气动力学理论的产生和形成作出了重要贡献。他描绘出固定翼、机尾、机身及升降舵等操纵面，解释了机翼的作用，并指出适当的安定性要从精心设计翼面使其有一点点角度获得；接着他又提到飞行器必须迎风而起，必须有垂直的和水平的舵面。凯利的论文还阐述了速度对升力的关系，机翼负荷、张力、重力的减轻，以及内燃发动机的原理、流线型对飞行器设计的重要性等。

1.9 说明翼型绕流中，上下翼面近区的速度大小，并指出翼面的受力特征。

答：飞机飞行时流经机翼上下表面的流体因为流速不一致，导致流线分布发生变化。机翼上方的流线密，流速大，下方的流线疏，流速小。机翼上翼面受吸力，下翼面受压力。

1.10 说明俄罗斯物理学家茹科夫斯基的升力环量定理（升力大小和方向）。

答：对于任意形状物体的绕流，只要存在速度环量，就会产生升力，升力方向沿着来流方向按反环量旋转90°，升力大小为 $L = \rho V_\infty \Gamma$。其中 L 为作用在绕流物体上的升力，ρ 为来流空气密度，V_∞ 为来流速度，Γ 为绕流物体的速度环量。

1.11 在直匀流中，圆柱体的升力决定于圆柱的旋转快慢。对不转的机翼来说，通过什么可以改变升力的大小？

答：在来流速度和机翼面积给定下，可以改变机翼的姿态，具体说是通过改变机翼的迎角，或者利用襟翼改变机翼的弯度，增大面积，从而改变绕机翼的环量，最终改变升力。

1.12 飞机在飞行中，通过发动机产生推力与阻力平衡，鸟在滑翔是靠什么力与阻力平衡？

答：鸟在滑翔时，翅膀是固定的，如果空气是静止的，鸟翱翔时的重力在飞行方向的分力与阻力平衡。

1.13 为什么飞机的机身是细长体？一般飞机的长细比（机身长度与最大直径的比值）取值是多少？

答：细长体机身为了减小机身阻力，一般飞机长细比取值范围为8~13。

1.14 固定翼飞机起飞为什么要滑跑？说明影响飞机起飞速度的主要因素。

答：通过滑跑，增加空气相对于机翼的速度，从而获得足够的升力。影响飞机起飞速度主要因素：空气密度、机翼面积、起飞迎角、跑道的摩擦等。

1.15 翼梢小翼主要的作用是什么？简述气动原理。

答：① 端板效应：翼梢小翼阻挡机翼下表面绕到上表面的绕流，削弱翼尖涡强度。② 耗散翼尖涡：因为翼梢小翼本身也是个小翼，产生的翼尖涡与主翼涡剪切耗散，减小了主涡的强度。③ 增加有效展弦比。

1.16 简述飞机上采用增升装置的原因。

答：采用增升装置使飞机在起飞时获得足够的升力。其主要原理有：增大机翼的有效面积、增加机翼的弯度、改善缝道的流动品质、通过流动控制动力增升。

二、计算题

1.17 低速 V 下球体上阻力的 Stokes – Oseen 公式为

$$F = 3\pi\mu DV + \frac{9\pi}{16}\rho V^2 D^2$$

其中，D 为球体直径；μ 为黏度；ρ 为密度。证明公式等号两边量纲一致。

答：各物理量的量纲分别为 $[\mu] = [MT^{-1}L^{-1}]$，$[D] = [L]$，$[V] = [LT^{-1}]$，$[\rho] = [ML^{-3}]$。

Stokes-Oseen 公式左侧，量纲为 $[F] = [MLT^{-2}]$。

右侧第一项量纲为 $[3\pi\mu DV] = [MT^{-1}L^{-1}] \times [L] \times [LT^{-1}] = [MLT^{-2}]$。

右侧第二项量纲为 $[9\pi/16 \times \rho V^2 D^2] = [ML^{-3}] \times [L^2T^{-2}] \times [L^2] = [MLT^{-2}]$。

所以公式左侧与右侧量纲相同。

1.18 如果 p 是压强，y 是坐标，以 $\{MLT\}$ 为基准，给出量纲：

(1) $\dfrac{\partial p}{\partial y}$；(2) $\int p \mathrm{d}y$；(3) $\dfrac{\partial^2 p}{\partial y^2}$；(4) ∇p。

答：以 $\{MLT\}$ 为基准，各量的量纲分别为

(1) $[ML^{-2}T^{-2}]$；

(2) $[MT^{-2}]$；

(3) $[ML^{-3}T^{-2}]$；

(4) $[ML^{-2}T^{-2}]$。

1.19 证明量纲一致，通过直径为 D 的孔口体积流量 Q 满足下列公式，该孔位于液体表面下 h 的一侧。

$$Q = 0.68 D^2 \sqrt{gh}$$

其中，g 是重力加速度。常数 0.68 的量纲是什么？

答：体积流量 Q 等式两侧的量纲表达式分别为

$$[Q] = [uD^2] = [L^3T^{-1}]$$

$$[D^2 \sqrt{gh}] = [L^2] \times [LT^{-1}] = [L^3T^{-1}]$$

所以 $0.68 = [1]$，为无量纲的常数。

1.20 证明边界层 x-方向的动量方程量纲一致。

$$u\frac{\partial u}{\partial x} + v\frac{\partial u}{\partial y} = f_x - \frac{1}{\rho}\frac{\partial p}{\partial x} + \frac{1}{\rho}\frac{\partial \tau}{\partial y}$$

其中,u、v 为流体质点运动速度分量;f_x 为单位质量的质量力;p 为压强;τ 为切应力;ρ 为流体质点密度。

答:方程中,各物理量的量纲分别为

$[\rho] = [\mathrm{ML^{-3}}]$,$[u] = [v] = [\mathrm{LT^{-1}}]$,$[p] = [\mathrm{ML^{-1}T^{-2}}]$,$[f_x] = [\mathrm{LT^{-2}}]$,$[\tau] = [\mathrm{ML^{-1}T^{-2}}]$

因此边界层 x-方向动量方程中,各项量纲分别为

$$\left[u\frac{\partial u}{\partial x}\right] = [\mathrm{LT^{-1}}] \times [\mathrm{LT^{-1}}] \times [\mathrm{L^{-1}}] = [\mathrm{LT^{-2}}]$$

$$\left[v\frac{\partial u}{\partial y}\right] = [\mathrm{LT^{-1}}] \times [\mathrm{LT^{-1}}] \times [\mathrm{L^{-1}}] = [\mathrm{LT^{-2}}]$$

$$[f_x] = [\mathrm{LT^{-2}}]$$

$$\left[\frac{1}{\rho}\frac{\partial p}{\partial x}\right] = [\mathrm{M^{-1}L^{3}}] \times [\mathrm{ML^{-1}T^{-2}}] \times [\mathrm{L^{-1}}] = [\mathrm{LT^{-2}}]$$

$$\left[\frac{1}{\rho}\frac{\partial \tau}{\partial y}\right] = [\mathrm{M^{-1}L^{3}}] \times [\mathrm{ML^{-1}T^{-2}}] \times [\mathrm{L^{-1}}] = [\mathrm{LT^{-2}}]$$

可以看出,方程中各项量纲一致,均为 $[\mathrm{LT^{-2}}]$。

第 2 章
流体的基本属性与流体静力学

2.1 内 容 要 点

2.1.1 连续介质的概念

流体由大量的分子组成,分子间的距离尺度远远大于分子本身的尺度。所有分子在做无休止的无规则运动,交换着能量和动量。所以,流体的运动在微观上是不均匀、离散和不确定的。但是,当受到物体扰动时,流体或空气所表现出的是大量分子运动体现出的宏观特性变化,如压强、密度等,而不是个别分子的行为。流体力学和空气动力学所关注的正是这样的宏观特征而不是个别分子的微观特征。

在连续介质中,常常把较微观粒子结构尺度大得多而较宏观特征尺度小得多的流体团称为质点。因此质点包含很多很多分子。概括起来,流体质点是宏观上组成流体的最小单元;一个包含一定质量的空间点;一个微观上充分大,宏观上充分小的分子团。流体质点是研究流体宏观行为的出发点。此时,微观分子的不均匀性、离散性、随机性转变为宏观行为的均匀性、连续性、确定性。

流体的连续介质假设:流体是由连续无间隙地充满所占据空间的流体质点组成。流体质点所具有的宏观物理量满足一切物理定律。流体质点和空间点在任何情况下(运动和静止),均必须满足一对一的关系,即每一个流体质点在任一时刻只能占据一个空间点,而不能占据两个以上空间点(确保解不出现间断);每一个空间点在任一时刻只能被一个流体质点所占据,而不能被两个以上质点所占据(确保解不出现多值)。一旦定义连续介质,就可以把流体的一切物理性质如密度、压强、温度及宏观运动速度等表示为空间和时间的连续可微函数,便于用数学分析工具来解决问题。由连续质点组成的质点系称为流体微团。

一般用克努森数,即分子平均自由程与物体特征尺寸之比来判断流体是否满足连续介质假设。

2.1.2 流体的属性

1. 易流性

流体与固体在力学特性上最本质的区别在于:二者承受剪应力和产生剪切变形能力上的不同。固体能够靠产生一定的剪切角变形量来抵抗剪切应力。流体的角变形量不仅与剪切应力大小有关,而且与剪切应力的持续时间长短有关。不论所加剪切应力多么小,只要不等于零,流体都将在剪应力作用下持续不断地产生变形运动(流动),这种特性称为流体的易流性。

2. 压缩性与弹性

流体在运动中,由于压力、温度等因素的改变引起体积发生改变的性质称为流体的压缩性。真实流体都具有压缩性。流体抵抗压缩变形的能力和特性称为弹性。类似材料力学,分别用弹性模量(这里是体积弹性模量)或压缩性系数度量流体的弹性或压缩性。

体积弹性模量 E 定义为产生单位相对体积变化所需的压强增高：

$$E = -\frac{\mathrm{d}p}{\mathrm{d}\forall / \forall}$$

考虑到一定质量的流体质量守恒,其密度与体积成反比：

$$\rho \mathrm{d}\forall + \forall \mathrm{d}\rho = 0, \text{即} -\frac{\mathrm{d}\forall}{\forall} = \frac{\mathrm{d}\rho}{\rho}$$

体积弹性模量可写为

$$E = \frac{\mathrm{d}p}{\mathrm{d}\rho/\rho} = \rho \frac{\mathrm{d}p}{\mathrm{d}\rho}$$

压缩性系数定义为单位压强差所产生的相对体积改变量：

$$\beta_p = -\frac{\mathrm{d}\forall / \forall}{\mathrm{d}p}$$

因此,$E = \frac{1}{\beta_p}$。

当 E 较大,则流体不容易被压缩,反之则流体容易被压缩。液体的体积弹性模量一般较大,通常可视为不可压缩流体,气体的体积弹性模量通常较小,且与热力过程有关,故气体具有压缩性。对具体流动问题是否应考虑空气压缩性要看流动产生的压强变化是否引起密度显著变化。一般情况下,当空气流动速度较低时,压强变化引起的密度变化很小,可不考虑空气压缩性对流动特性的影响。例如水在常温常压下：

$$\rho_w = 1\,000 \text{ kg/m}^3, \quad E_w = 2.1 \times 10^9 \text{ N/m}^2$$

对于空气,在 $T = 15°\text{C}$、一个标准大气压下：

$$\rho_a = 1.225 \text{ kg/m}^3 \quad E_a = \rho \frac{\mathrm{d}p}{\mathrm{d}\rho} = 1.42 \times 10^5 \text{ N/m}^2$$

第 7 章介绍高速流动时会证明 $a^2 = \frac{\mathrm{d}p}{\mathrm{d}\rho}$,即声速的平方等于压强对密度的变化率。所以气体的弹性决定于它的密度和声速：$E = \rho a^2$。

飞行器的飞行速度和扰动的传播速度的比值称为马赫数。由于气体的弹性取决于声速,因此马赫数的大小可看成是气体相对压缩性的一个指标。

当马赫数较小时,可认为此时流动的弹性影响相对较大,即压缩性影响相对较小(或一定速度、压强变化条件下,密度的变化可忽略不计),从而低速气体有可能被当作不可压缩流动来处理。

反之当马赫数较大之后,可以认为此时流动的弹性影响相对较小,即压缩性影响相对较大(或一定速度、压强变化条件下,密度的变化不能忽略不计),从而气体就不能被当作不可压缩流动来处理,而必须考虑流动的压缩性效应。

因此尽管一般我们认为气体是可以压缩的,但在考虑其流动时按照其速度快慢(即马赫数大小)将其区分为不可压流动和可压缩流动。可以证明,当马赫数小于 0.3 时,气体的压缩性影响可以忽略不计。

3. 黏性

流体黏性的微观机理:黏性作为流体的一种宏观物理属性,本质上源于流体分子间的相互作用和分子热运动引起的动量输运。在均匀的速度场中,两层相邻流体的分子由于热运动而相互交换位置时,不会产生动量的输运。如果流体做剪切运动,相邻两层流体的速度不一致。当分子由于随机热运动从速度较慢的一层进入速度较快的一层时,动量输运产生了使快层流体减速的阻力;反之,当快层内的分子进入慢层后,对慢层流体产生了加速的动力。这种由于分子热运动产生的动量输运引起快层流体速度变慢和慢层流体速度变快的现象,从宏观上表现为流体在运动时呈现出抵抗剪切变形的特性。

流体在静止时虽不能承受切应力,但在运动时,对相邻两层流体间的相对运动,即相对滑动速度却是有抵抗的,这种抵抗力称为摩擦应力或剪切应力。牛顿提出,流体内部的剪切应力 τ 与流体的角变形率 $\dfrac{\mathrm{d}\theta}{\mathrm{d}t}$ 成正比(注意对于固体而言,τ 与 θ 成正比)

$$\tau = \mu \frac{\mathrm{d}\theta}{\mathrm{d}t} = \mu \frac{\mathrm{d}u}{\mathrm{d}y}$$

其中,比例系数 μ 是反映黏性大小的物性参数,称为动力黏性系数。τ 的单位是帕:N/m^2,动力黏性系数 μ 的单位是:$Pa \cdot s, N \cdot s/m^2$。常态下空气和水的黏性系数分别为 $\mu_a = 1.789\,4 \times 10^{-5}\ kg/(m \cdot s)$,$\mu_w = 1.139 \times 10^{-3}\ kg/(m \cdot s)$。

在许多空气动力学问题里,黏性力和惯性力同时存在,在式子中 μ 和 ρ 往往以 (μ/ρ) 的组合形式出现,其量纲为 $[L^2 T^{-1}]$,用符号 ν 表示:

$$\nu = \frac{\mu}{\rho}$$

在常态下水和空气的运动黏性系数分别为

$$\nu_a = 1.461 \times 10^{-5}\ m^2/s$$

$$\nu_w = 1.139 \times 10^{-6}\ m^2/s$$

因为 ν 量纲只包含长度和时间,为运动学量,称为运动黏性系数。对于小黏性系数的流体,在某些流动中可忽略黏性作用。我们把不考虑黏性的流体称为理想流体。

液体和气体产生黏性的物理原因不同,液体分子结构紧密,液体的黏性主要源于液体分子间的内聚力;气体分子结构松散,气体黏性主要源于气体分子的热运动,因此液体和气体的动力黏性系数随温度的变化趋势刚好相反,但黏性系数与压强基本无关。

液体和气体的动力黏性系数随温度变化的关系可查阅相应表格或近似公式,其中最常用的如气体动力黏性系数的萨特兰(Sutherland)公式:

$$\frac{\mu}{\mu_0} = \left(\frac{T}{T_0}\right)^{1.5} \frac{T_0 + C}{T + C}$$

式中,μ_0 为在温度 $T = T_0 = 288.15$ K 时对应的 μ 值;C 为常数,等于 110.4 K。

2.1.3 质量力和面力

在流体中取一以封闭曲面 S 为界面的体积 τ,则作用在流体上的力可以分为两类,即质量力和面力。

质量力是外力场作用于流体中各个流体微团,大小与微团质量成正比的非接触力,例如重力、惯性力和磁流体具有的电磁力等都属于质量力,也被称为体积力或彻体力,由于质量力与质量成正比,故一般用单位质量力表示,向量形式为

$$\boldsymbol{f} = \lim_{\Delta \tau \to 0} \frac{\Delta \boldsymbol{F}_V}{\rho \Delta \tau} = f_x \boldsymbol{i} + f_y \boldsymbol{j} + f_z \boldsymbol{k}$$

其中,$\Delta \tau$ 是微团体积;ρ 为密度;$\Delta \boldsymbol{F}_V$ 为作用于微团的彻体力;$\boldsymbol{i}$、$\boldsymbol{j}$、$\boldsymbol{k}$ 分别是三个坐标方向的单位向量;f_x、f_y、f_z 分别是三个方向的单位质量彻体力分量。

相邻流体或物体作用于所研究流体团块外表面,大小与流体团块表面积成正比的接触力称为表面力。例如压力、摩擦力都是表面力。由于表面力按面积分布,故用单位面积上的接触力即接触应力表示,由于接触应力一般与表面法线方向并不重合,故又可以将接触应力分解为法向应力和切向应力。

指向作用面内法向应力称为压强。定义为

$$p = \lim_{\Delta A \to 0} \frac{\Delta P}{\Delta A}$$

与作用面相切的应力称为切向应力:

$$\tau = \lim_{\Delta A \to 0} \frac{\Delta T}{\Delta A}$$

在静止流体中,因为不能承受任意剪切应力,无论是理想流体还是黏性流体,其内部任意一点的应力只有内法向应力,称为压强。尽管一般压强是位置的函数 $p = p(x, y, z)$,但在同一点处压强不因受压面方位不同而变化,这个结果表明静止流体内压强是各向同性的。在理想(无黏)流体中,不论流体处于静止还是运动状态,因为黏性系数为零,其内

部任意一点的应力也只有内法向应力,即压强(各向同性)。对于黏性流体,在静止状态下,其内部任意一点的应力只有内法向应力,即压强;在运动状态下,其内部任意一点的应力除内法向应力外,还有切向应力。严格来说,其压强指的是三个互相垂直方向的内法向应力的平均值。

压强的量纲和单位表示方法:
(1) 压强量纲,$[ML^{-1}T^{-2}]$;
(2) 单位面积的力表示,N/m^2(Pa)或 kPa;
(3) 用液柱高度表示,$h=p/\gamma$(m, cm, mm);
(4) 用大气压表示,(气压表);
(5) 用气象学中的单位 bar、mbar 表示,1 bar = 100 000 Pa = 1 000 mbar。

大气压强分标准大气压强(atm)和工程大气压强(at)。

$$P_{atm} = 101\ 325\ Pa = 101.325\ kPa = 1.013\ 25\ bar = 1\ 013.25\ mbar$$

$$P_{at} = 98\ 000\ Pa = 98\ kPa = 980\ mbar(相当于海拔 200\ m 处正常大气压)$$

美国常用的单位是"psi",具体单位是"lbf/in²",就是"磅力/平方英寸"。

$$1\ psi = 6.895\ kPa = 0.068\ 947\ 6\ bar = 0.006\ 895\ MPa$$

压强的计量:
(1) 以真空为压强参考值计量的压强称为绝对压强,如上式中的 p;
(2) 以大气压 p_a 为参考压强,高出大气压部分的压强称为相对压强 $p_g = p - p_a$;
(3) 以大气压 p_a 为参考压强,不足大气压部分的压强称为真空度 $p_v = p_a - p$;
(4) 对于同一个压强值 p,其相对压强 p_g 与其真空度 p_v 之间的关系为 $p_g = -p_v$。

表压(gauge):系统上压力表的压强指示,指的是用压强表、真空表、U 形管等仪器测出来的压强,又称相对压强,"表压强"以大气压力为起点,符号为 p_g。

标准大气规定在海平面上,大气温度为 15℃或 $T_0 = 288.15\ K$,压强 $p_0 = 760\ mm$ 汞柱 = 101 325 N/m^2,密度 $\rho_0 = 1.225\ kg/m^3$。

2.1.4 流体静力平衡微分方程及应用

在平衡流体(静止或相对静止)中取定一笛卡儿坐标系,选取一微元六面体作为分析对象,可得流体静力平衡微分方程:

$$\begin{cases} \dfrac{\partial p}{\partial x} = \rho f_x \\ \dfrac{\partial p}{\partial y} = \rho f_y \\ \dfrac{\partial p}{\partial z} = \rho f_z \end{cases}$$

写成矢量为:$\nabla p = \rho f$。表明当流体平衡时,压强沿某个方向的偏导数,等于单位体积的质量力在该方向的分量。

此时,有

$$dp = \frac{\partial p}{\partial x}dx + \frac{\partial p}{\partial y}dy + \frac{\partial p}{\partial z}dz = \rho(f_x dx + f_y dy + f_z dz)$$

如流体为正压流体,即密度只是压强的函数 $\rho = \rho(p)$,则存在全微分 $d\Omega$ 满足

$$\frac{dp}{\rho(p)} = f_x dx + f_y dy + f_z dz = -d\Omega$$

Ω 称为质量力的势函数,或称质量力有势,其与单位质量力的分量关系为

$$f_x = -\frac{\partial \Omega}{\partial x}, f_y = -\frac{\partial \Omega}{\partial y}, f_z = -\frac{\partial \Omega}{\partial z}$$

如果沿着任意封闭曲线积分,得到

$$\oint_C \frac{dp}{\rho(p)} = \oint_C (f_x dx + f_y dy + f_z dz) = 0$$

说明单位质量力积分与路径无关。也就是说,单位质量力是有势力。由此得到,在静止状态下,所受的质量力必须是有势力。或者:只有在有势力作用下流体才有可能达到平衡。重力、惯性力和电磁力均为有势力。

等压面的概念:流场中压强相等的空间点组成的几何曲面或平面称为等压面。若 $d\boldsymbol{r}$ 为等压面上的向径,等压面方程为

$$dp = \boldsymbol{f} \cdot d\boldsymbol{r} = 0$$

上式表明:等压面处处与质量力相正交。因此,在重力场下静止液体等压面必然为水平面。

在重力场中,g 为重力加速度,密度为常数的流体,其重度 $\gamma = \rho g$,流体的质量力可表示为

$$f_x = 0, f_y = -g, f_z = 0$$

重力作用下平衡基本方程为

$$\frac{p}{\gamma} + y = H(常数)$$

表明:重力作用下平衡流体中所研究流体质点在真空管中上升高度(压力水头或压能)p/γ 与所研究流体质点在坐标系中所处高度(高度水头或势能)y 之和为常数(总水头或机械能)。因此,平衡流体中势能与压能可以互相转换,但总机械能保持不变。

2.2 习题解答

一、思考题

2.1 什么是流体的连续介质假设？

答：流体的连续介质假设：流体是由连续无间隙地充满所占据空间的流体质点组成。流体质点所具有的宏观物理量满足一切物理定律。

若无这个假设，研究流体力学需要研究具有不均匀性、离散性、随机性的流体微观分子，处理难度将会大幅增加。

2.2 从微观上看，流体状态如何描述？从宏观看，流体状态如何描述？

答：从微观上看，流体由大量做无规则运动的分子组成，分子的运动具有离散性和随机性；

从宏观上看，流体由无间隙地充满所占据空间的流体微团组成，流体的状态和流体微团的状态一样有序，具有均匀性、连续性、确定性。

2.3 为什么可用克努森数表征流体的连续性？结合标准大气表，请说明对于 1 000 mm 长的物体，在什么高度以上不满足连续介质假设？

答：克努森数 Kn 表征了分子平均自由程与物体特征尺寸的比值，只要物体特征尺寸相对于分子的活动空间足够大，那么流体就可以看作是连续均匀的。

若满足连续介质假设，有：$Kn = \lambda/L < 0.01$。

对于 $L = 1\,000$ mm 的物体，则要求分子自由程 $\lambda < 0.01L = 10$ mm。

那么根据公式：

$$\lambda = \frac{k_\text{B} T}{\sqrt{2}\pi d^2 p}$$

其中，d 为分子平均直径；p 为大气压；T 为温度；k_B 为玻尔兹曼常数（Boltzmann constant），是有关于温度及能量的一个物理常数，$k_\text{B} = 1.380\,649 \times 10^{-23}$ J/K。代入 $d = 3.5 \times 10^{-10}$ m，可得 $\dfrac{T}{p} = 394.386$。由完全气体状态方程 $p = \rho RT$，得 $r = 8.833 \times 10^{-6}$ kg/m³。

参考主教材式(2.66)，可知此时高度为 78.4 km。因此在 78.4 km 高度上，流体将不满足连续介质条件。

2.4 什么是流体的易流动性？请从微观上说明流体的易流动性。

答：不论所加剪切应力多么小，只要不等于零，流体都将在剪应力作用下持续不断地产生变形运动（流动），这种特性称为流体的易流性。

从微观上看，流体分子之间间距较大，分子间作用力小，在剪切应力作用下，流体分子不能通过变形来抵抗剪切应力，必须运动起来，使得相邻两层流体的速度不一致，由此来抵抗剪切应力，宏观上表现为流体只有在运动时方可呈现出抵抗剪切变形的特性。

2.5 对于空气和水，如果体积压缩1%，求需要的压强增量。

答：由体积弹性模量定义

$$E = -\frac{\mathrm{d}p}{\mathrm{d}v/v} \quad (\mathrm{N/m^2}), \quad \text{即} \quad \Delta p = -E\frac{\mathrm{d}v}{v}$$

对于空气，在 $T = 15\text{℃}$、一个标准大气压下：

$$E_\mathrm{a} = 1.42 \times 10^5 \ \mathrm{N/m^2}, \quad \Delta p_\mathrm{a} = 0.01 E_\mathrm{a} = 1.42 \times 10^3 \ \mathrm{N/m^2}$$

对于水，在常温常压下：

$$E_\mathrm{w} = 2.1 \times 10^9 \ \mathrm{N/m^2}, \quad \Delta p_\mathrm{w} = 0.01 E_\mathrm{w} = 2.1 \times 10^7 \ \mathrm{N/m^2}$$

2.6 什么是流体的黏滞性？为什么流体内的黏性切应力与剪切变形速率成正比，而不是剪切变形量？

答：流体相邻层间存在着抵抗层间相互错动的趋势，这一特性称为流体的黏性。

流体微元变形时，单位时间内角变形率等于速度梯度，即 $\mathrm{d}\theta/\mathrm{d}t = \mathrm{d}u/\mathrm{d}y$，又因为 $\Delta = (u + \mathrm{d}u)\mathrm{d}t - u\mathrm{d}t = \mathrm{d}u\mathrm{d}t$，推导得牛顿黏性公式，因此流体内的黏性切应力与剪切变形速率成正比。而流体的剪切应变量随着剪切力的作用时间延长会一直增大，故流体的黏性剪切应力与剪切变形量无关。

2.7 请说明宾汉流体、伪塑性流体，胀塑性流体、牛顿流体切应力与变形率的关系。

答：宾汉流体切应力与变形率是线性正相关，变形率与切应力函数曲线不经过原点，或者说在一定的剪切应力以下不会流动，也就无变形，剪切力大于一定值时变形率随剪切力线性增长；

伪塑性流体黏性系数随变形率增大而减小；

胀塑性流体黏性系数随变形率增大而增大；

牛顿流体切应力与变形率成正比，黏性系数为常数。

宾汉流体： $\tau = \tau_0 + \mu \dfrac{\mathrm{d}u}{\mathrm{d}y}$

伪塑性流体： $\tau = \mu\left(\dfrac{\mathrm{d}u}{\mathrm{d}y}\right)^{0.5} = \dfrac{\mu}{\sqrt{\dfrac{\mathrm{d}u}{\mathrm{d}y}}} \dfrac{\mathrm{d}u}{\mathrm{d}y} = \eta \dfrac{\mathrm{d}u}{\mathrm{d}y}, \quad \eta = \dfrac{\mu}{\sqrt{\dfrac{\mathrm{d}u}{\mathrm{d}y}}}$

胀塑性流体： $\tau = \mu\left(\dfrac{\mathrm{d}u}{\mathrm{d}y}\right)^2 = \mu \dfrac{\mathrm{d}u}{\mathrm{d}y} \dfrac{\mathrm{d}u}{\mathrm{d}y} = \eta \dfrac{\mathrm{d}u}{\mathrm{d}y}, \quad \eta = \mu \dfrac{\mathrm{d}u}{\mathrm{d}y}$

牛顿流体： $\tau = \mu \dfrac{\mathrm{d}u}{\mathrm{d}y}$

理想流体： $\tau = 0 \dfrac{\mathrm{d}u}{\mathrm{d}y}$

2.8 已知某一点气压表读数2.5个大气压，试问该点的相对压强、绝对压强是多少？

答：相对压强为 2.5 atm；绝对压强为 3.5 atm。

2.9 静止流体内部任意一点静压强的各向同性指什么？

答：静止流体内部压强大小与作用面的方位无关。即，静止流体内任意一点没有切向应力，其任意方向的法向应力相同；此时，任意一点的压强可以表示为位置坐标和时间的连续函数。

二、计算题

2.10 一平板距离另一固定平板 0.5 mm，两板间充满液体，上板在每平方米上有 2 N 的力作用下以 0.25 m/s 的速度移动，试求该液体的黏度。

答：由牛顿内摩擦定律 $\tau = \mu \dfrac{U}{h}$，可得动力黏性系数：

$$\mu = \frac{\tau h}{U} = \frac{2 \times 0.000\,5}{0.25} = 0.004\ \text{Pa}\cdot\text{s}$$

2.11 有一底面积为 60 cm×40 cm 的平板，质量为 5 kg，沿一与水平面成 20°角的斜面下滑，平面与斜面之间的油层厚度为 0.6 mm，若下滑速度 0.84 m/s，求油的动力黏度 μ。

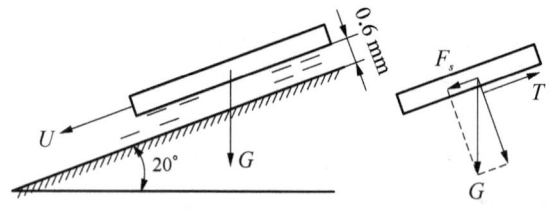

习题 2.11 图

答：对平板进行受力分析，可知：$F_s = G \cdot \sin 20° = \dfrac{\mu A U}{h}$。

动力黏性系数：$\mu = \dfrac{hG\sin 20°}{AU} = 0.049\,9\ \text{Pa}\cdot\text{s}(\text{N}\cdot\text{s/m}^2)$。

2.12 为了进行绝缘处理，将导线从充满绝缘涂料的模具中间拉过，已知导线直径为 0.8 mm，涂料的黏度 $\mu = 0.02\ \text{Pa}\cdot\text{s}$，模具的直径为 0.9 mm，长度为 20 mm，导线的牵拉速度为 50 m/s，试求所需牵拉力。

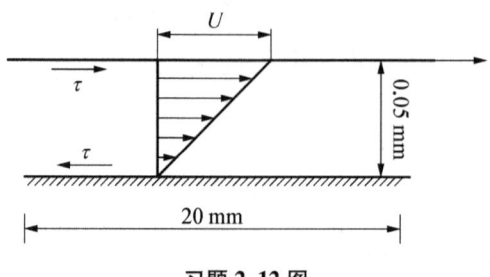

习题 2.12 图

答：$h = \dfrac{1}{2}(d_2 - d_1) = 0.05 \times 10^{-3}$ m

牵拉力：$F = \dfrac{\mu U A}{h} = \dfrac{\mu U \pi d_1 L}{h} = \dfrac{\pi \times 0.8 \times 10^{-3} \times 20 \times 10^{-3} \times 0.02 \times 50}{0.05 \times 10^{-3}}$

$= 0.32\pi \approx 1.00$ N

2.13 两平行圆盘，直径都是 d，两者相距 h，下盘固定，上盘以匀角速度 ω 旋转，盘间有一种黏度为 μ 的液体。假设与直径 d 相比两盘的距离 h 为小量，两盘之间液体的速度分布呈线性关系。试推导黏度 μ 与转矩 T 及角速度 ω 之间的关系。

答：取距离圆盘中心为 r 的一点，进行分析。

该点处的剪切应力：$\tau = \mu \dfrac{dv}{dy} = \dfrac{\mu \omega r}{h}$

又由应力与转矩的关系：$dT = \tau r dA = r \dfrac{\mu \omega r}{h} 2\pi r dr$

积分得：$T = \dfrac{\mu \pi \omega d^4}{32 h}$

由此得黏度与转矩和角速度的关系式：$\mu = \dfrac{32 h T}{\pi \omega d^4}$

2.14 上下两平行圆盘，直径均为 d，两盘间间隙厚度为 δ，间隙中液体的动力黏度为 μ，若下盘固定不动，上盘以角速度 ω 旋转，求所需力矩 M 的表达式。

答：距中心轴线 r 处取一宽度为 dr 微小圆环。

在该处产生的剪切应力：$\tau = \mu \dfrac{dv}{dy} = \dfrac{\mu \omega r}{\delta}$

又由应力与转矩的关系：$dM = \tau r dA = r \dfrac{\mu \omega r}{\delta} 2\pi r dr$

积分得：$M = \dfrac{\mu \pi \omega d^4}{32 \delta}$

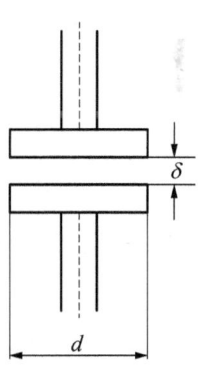

习题 2.14 图

2.15 已知 $\omega = 16$ rad/s，$\delta = 1$ mm，$R = 0.3$ m，$H = 0.5$ m，$\mu = 0.1$ Pa·s，求作用于圆锥体的阻力矩。

答：距中心轴线 r 处取一高度为 dz 的微小圆台。

在该处产生的剪切应力：$\tau = \mu \dfrac{dv}{dy} = \dfrac{\mu \omega r}{\delta}$

又由应力与转矩的关系：$dT = \tau r dA = \mu \dfrac{\omega r}{\delta} r \dfrac{2\pi r}{\cos \theta} dz$

其中，$\cos \theta = \dfrac{H}{\sqrt{R^2 + H^2}}$，$\dfrac{r}{R} = \dfrac{z}{H}$

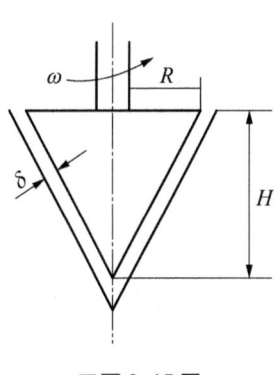

习题 2.15 图

代入积分得：$T = \int_0^H \dfrac{\sqrt{R^2+H^2}}{H} \dfrac{2\pi\omega\mu R^3 z^3}{\delta H^3} \mathrm{d}z = 39.57\ \mathrm{N\cdot m}$

2.16 有一矩形断面的宽渠道，其水流速度分布为：$u = 0.002\dfrac{\gamma}{\mu}\left(hy - \dfrac{y^2}{2}\right)$，式中 γ 为水的容重，μ 为水的动力黏性系数，y 为水深，$h = 0.5\ \mathrm{m}$。试求渠底 $y=0$ 处的切应力 τ_0。

答：$\tau_0 = \mu\left.\dfrac{\mathrm{d}u}{\mathrm{d}y}\right|_{y=0} = -0.002\gamma h$

水的容重为 $\gamma = \rho g = 9\,800\ \mathrm{kg/(m^2\cdot s^2)}$

那么有 $\tau_0 = 0.002\gamma h = 9.8\ \mathrm{Pa}$

2.17 两平板间充满了两种不相混合的液体，其黏度系数如下：上层液体动力黏度 $\mu_1 = 0.14\ \mathrm{Pa\cdot s}$，$\mu_2 = 0.24\ \mathrm{Pa\cdot s}$，液体厚度分别为 $\delta_1 = 0.8\ \mathrm{mm}$，$\delta_2 = 1.2\ \mathrm{mm}$，假定速度分布为直线规律，试求推动底面积 $A = 0.1\ \mathrm{m^2}$ 的上平板以 $0.4\ \mathrm{m/s}$ 速度做匀速运动所需要的力。

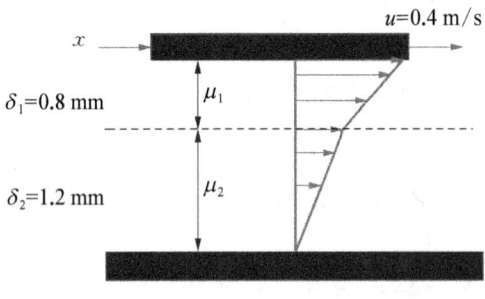

习题 2.17 图

答：在两种流体的分界面，$\tau_1 = \tau_2$；该分界面的速度为 v，即

$$\mu_1 \dfrac{u-v}{\delta_1} = \mu_2 \dfrac{v}{\delta_2}$$

解得

$$v = 0.187\ \mathrm{m/s}$$

则

$$\tau_1 = \dfrac{0.4 - 0.187}{0.8\times 10^{-3}} \times 0.14 = 37.28\ \mathrm{Pa}$$

$$F = \tau_1 \times A = 3.728\ \mathrm{N}$$

2.18 太平洋中的马里亚纳山脉深度是 11 034 m。在该高度水的容重 $\gamma = 10\,520\ \mathrm{N/m^3}$。估计这个海拔的压强。

答：这个海拔是相对于海平面向下的，同时考虑到标准大气压，则

$$P = 101\ 325 + 10\ 520 \times 11\ 034 = 116\ 179\ 005\ \text{Pa} \approx 1.16 \times 10^8\ \text{Pa}$$

2.19 假设大气的密度是个常数,其值为 1.225 kg/m³,试求大气层的上界为多少米。(假设在海平面处的压强与国际标准大气值相同)

答:海平面处压强为 P_0 = 101 325 Pa

当达到大气层的上界时,压强为 0,有

$$H = \frac{P_0}{\rho g} = \frac{101\ 325}{1.225 \times 9.8} = 8\ 440\ \text{m}$$

2.20 一个垂直的干净的玻璃压力计管的内径为 1 mm。当施加压力时,20℃的水上升到 25 cm 的高度。修正表面张力后,估算压强。

答:由 Harkins 的经验公式可知,水的表面张力系数为温度的函数,即

$$\sigma = 75.796 - 0.145T - 0.000\ 24T^2$$

20℃下,σ = 0.072 75 N/m。

如果不考虑接触角的影响,内径 1 mm 的玻璃压力计管,表面张力带来的附加压强为

$$\frac{2\pi\sigma r}{\pi r^2} = 145.6\ \text{Pa}$$

因此,在水的容重为 9 800 N/m³ 情况下,修正表面张力后,估算压强应当为

$$145.6 + 9\ 800 \times 0.25 = 2\ 595.6\ \text{Pa}$$

2.21 压缩机压缩空气,绝对压强从 9.806 7×10⁴ Pa 升高到 5.884 0×10⁵ Pa,温度从 20℃ 升高到 78℃,问空气体积减小了多少?

答:不妨设压缩机内空气质量为 m,由 $\rho = \dfrac{p}{RT}$,可得

$$V_1 = \frac{m}{\rho} = \frac{mRT_1}{P_1}$$

$$V_2 = \frac{mRT_2}{P_2}$$

$$K = \frac{V_1 - V_2}{V_1} = \frac{\dfrac{T_1}{P_1} - \dfrac{T_2}{P_2}}{\dfrac{T_1}{P_1}} = 0.8 = 80\%$$

故体积减小了 80%

2.22 内径为 10 mm 的开口玻璃管插入温度为 20℃ 的水中,已知水与玻璃的接触角 θ =

10°。试求水在管中上升的高度。

答：由习题 2.20 可知，由 Harkins 的经验公式可知，水的表面张力系数为温度的函数，即

$$\sigma = 75.796 - 0.145T - 0.00024T^2$$

20℃下，$\sigma = 0.07275$ N/m，密度 $\rho = 998.23$ kg/m³

此时，水在表面张力作用下，在内径为 d 的管中上升的高度为

$$h = \frac{4\sigma \cos 10°}{\rho g d} = 2.94 \text{ mm}$$

2.23 一个封闭的容器包含 1.5 m 的油、1 m 的水、20 cm 的汞和一个顶部的空气空间，所有这些都是在 20℃ 条件下。如果 $p_{\text{bottom}} = 60$ kPa，那么空气空间的压强是多少？

答：$p_{\text{bottom}} = p_{\text{油}} + p_{\text{水}} + p_{\text{汞}} + p_a$

$$\rho_{\text{油}} = 800 \text{ kg/m}^3 \quad \rho_{\text{水}} = 997 \text{ kg/m}^3$$

$$\rho_{\text{汞}} = 13.6 \times 10^3 \text{ kg/m}^3 \quad \rho_a = 1.21 \text{ kg/m}^3$$

$$p_a = p_{\text{bottom}} - p_{\text{油}} - p_{\text{水}} - p_{\text{汞}} = p_{\text{bottom}} - \rho_{\text{油}} g h_1 - \rho_{\text{水}} g h_2 - \rho_{\text{汞}} g h_3 = 11\,813.4 \text{ Pa}$$

2.24 两种流体的温度都是 20℃。如果表面张力的影响可以忽略不计，那么油的密度是多少？（单位：kg/m³）

答：$\rho_{\text{水}} h_1 = \rho_{\text{油}} h_2$

其中，$h_1 = 6$ cm，$h_2 = 8$ cm，代入数据解得 $\rho_{\text{油}} \approx 750$ kg/m³

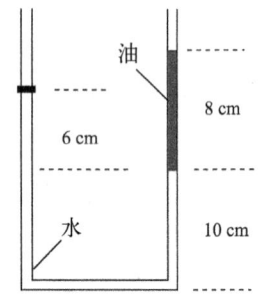

习题 2.24 图

2.25 某发动机的设计高度为 1 000 m，试求出该高度处的大气压强、密度和温度，并与国际标准大气表上所给出的参数相比较。

答：高度为 1 000 m，属于对流层，则 $T = 288.15 - 0.0065y = 281.65$ K

$$P_h = P_0 \left(\frac{T_h}{T_0}\right)^{5.25588} = 101.325 \times \left(\frac{281.65}{288.15}\right)^{5.25588} = 89.87 \text{ kPa}$$

$$\rho_h = \rho_0 \left(\frac{T_h}{T_0}\right)^{4.25588} = 1.225 \times \left(\frac{281.65}{288.15}\right)^{4.25588} = 1.112 \text{ kg/m}^3$$

与标准大气压表一致。

2.26 传感器 A 的读数为 1.5 kPa（计）。所有液体都为 20℃。确定打开的压力计管 B 和 C 的液面高度 z(m)。

答：由题意知 $P_{\text{空气}} = 1.5$ kPa

$$\rho_{\text{汽油}} g h_B = P_{\text{空气}}$$

解得：$h_B = 0.21$ m

故 $Z_B = h_B + h_{汽} + h_{甘油} = 2.71$ m

$$\rho_{甘油} g h_C = P_{空气} + \rho_{汽油} g h_{汽}$$

解得：$h_C = 0.99$ m

故 $Z_C = h_{甘油} + h_C = 1.99$ m

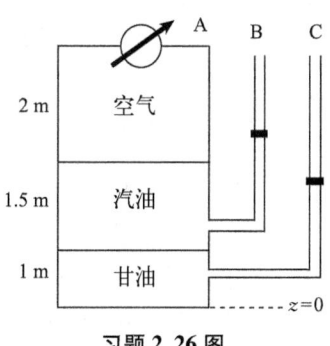

习题 2.26 图

2.27 一个储气罐的容积为 6 m³，内储 48.1 kg 的空气，试确定储气罐内空气的密度。

答：$\rho = \dfrac{m}{V} = \dfrac{48.1 \text{ kg}}{6 \text{ m}^3} = 8.0167 \text{ kg/m}^3$

2.28 一个直径 5 mm 的毛细管被用作油的黏度计。当流量为 0.071 m³/h 时，单位长度测得的压降为 375 kPa/m，估计流体的黏度。该流动是层流吗？能否估计流体的密度？

答：若流动为层流，根据层流管道压降流量关系式有

$$Q = \frac{\pi a^4}{8\mu l}\Delta p = \frac{\pi d^4}{128\mu l}\Delta p$$

$$\mu = \frac{\pi d^4}{128 Q l}\Delta p = \frac{3.14 \times (5 \times 10^{-3})^4}{128 \times 0.071/3600} \times 375 \times 10^3 = 0.2916 \text{ Pa·s}$$

管道平均速度 $V = \dfrac{Q}{S} = \dfrac{4Q}{\pi d^2}$。

一般情况下，油的密度小于水，二者雷诺数关系有

$$Re = \frac{\rho V d}{\mu} = \frac{4\rho Q}{\pi d \mu} < \frac{4\rho_w Q}{\pi d \mu} = \frac{4 \times 1000 \times 0.071/3600}{3.14 \times 0.005 \times 0.2916} = 17.2 < 2300$$

因此，流动为层流。无法估计流体的密度。

2.29 图中所示为等加速向下运动的盛水容器，水深 $h = 2$ m，加速度 $a = 4.9$ m/s²。试确定：① 容器底部的流体绝对静压强；② 加速度为何值时容器底部所受压强为大气压强？③ 加速度为何值时容器底部的绝对静压强等于零？

答：$dp = \rho(f_x dx + f_y dy + f_z dz)$

其中，$f_x = 0$，$f_y = 0$，$f_z = a - g$，且 $p_0 = p_{atm} = 101325$ Pa

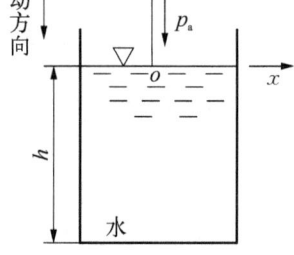

习题 2.29 图

（1）水的密度 $\rho = 1000$ kg/m³，重力加速度 $g = 9.8$ m/s²

积分得 $p = p_{atm} + \rho h(g - a) = 111125$ Pa

（2）当所受压强为大气压，即 $p = p_{atm}$，则 $g - a = 0$，得

$$a = g = 9.8 \text{ m/s}^2$$

（3）$p = p_{\text{atm}} + \rho h(g - a) = 0$，得

$$a = g + \frac{p_{\text{atm}}}{\rho h} = 60.462\ 5\ \text{m/s}^2$$

2.30 某日气压表的读数为 101.672 kPa，试求：在每平方米面积上，大气压强所作用的力为多少牛？

答：$F = PA = 101\ 672\ \text{N}$。

2.31 某气罐容积为 27.1 m³，内储压缩空气。已知罐中空气的温度为 303 K，压强为 127.825 kPa，试求：罐内压缩空气的质量为多少千克？

答：

$$p = \rho RT = \frac{mRT}{v}$$

$$m = \frac{pv}{RT} = \frac{127\ 825 \times 27.1}{287 \times 303} = 39.8\ \text{kg}$$

2.32 用容积为 1 000 m³ 的金属罐做水压试验。先在容器内注满压强为 1.013×10⁵ Pa 的水，然后加压注水，使容器内压强增加到 7×10⁵ Pa，需再注入多少水？

答：

$$E = -\frac{\mathrm{d}p}{\mathrm{d}v/v} = \rho\frac{\mathrm{d}p}{\mathrm{d}\rho}$$

$$\Delta V = \frac{\Delta m}{\rho} = \frac{\Delta \rho \cdot V}{\rho} = \frac{\Delta P \cdot \rho}{E} \cdot \frac{V}{\rho} = \frac{\Delta P \cdot V}{E}$$

取 $E = 2.1 \times 10^9\ \text{N/m}^2$，则

$$\Delta V = \frac{\Delta P \cdot V}{E} = \frac{(7 - 1.013) \times 10^5 \times 1\ 000}{2.1 \times 10^9} = 0.285\ \text{m}^3$$

2.33 假设大气的温度是个常数，其值为 288.15 K，试求 5 000 m 高度处的压强为多少？请将该压强值和相同高度下标准大气的对应值相比较，并解释产生这种差别的主要原因。

答：$T = 288.15\ K$，$h = 5\ 000\ \text{m}$

由主教材式（2.62）：$\dfrac{\mathrm{d}p}{\mathrm{d}z} = -\dfrac{gp}{RT}$

积分上式：$\displaystyle\int_{P_0}^{P_h}\frac{\mathrm{d}p}{p} = -\frac{g}{RT}\int_0^h \mathrm{d}y$，得

$$p_h = p_0 \mathrm{e}^{\frac{-5\ 000 \times 9.8}{287 \times 288.15}} = 5.6 \times 10^4\ \text{Pa}$$

相同高度下标准大气压为 5.4×10⁴ Pa，该值大于相同高度下标准大气压，原因：压强梯度 $\dfrac{\mathrm{d}p}{\mathrm{d}y} = -\dfrac{gp}{RT}$，与温度有关，随着海拔增高，空气温度下降，本题中温度的变化被忽略，故产生差异。

第3章
流体运动学与动力学基础

3.1 内容要点

3.1.1 描述流体运动的方法

根据连续介质假设,流体是由质点组成,无空隙地充满所占据的空间。对于无穷多的流体质点,当其发生运动时,如何正确描述和区分各流体质点的运动行为,将是流体运动学必须回答的问题。我们研究流体质点运动时,往往会采取两种描述流体运动的方法,分别是拉格朗日方法和欧拉方法。

拉格朗日方法(质点法)是给每一流体质点以不同的标记,流体质点的物理量就可以表示为该标记和时间的函数。在该方法中,观察者着眼于个别流体质点的流动行为,通过跟踪每个质点的运动历程,从而获得整个流场的运动规律。

此时,观察者着眼于个别流体质点,所获取的第一手资料是流体质点的轨迹。设初始时刻,某流体质点 P 位于坐标 (a,b,c),则此坐标可记为质点 P 的标识符,用于区分和识别各质点,则在任意时刻 t,P 质点的空间位置可以表示为

$$\begin{cases} x = x(a, b, c, t) \\ y = y(a, b, c, t) \\ z = z(a, b, c, t) \end{cases}$$

a、b、c、t 称为拉格朗日变量。a、b、c 给定,表示指定质点的轨迹;t 给定,表示在给定时刻不同质点的空间位置。

由此,可得到质点的速度和加速度:

$$u = \frac{\partial x(a, b, c, t)}{\partial t}, \quad v = \frac{\partial y(a, b, c, t)}{\partial t}, \quad w = \frac{\partial z(a, b, c, t)}{\partial t}$$

$$a_x = \frac{\partial^2 x(a, b, c, t)}{\partial t^2}, \quad a_y = \frac{\partial^2 y(a, b, c, t)}{\partial t^2}, \quad a_z = \frac{\partial^2 z(a, b, c, t)}{\partial t^2}$$

这里使用偏导数是因为坐标同时是时间和质点标号的函数,求导时要求 a、b、c 固定不变,即求导是针对同一流体质点的。

流体质点的其他物理量也都是 a、b、c、t 的函数。例如,流体质点 (a,b,c) 的温度可

表示为 $T(a,b,c)$。

迹线是同一质点在不同时刻的轨迹线。迹线方程为

$$\frac{\mathrm{d}x}{u} = \frac{\mathrm{d}y}{v} = \frac{\mathrm{d}z}{w} = \mathrm{d}t$$

欧拉方法(空间点法)是将流体物理量表示为空间点和时间的函数。根据连续介质假设,流体所占区域的空间点是在某一时刻被一流体质点占据的,所以流体在该点的物理量实际上就是占据该点流体质点的物理量。欧拉方法的着眼点不是流体质点而是空间点。考察不同流体质点通过空间固定点的流动行为,通过记录不同空间点流体质点经过的运动情况,从而获得整个流场的运动规律。但是,在固定空间点看到的是不同流体质点的运动变化,无法像拉格朗日方法那样直接记录同一质点的时间历程。在不同时间 t,在固定空间点(x,y,z)很容易记录流过的不同质点的速度:

$$\begin{cases} u(x,y,z,t) \\ v(x,y,z,t) \\ w(x,y,z,t) \end{cases} \qquad \boldsymbol{V} = u\boldsymbol{i} + v\boldsymbol{j} + w\boldsymbol{k}$$

其中,x、y、z、t 称为欧拉变数,是四个相互独立的变量。x、y、z 给定,t 变化,表示不同时刻不同流体质点通过同一空间点的速度。t 给定,x、y、z 变化,表示给定时刻,不同流体质点通过不同空间点的速度,给定了速度场。应该指出,速度场的表达本质上指的是该瞬时恰好通过该空间点的流体微团所具有的速度。

一个布满了某种物理量的空间称为场。除速度场之外,还有压强场。在高速流动时,气流的密度和温度也随流动有变化,那就还有一个密度场和温度场。这都包括在流场的概念之内。如果场只是空间坐标的函数而与时间无关则称为定常场,否则称为非定常场,例如,定常速度场的表达为

$$\begin{cases} u = u(x,y,z) \\ v = v(x,y,z) \\ w = w(x,y,z) \end{cases} \qquad \boldsymbol{V} = u\boldsymbol{i} + v\boldsymbol{j} + w\boldsymbol{k}$$

流线的引入对定性刻画流场具有重要意义。流线是反映流场瞬时流速方向的曲线。流场中某瞬时空间曲线上,任何一点的切线方向均与占据该点的流体质点速度方向指向一致,这种曲线称为流线。在任何瞬时,在流场中可绘制无数条这样的流线。迹线是同一质点不同时刻的轨迹线。与迹线相比,流线是同一时刻,由不同流体质点组成的。流线微分方程为

$$\frac{\mathrm{d}x}{u} = \frac{\mathrm{d}y}{v} = \frac{\mathrm{d}z}{w}$$

根据流线的定义,可知流线具有以下性质:

(1) 在定常流动中,流体质点的迹线与流线重合;在非定常流动中,流线和迹线一般是不重合的;

（2）在定常流动中，流线是流体不可跨越的曲线；

（3）在常点处，流线不能相交、分叉、汇交、转折，流线只能是一条光滑的曲线，也就是，在同一时刻，一点处只能通过一条流线；

（4）在奇点和零速度点例外。

与流线密切相关的，还有流管和流面两个概念。

流管是由一系列相邻的流线围成的。在三维流动里，经过一条有流量穿过的封闭曲线的所有流线围成封闭管状曲面称为流管。由流线所围成的流管也正像一根具有实物管壁一样的管子，管内的流体不会越过流管流出来，管外的流体也不会越过管壁流进去。

流面是由许多相邻的流线连成的一个曲面。这个曲面不一定合拢成一根流管。当然流管的侧表面也是一个流面。不管合拢不合拢，流面也是流动不会穿越的一个面。

流量是单位时间内穿过指定截面的流体量，例如穿过上述流管中任意截面 S 的体积流量 Q、质量流量 $\dot{m}$ 和重量流量 G 可分别表示为

$$Q = \iint_S (\boldsymbol{V} \cdot \boldsymbol{n}) \mathrm{d}S, \quad \dot{m} = \iint_S \rho(\boldsymbol{V} \cdot \boldsymbol{n}) \mathrm{d}S, \quad G = \iint_S \rho g(\boldsymbol{V} \cdot \boldsymbol{n}) \mathrm{d}S$$

在欧拉法中，跟随流体质点的导数，或称随体导数、实质导数或物质导数，一般用 $\mathrm{D}/\mathrm{D}t$ 这样一个符号来表示：

$$\frac{\mathrm{D}}{\mathrm{D}t} = \frac{\partial}{\partial t} + \boldsymbol{V} \cdot \nabla = \frac{\partial}{\partial t} + u\frac{\partial}{\partial x} + v\frac{\partial}{\partial y} + w\frac{\partial}{\partial z}$$

因此，一般情况下引起流体质点物理量的变化来自两方面的贡献：前者源于是流场的非定常性，表征质点物理量的当地变化率；后者源于流场的不均匀性，表征质点物理量的迁移变化率。

流体质点的加速度可以写成：

$$\boldsymbol{a} = \frac{\mathrm{D}\boldsymbol{V}}{\mathrm{D}t} = \frac{\partial \boldsymbol{V}}{\partial t} + (\boldsymbol{V} \cdot \nabla)\boldsymbol{V} = \frac{\partial \boldsymbol{V}}{\partial t} + u\frac{\partial \boldsymbol{V}}{\partial x} + v\frac{\partial \boldsymbol{V}}{\partial y} + w\frac{\partial \boldsymbol{V}}{\partial z}$$

等式右边第一项 $\partial \boldsymbol{V}/\partial t$ 表示速度对时间的偏导数，是由流场的非定常性引起的，称为局部加速度或当地加速度；右边第二项 $(\boldsymbol{V} \cdot \nabla)\boldsymbol{V}$ 表示因流体质点位置迁移引起的加速度，称为迁移加速度、位变加速度，或对流加速度。二者的合成称为全加速度或随体加速度。写成分量形式为

$$\begin{cases} \dfrac{\mathrm{D}u}{\mathrm{D}t} = \dfrac{\partial u}{\partial t} + u\dfrac{\partial u}{\partial x} + v\dfrac{\partial u}{\partial y} + w\dfrac{\partial u}{\partial z} \\[6pt] \dfrac{\mathrm{D}v}{\mathrm{D}t} = \dfrac{\partial v}{\partial t} + u\dfrac{\partial v}{\partial x} + v\dfrac{\partial v}{\partial y} + w\dfrac{\partial v}{\partial z} \\[6pt] \dfrac{\mathrm{D}w}{\mathrm{D}t} = \dfrac{\partial w}{\partial t} + u\dfrac{\partial w}{\partial x} + v\dfrac{\partial w}{\partial y} + w\dfrac{\partial w}{\partial z} \end{cases}$$

3.1.2 流体微团运动分解

在流体力学中,研究对象是质点和不断变化形状与大小的变形体,就变形体而言,其运动形式除包括了刚体的平动与转动运动形式外,还有变形运动。变形运动包括两种:其一是引起体积大小变化的边长伸缩线变形运动;其二是引起体积形状变化的角变形运动。

微团平动速度:

$$u(x, y, z, t), v(x, y, z, t), w(x, y, z, t)$$

流体微团旋转角速度:

$$\omega_x = \frac{1}{2}\left(\frac{\partial w}{\partial y} - \frac{\partial v}{\partial z}\right), \ \omega_y = \frac{1}{2}\left(\frac{\partial u}{\partial z} - \frac{\partial w}{\partial x}\right), \ \omega_z = \frac{1}{2}\left(\frac{\partial v}{\partial x} - \frac{\partial u}{\partial y}\right)$$

流体微团线变形速率:

$$\varepsilon_{xx} = \frac{\partial u}{\partial x}, \ \varepsilon_{yy} = \frac{\partial v}{\partial y}, \ \varepsilon_{zz} = \frac{\partial w}{\partial z}$$

流体微团角变形速率(剪切变形速率):

$$\varepsilon_{xy} = \frac{1}{2}\left(\frac{\partial v}{\partial x} + \frac{\partial u}{\partial y}\right)$$

$$\varepsilon_{yz} = \frac{1}{2}\left(\frac{\partial w}{\partial y} + \frac{\partial v}{\partial z}\right)$$

$$\varepsilon_{zx} = \frac{1}{2}\left(\frac{\partial u}{\partial z} + \frac{\partial w}{\partial x}\right)$$

三个方向的线变形率之和在向量分析中称为速度向量 V 的散度,即

$$\mathrm{div}\,V = \frac{\partial u}{\partial x} + \frac{\partial v}{\partial y} + \frac{\partial w}{\partial z}$$

散度在流动问题中的意义是微团的相对体积膨胀率,即单位体积在单位时间内的增长量。流体微团在运动中不论形状怎么变、体积怎么变,它的质量总是不变的。而质量等于体积乘密度,所以在密度不变的不可压流里,其速度的散度必为零:$\mathrm{div}\,V = 0$。

流体微团绕自身轴的旋转角速度的三个分量为 ω_x、ω_y、ω_z,旋转轴线都按右手定则确定。合角速度可用矢量表示为

$$\boldsymbol{\omega} = \omega_x \boldsymbol{i} + \omega_y \boldsymbol{j} + \omega_z \boldsymbol{k} = \frac{1}{2}\mathrm{rot}\,V = \frac{1}{2}\nabla \times V$$

式中,$\mathrm{rot}\,V$ 或 $\nabla \times V$ 表示速度场的旋度,也称涡量。涡量是个纯运动学的概念。在有旋流动中的速度环量是 1869 年 Thomson 首先引进的。像流线一样,在同一瞬时,如在流场中

有一条曲线,该线上每一点的涡轴线都与曲线相切,这条曲线叫涡线。涡线的微分方程是(给定时刻,t 为参量)

$$\frac{\mathrm{d}x}{\omega_x} = \frac{\mathrm{d}y}{\omega_y} = \frac{\mathrm{d}z}{\omega_z}$$

旋度的行列式表达式为

$$\boldsymbol{\Omega} = 2\boldsymbol{\omega} = \nabla \times \boldsymbol{u} = \mathrm{rot}\ \boldsymbol{u} = \begin{vmatrix} \boldsymbol{i} & \boldsymbol{j} & \boldsymbol{k} \\ \dfrac{\partial}{\partial x} & \dfrac{\partial}{\partial y} & \dfrac{\partial}{\partial z} \\ u & v & w \end{vmatrix}$$

Helmholtz 提出了流场速度的分解定理,正确区分了流体微团的运动形式。设在流场中,考虑相距微量的任意两点 $M_0(x, y, z)$ 和 $M_1(x + \Delta x, y + \Delta y, z + \Delta z)$,其速度关系为

$$u(x + \Delta x, y + \Delta y, z + \Delta z, t)$$
$$= u(x, y, z, t) + \omega_y(\Delta z) - \omega_z(\Delta y) + \varepsilon_{xx}(\Delta x) + \varepsilon_{xy}(\Delta y) + \varepsilon_{xz}(\Delta z)$$
$$v(x + \Delta x, y + \Delta y, z + \Delta z, t)$$
$$= v(x, y, z, t) + \omega_z(\Delta x) - \omega_x(\Delta z) + \varepsilon_{yx}(\Delta x) + \varepsilon_{yy}(\Delta y) + \varepsilon_{yz}(\Delta z)$$
$$w(x + \Delta x, y + \Delta y, z + \Delta z, t)$$
$$= w(x, y, z, t) + \omega_x(\Delta y) - \omega_y(\Delta x) + \varepsilon_{zx}(\Delta x) + \varepsilon_{zy}(\Delta y) + \varepsilon_{zz}(\Delta z)$$

写成矢量形式:

$$\boldsymbol{u}(M_1) = \boldsymbol{u}(M_0) + \boldsymbol{\omega} \times \Delta \boldsymbol{r} + [\varepsilon] \cdot \Delta \boldsymbol{r}$$

其中,第一项表示微团的平动速度;第二项表示微团转动引起的;第三项表示微团变形引起的;$[\varepsilon]$ 为变形率矩阵。其中,流体微团的变形率矩阵为

$$[\varepsilon] = \begin{bmatrix} \varepsilon_{xx} & \varepsilon_{xy} & \varepsilon_{xz} \\ \varepsilon_{yx} & \varepsilon_{yy} & \varepsilon_{yz} \\ \varepsilon_{zx} & \varepsilon_{zy} & \varepsilon_{zz} \end{bmatrix}$$

3.1.3 理想流体运动微分方程组

质量、动量和能量守恒律是流体运动所应遵循的基本定律。本章主要讨论质量和动量守恒律。

连续方程是质量守恒定律在流体力学中具体表达形式,其方程为

$$\frac{\partial \rho}{\partial t} + \nabla \cdot (\rho \boldsymbol{V}) = 0$$

即流体微元控制体密度的局部增长率 $\dfrac{\partial \rho}{\partial t}$ 与微元控制体单位体积流出的质量流量

$\nabla \cdot (\rho V)$ 之和等于零。也可表达成下列形式：

$$\frac{\mathrm{D}\rho}{\rho \mathrm{D}t} + \nabla \cdot V = 0$$

其物理意义是：流体微元的相对密度增加率与相对体积膨胀率之和为零。

由于连续方程仅是运动的行为，与动力无关，因此适用于理想流体和黏性流体。

对于不可压缩流体，连续方程为

$$\frac{\mathrm{D}\rho}{\mathrm{D}t} = 0, \quad \nabla \cdot V = 0, \quad \frac{\partial u}{\partial x} + \frac{\partial v}{\partial y} + \frac{\partial w}{\partial z} = 0$$

不可压连续方程 $\nabla \cdot V = 0$ 的物理意义是：不可压缩流动流体微元的相对体积膨胀率保持为零，或从微元控制体流出的单位体积流量为零。

欧拉运动微分方程组是在不计流体黏性前提下推导出来的，该方程实质上是微分形式的动量方程。笛卡儿坐标系下，各方向动量方程为

$$\frac{\partial u}{\partial t} + u\frac{\partial u}{\partial x} + v\frac{\partial u}{\partial y} + w\frac{\partial u}{\partial z} = f_x - \frac{1}{\rho}\frac{\partial p}{\partial x}$$

$$\frac{\partial v}{\partial t} + u\frac{\partial v}{\partial x} + v\frac{\partial v}{\partial y} + w\frac{\partial v}{\partial z} = f_y - \frac{1}{\rho}\frac{\partial p}{\partial y}$$

$$\frac{\partial w}{\partial t} + u\frac{\partial w}{\partial x} + v\frac{\partial w}{\partial y} + w\frac{\partial w}{\partial z} = f_z - \frac{1}{\rho}\frac{\partial p}{\partial z}$$

欧拉方程的矢量形式为

$$\frac{\mathrm{D}V}{\mathrm{D}t} = \frac{\partial V}{\partial t} + (V \cdot \nabla)V = f - \frac{1}{\rho}\nabla p$$

对于一维流动，运动方程为

$$\frac{\partial v}{\partial t} + v\frac{\partial v}{\partial s} = f_s - \frac{1}{\rho}\frac{\partial p}{\partial s}$$

因此，在不计质量力的情况下，定常一维流动方程的微分形式为

$$V\mathrm{d}V + \frac{\mathrm{d}p}{\rho} = 0$$

积分形式为

$$\frac{V^2}{2} + \int \frac{\mathrm{d}p}{\rho} = C$$

如果把加速度项重新组合，可以在加速度项中显示出旋转角度来，这样的方程称为格罗米柯-兰姆型方程。

$$f_x - \frac{1}{\rho}\frac{\partial p}{\partial x} - \frac{\partial}{\partial x}\left(\frac{V^2}{2}\right) = \frac{\partial u}{\partial t} - 2(v\omega_z - w\omega_y)$$

$$f_y - \frac{1}{\rho}\frac{\partial p}{\partial y} - \frac{\partial}{\partial y}\left(\frac{V^2}{2}\right) = \frac{\partial v}{\partial t} - 2(w\omega_x - u\omega_z)$$

$$f_z - \frac{1}{\rho}\frac{\partial p}{\partial z} - \frac{\partial}{\partial z}\left(\frac{V^2}{2}\right) = \frac{\partial w}{\partial t} - 2(u\omega_y - v\omega_x)$$

写成矢量形式为

$$\boldsymbol{f} - \frac{1}{\rho}\nabla p - \nabla\left(\frac{V^2}{2}\right) = \frac{\partial \boldsymbol{V}}{\partial t} - 2\boldsymbol{V}\times\boldsymbol{\omega}$$

这个方程本质上仍是理想流体运动方程。其好处是在方程中显示了旋转角速度项，便于分析无旋流动。对于理想流体，流体微团在运动过程中不会受到切向力（即黏性剪切力）的作用，因而流体微团在运动过程中不会改变它的旋度，如原来旋度为零的（即无旋流），在运动过程也保持无旋流；原来有旋的，继续保持为有旋流，且其旋度不变。

3.1.4 伯努利积分方程

伯努利（Bernoulli）积分或伯努利方程：对于理想正压流体的定常流动，在质量力有势条件下，单位体积流体微团沿着特定曲线 s 的势能、压能和动能之和不变，即总机械能不变。

$$\frac{\partial}{\partial s}\left(\Omega + \Pi + \frac{V^2}{2}\right) = 0, \quad \Omega + \Pi + \frac{V^2}{2} = C(s)$$

伯努利积分成立的条件是：$\boldsymbol{V}\times\boldsymbol{\omega}\cdot\mathrm{d}\boldsymbol{s}=0$。因此，沿着任意一条流线和涡线，伯努利积分成立。若 $\boldsymbol{V}\times\boldsymbol{\omega}=0$，伯努利积分与所取的曲线无关，在整个流场中积分常数不变，等于同一个常数。此时，可为静止流场 $\boldsymbol{V}=0$、无旋有势流场 $\boldsymbol{\omega}=0$ 或流线与涡线重合的螺旋流动 $\boldsymbol{V}/\!/\boldsymbol{\omega}$。

对于不可压缩流体，在不计质量力情况下，伯努利积分变为

$$\frac{p}{\rho} + \frac{V^2}{2} = C(s)$$

如果质量力只有重力，伯努利积分变为

$$gz + \frac{p}{\rho} + \frac{V^2}{2} = C(s)$$

如果两边同除以 g，最后得到的能量方程形式为

$$z + \frac{p}{\gamma} + \frac{V^2}{2g} = H(s)$$

上式就是不可压缩流体在质量力为重力作用下的能量方程。其物理意义是单位重量流体所具有的势能、压能和动能之和不变。

3.1.5 流体运动的积分方程

流体动力学的基本关系式如果是以积分形式给出,称为流体动力学积分方程,具体包括:① 质量方程;② 动量方程;③ 动量矩方程;④ 能量方程。有别于在微分方程推导中选择微团作为研究对象,在积分方程推导中选择系统和控制体作为研究对象。

系统是指包含着确定不变物质的任何集合体。在流体力学中,系统是指由任何确定流体质点组成的团体。系统的基本特点如下:

(1) 系统边界随流体一起运动;
(2) 在系统的边界上没有质量的交换;
(3) 在系统的边界上受到外界的表面力;
(4) 在系统的边界上存在能量的交换。

控制体是指被流体所流过,相对于某个坐标系而言,固定不变的任何体积。控制体的边界称为控制面。控制体是不变的,但占据控制体的流体质点随时间是变化的。控制体的形状可根据需要而定。控制体的基本特点如下:

(1) 控制体的边界相对于坐标系而言是固定的;
(2) 在控制面上可以发生质量交换,即流体可以流进、流出控制面;
(3) 在控制面上受到外界作用于控制体内流体上的力;
(4) 在控制面上存在能量的交换。

作为研究对象的系统或控制体是有一定的体积的还是无限小的,二者的最大的区别在于,有一定体积的研究对象,其中的物理量不能用其中某一点的物理量的各阶偏导数(一般使用零阶和一阶)的代数式来代替,而在无限小的研究对象中是可以的,得到的方程也是微分形式的方程。

基于有一定的体积的对象也可以推导出流体力学的基本方程组,这样的方程就是积分型方程。如果是基于有一定的体积的"系统"得到的,就是拉格朗日型积分方程;同样,若是基于具有一定体积的"控制体"得到的,就是欧拉型积分方程。下面,将讨论这两类积分方程及其联系。

拉格朗日型积分方程:任取一体积为 τ_0、边界表面积为 S_0 的确定系统作为考察对象。

(1) 质量方程(连续方程)。

$$\frac{\mathrm{d}M}{\mathrm{d}t} = \frac{\mathrm{d}}{\mathrm{d}t}\iiint_{\tau_0}\rho\mathrm{d}\tau = 0$$

其物理意义为在系统内不存在源和汇的情况下,系统的质量不随时间变化。

(2) 动量方程。

$$\frac{\mathrm{d}\boldsymbol{K}}{\mathrm{d}t} = \frac{\mathrm{d}}{\mathrm{d}t}\iiint_{\tau_0}\rho\boldsymbol{V}\mathrm{d}\tau_0 = \Sigma\boldsymbol{F} = \iiint_{\tau_0}\rho\boldsymbol{f}\mathrm{d}\tau_0 + \oiint_{S_0}\boldsymbol{p}_n\mathrm{d}S$$

其物理意义为系统的动量对时间的变化率等于外界作用于系统上的所有外力的合力。

（3）动量矩方程。

$$\frac{\mathrm{d}\boldsymbol{M}_r}{\mathrm{d}t} = \frac{\mathrm{d}}{\mathrm{d}t}\iiint_{\tau_0}\rho\boldsymbol{r}\times\boldsymbol{V}\mathrm{d}\tau_0 = \Sigma\boldsymbol{r}\times\boldsymbol{F} = \iiint_{\tau_0}\rho(\boldsymbol{r}\times\boldsymbol{f})\mathrm{d}\tau_0 + \oiint_{S_0}\boldsymbol{r}\times\boldsymbol{p}_n\mathrm{d}S_0$$

其物理意义为系统对某点的动量矩对时间的变化率等于外界作用于系统上所有外力对同一点力矩之和。

（4）能量方程。

$$\frac{\mathrm{d}}{\mathrm{d}t}\iiint_{\tau_0}\rho\left(e+\frac{V^2}{2}\right)\mathrm{d}\tau_0 = \oiint_{A_0}q_\lambda\mathrm{d}S_0 + \iiint_{\tau_0}\rho q_R\mathrm{d}\tau_0 + \iiint_{\tau_0}\rho\boldsymbol{f}\cdot\boldsymbol{V}\mathrm{d}\tau_0 + \oiint_{S_0}\boldsymbol{p}_n\cdot\boldsymbol{V}\mathrm{d}S_0$$

其物理意义为该系统的总能量 E 对时间的变化率等于单位时间内由外界传入系统的热量（热传导和热辐射）与单位时间内外界对系统所做的功之和。

拉格朗日型积分方程的特点是：研究对象是质量确定的封闭系统 τ_0，方程中均含有封闭系统中某物理量对时间的变化率。由于流体系统 τ_0 的大小和形状均随时间而改变，长时间追踪系统有困难。此外要确切表达系统中物理量随时间的变化率也不容易。

有许多流体力学问题往往只关心物体附近确定区域内的速度、作用力等，并不关心具体流体系统的时间历程，拉格朗日型方程对于分析、研究流场来说并不方便，因此常用的是以控制体为研究对象的欧拉型积分方程。

所谓控制体分析方法，就是要把上述适用于流体系统的各物理定律用关于控制体的描述方法表达出来，而联系系统分析方法和控制体方法之间的桥梁就是雷诺输运方程。

对于系统 τ_0 中的物理量 N，假设每单位质量中含有物理量为 σ：

$$\sigma = \frac{\mathrm{d}N}{\mathrm{d}m} = \frac{\mathrm{d}N}{\rho\mathrm{d}\tau_0}$$

则系统 τ_0 中的物理量 N 可以用下述体积分（三重积分）表示，其中 τ_0 是系统占据的空间：

$$N = \iiint_\tau \sigma\rho\mathrm{d}\tau_0$$

显然，σ 取不同的变量组合，N 代表不同的物理量积分：

当 $\sigma = 1$ 时，$N = M$ 代表系统的质量；

当 $\sigma = \boldsymbol{V}$ 时，$N = \boldsymbol{K}$ 代表系统的动量；

当 $\sigma = \boldsymbol{r}\times\boldsymbol{V}$ 时，$N = \boldsymbol{M}_r$ 代表系统的动量矩；

当 $\sigma = e + \dfrac{V^2}{2}$ 时，$N = E$ 代表系统的能量。

表示系统随体导数的雷诺输运方程为

$$\frac{\mathrm{d}N}{\mathrm{d}t} = \frac{\partial}{\partial t}\iiint_\tau \sigma\rho\,\mathrm{d}\tau + \iint_S \sigma\rho(\boldsymbol{V}\cdot\boldsymbol{n})\,\mathrm{d}S$$

方程右侧第一项表示控制体内物理量随时间的变化率,表征了流场的非定常特性。方程右侧第二项表示单位时间内,通过控制面流出物理量的净增量,是由于流场的不均匀性引起的。综合起来,表示系统的随体导数等于单位时间内控制体内物理量随时间引起的增量与通过控制面流出物理量的净增量之和。

雷诺输运方程将针对系统的表达转化为针对控制体的表达,这在研究流动问题时带来了极大方便。后者的表达往往容易写出,尤其是在定常情况下,只需写出流过控制面上的物理量流量:

$$\iint_S \sigma\rho(\boldsymbol{V}\cdot\boldsymbol{n})\,\mathrm{d}S$$

当 $\sigma = 1$ 时,代表质量流量;
当 $\sigma = \boldsymbol{V}$ 时,代表动量流量;
当 $\sigma = \boldsymbol{r}\times\boldsymbol{V}$ 时,代表动量矩流量;
当 $\sigma = e + \dfrac{V^2}{2}$ 时,代表能量流量。

欧拉型积分方程是对控制体建立的积分方程。利用雷诺输运方程,可很容易获得。

如果取 $\sigma = 1$,得到积分形式的质量方程:

$$\frac{\mathrm{d}M}{\mathrm{d}t} = \frac{\mathrm{d}}{\mathrm{d}t}\iiint_{\tau_0}\rho\,\mathrm{d}\tau = \frac{\partial}{\partial t}\iiint_\tau \rho\,\mathrm{d}\tau + \oiint_S \rho(\boldsymbol{V}\cdot\boldsymbol{n})\,\mathrm{d}S = 0$$

在控制体内无源和汇的情况下,单位时间内从控制体流出的质量等于控制体内质量的减小量。

如果取 $\sigma = \boldsymbol{V}$,得到积分形式的动量方程:

$$\sum \boldsymbol{F} = \frac{\partial}{\partial t}\iiint_\tau \boldsymbol{V}\rho\,\mathrm{d}\tau + \iint_S \boldsymbol{V}\rho V_n\,\mathrm{d}S$$

控制体所受合外力等于单位时间内控制体中动量的增加率加上净流出控制面的动量流量。

如果取 $\sigma = \boldsymbol{r}\times\boldsymbol{V}$,得到积分形式的动量矩方程:

$$\sum \boldsymbol{r}_i\times\boldsymbol{F}_i = \frac{\partial}{\partial t}\iiint_\tau (\boldsymbol{r}\times\boldsymbol{V})\rho\,\mathrm{d}\tau + \iint_S (\boldsymbol{r}\times\boldsymbol{V})\rho V_n\,\mathrm{d}S$$

控制体所受合外力矩等于单位时间内控制体中动量矩的增加率加上净流出控制面的动量矩流量。

如果取 $\sigma = e + \dfrac{V^2}{2}$,得到积分形式的能量方程:

$$\oiint_S q_\lambda \mathrm{d}S + \iiint_\tau \rho q_R \mathrm{d}\tau + \iiint_\tau \rho \boldsymbol{f} \cdot \boldsymbol{V} \mathrm{d}\tau + \oiint_S \boldsymbol{p}_n \cdot \boldsymbol{V} \mathrm{d}S$$

$$= \frac{\partial}{\partial t} \iiint_\tau \rho \left(e + \frac{V^2}{2}\right) \mathrm{d}\tau + \oiint_S \rho \left(e + \frac{V^2}{2}\right) (\boldsymbol{V} \cdot \boldsymbol{n}) \mathrm{d}S$$

传给控制体内流体的热量加上所有力对控制体内流体所做的功等于单位时间内控制体内总能量的增量加上通过控制面流出的净总能量。

对于理想流体、质量力有势 $\boldsymbol{f} = -\nabla \Omega$、绝热、定常流动，能量方程可简化为

$$\oiint_S \rho \left(e + \frac{V^2}{2} + \frac{p}{\rho} + \Omega\right)(\boldsymbol{V} \cdot \boldsymbol{n}) \mathrm{d}S = 0$$

对于不可压流体的绝热定常流动，有

$$\oiint_S \rho \left(\frac{V^2}{2} + \frac{p}{\rho} + \Omega\right)(\boldsymbol{V} \cdot \boldsymbol{n}) \mathrm{d}S = 0$$

3.1.6 旋涡运动及其特性

研究旋涡流动，必定还要涉及两个极重要的概念：涡和环量。涡和环量的概念在空气动力学中十分重要，凡是升力的问题都与涡和环量有关。

在流场中任取一条封闭曲线，速度沿该封闭曲线的线积分称为该封闭曲线的速度环量。像力做功的计算方法一样，也形象地称速度环量为速度绕封闭曲线的速度功。速度环量的符号不仅决定于流场的速度方向，而且与封闭曲线的绕行方向有关，规定积分时逆时针绕行方向为正，即封闭曲线所包围的区域总在行进方向的左侧。根据以上的定义，环量 $\varGamma$ 可以写为线积分的形式：

$$\varGamma = \oint_L \boldsymbol{V} \cdot \mathrm{d}\boldsymbol{s} = \oint_L V \cos \alpha \mathrm{d}s = \oint_L (u\mathrm{d}x + v\mathrm{d}y + w\mathrm{d}z)$$

如果流动是无旋的，则存在位函数 φ：

$$\varGamma = \oint_L (\boldsymbol{V} \cdot \mathrm{d}\boldsymbol{s}) = \oint_L \left(\frac{\partial \varphi}{\partial x}\mathrm{d}x + \frac{\partial \varphi}{\partial y}\mathrm{d}y + \frac{\partial \varphi}{\partial z}\mathrm{d}z\right) = \oint_L \mathrm{d}\varphi = 0$$

说明在无旋流动中，沿着任意一条封闭曲线的速度环量均等于零。但是对有旋流动，上述结论并不成立，绕任意一条封闭曲线的速度环量一般不等于零。

像流线一样，在同一瞬时，如在流场中有一条曲线，该线上每一点的涡轴线都与曲线相切，这条曲线叫涡线。

涡线的微分方程如下（给定时刻，t 为参量）：

$$\frac{\mathrm{d}x}{\omega_x} = \frac{\mathrm{d}y}{\omega_y} = \frac{\mathrm{d}z}{\omega_z}$$

给定瞬间,通过某一曲线(本身不是涡线)的所有涡线构成的曲面称为涡面。由封闭的涡面组成的管状涡面称为涡管。涡线是截面积趋于零的涡管。涡线和涡管的强度都定义为绕涡线或涡管的一条封闭围线的环量。涡量在一个截面上的面积分称为涡通量(涡强),在平面问题中,涡通量就是:$\iint_A 2\omega_z \mathrm{d}A$。在三维空间问题中,涡通量就是:$\iint_S 2\boldsymbol{\omega} \cdot \mathrm{d}\boldsymbol{S} = \iint_S \mathrm{rot}\,\boldsymbol{V} \cdot \mathrm{d}\boldsymbol{S}$,式中的 S 是任意形状空间曲面,$\mathrm{d}\boldsymbol{S}$ 为曲面的微元面积。

根据斯托克斯公式可知

$$\Gamma = \oint_L \boldsymbol{V} \cdot \mathrm{d}\boldsymbol{s} = \iint_S 2\boldsymbol{\omega} \cdot \mathrm{d}\boldsymbol{S} = \iint_S \mathrm{rot}\,\boldsymbol{V} \cdot \mathrm{d}\boldsymbol{S}$$

表明:沿空间封闭曲线 L 的环量,等于穿过由封闭曲线 L 张成的任意曲面 S 上的涡通量,涡通量的数值与所张的曲面形状无关,只跟围线所包含的涡量有关,无旋时涡通量为零从而沿封闭曲线的速度环量也为零。

涡的诱导速度:一条强度为 Γ 的涡线的一段 $\mathrm{d}s$ 对线外的一点 P 会产生一个诱导速度,情况正像电流会产生磁力的一样。表达涡段产生的诱导速度的公式是

$$\mathrm{d}v = \frac{\Gamma \mathrm{d}s}{4\pi r^2}\sin\theta \qquad \mathrm{d}\boldsymbol{v} = \frac{\Gamma}{4\pi}\frac{\mathrm{d}\boldsymbol{s} \times \boldsymbol{r}}{r^3}$$

这个 $\mathrm{d}v$ 是一个垂直于线段 $\mathrm{d}s$ 与受扰点 P 所组成的平面的速度,其值正比于涡强 Γ 和涡段长度 $\mathrm{d}s$,但反比于距离 r 的平方,另外还要乘上 r 与 $\mathrm{d}s$ 的夹角 θ 的正弦。这个公式在形式上和电磁学中电磁感应的毕奥-萨伐尔公式一样,仍称为毕奥-萨伐尔公式。

描述理想流体中的涡线或涡管有三条定理。

定理 1 沿涡线或涡管的涡强保持不变(涡强保持定理)。

这就是说沿涡管任何地方计算它的环量(涡强)其值都是相同的。这条定理称为亥姆霍兹第一定理,或简称第一涡定理。

定理 1 的推广:一根涡管在流体里不可能中断,可以伸展到无限远去,可以自相连接成一个涡环(不一定是圆环),也可以止于边界,固体的边界或自由边界(如自由液面)。

定理 2 在某时刻构成涡线或涡管的流体质点,在以后运动过程中仍将构成涡线或涡管(涡线或涡面保持定理)。

该定理说明涡线和涡管随着构成它的流体质点一起运动。

定理 3 在理想流中,涡的强度不随时间变化,既不会增强,也不会削弱或消失。

上述三大定理说明,对于理想正压流体,在质量力有势条件下,流体的涡旋运动既不能产生,也不能消亡。也就是,有旋运动永远保持有旋,无旋运动永远保持无旋。那么旋涡运动的产生和消亡有三个原因:黏性流体、非正压流体(斜压流体)、质量力无势。对于质量力有势、正压流体,流体的黏性是产生涡、消亡涡、改变涡强的重要原因。

3.2 习题解答

一、思考题

3.1 说明描述流体质点运动的拉格朗日方法的物理本质。观察者记录的 x、y、z 指什么？

答：在拉格朗日方法中，观察者着眼于个别流体质点的流动行为，通过跟踪每个质点的运动历程，从而获得整个流场的运动规律。

观察者记录的 x、y、z 为同一个质点在不同空间位置的坐标。

3.2 说明描述流体质点运动的欧拉方法的物理本质。观察者记录的 u、v、w 指什么？

答：在欧拉方法中，着眼点不是流体质点而是空间点，考察不同流体质点通过空间固定点的流动行为，通过记录不同空间点处流体质点经过的运动情况，从而获得整个流场的运动规律。

u、v、w 分别为笛卡儿坐标系中观察点位置处不同质点通过时的速度分量。

3.3 给出拉格朗日变数 a、b、c、t 与欧拉变数 x、y、z、t 之间的转换关系。

答：在拉格朗日方法中，流体质点的空间位置是 a、b、c、t 的函数，即

$$x = x(a, b, c, t)$$
$$y = y(a, b, c, t)$$
$$z = z(a, b, c, t)$$

在欧拉方法中，可以通过欧拉变数得到质点拉格朗日变数：

$$a = a(x, y, z, t)$$
$$b = b(x, y, z, t)$$
$$c = c(x, y, z, t)$$

二者存在单值解的条件是

$$D = \frac{\partial(x, y, z)}{\partial(a, b, c)} = \begin{vmatrix} \dfrac{\partial x}{\partial a} & \dfrac{\partial y}{\partial a} & \dfrac{\partial z}{\partial a} \\ \dfrac{\partial x}{\partial b} & \dfrac{\partial y}{\partial b} & \dfrac{\partial z}{\partial b} \\ \dfrac{\partial x}{\partial c} & \dfrac{\partial y}{\partial c} & \dfrac{\partial z}{\partial c} \end{vmatrix} \neq 0$$

此时，可得

$$u(a, b, c, t) = u(x, y, z, t)$$
$$v(u, b, c, t) = v(x, y, z, t)$$

$$w(a, b, c, t) = w(x, y, z, t)$$

3.4 在拉格朗日方法中,质点的压强为 $p(a,b,c,t)$,说明如下列表达式的物理意义。

$$\frac{\partial p(a, b, c, t)}{\partial t}$$

$$\frac{\partial p(a, b, c, t)}{\partial a}\mathrm{d}a + \frac{\partial p(a, b, c, t)}{\partial b}\mathrm{d}b + \frac{\partial p(a, b, c, t)}{\partial c}\mathrm{d}c$$

答:上式表示同一质点运动过程中压强随时间的变化率;下式表示同一时刻,邻近质点的压强变化。

3.5 在拉格朗日方法中,跟随某个质点运动由 (a,b,c) 表征。在欧拉方法中如何表征跟随性?说明以下两个表达式的差别。

$$\frac{\mathrm{d}p}{\mathrm{d}t} = \frac{\partial p}{\partial t} + \frac{\partial p}{\partial x}\frac{\mathrm{d}x}{\mathrm{d}t} + \frac{\partial p}{\partial y}\frac{\mathrm{d}y}{\mathrm{d}t} + \frac{\partial p}{\partial z}\frac{\mathrm{d}z}{\mathrm{d}t}$$

$$\frac{\mathrm{d}p}{\mathrm{d}t} = \frac{\partial p}{\partial t} + u\frac{\partial p}{\partial x} + v\frac{\partial p}{\partial y} + w\frac{\partial p}{\partial z}$$

答:在欧拉方法中,跟随流体质点的条件是:$\mathrm{d}x=u\mathrm{d}t$,$\mathrm{d}y=v\mathrm{d}t$,$\mathrm{d}z=w\mathrm{d}t$;上式表示压强 p 的全导数;下式表示跟随流体质点压强的随体导数。

3.6 在欧拉法中,加速度各项的物理意义是什么?对于定常流动,为什么不能说明加速度为零?

答:欧拉法中全加速度公式为

$$\frac{\mathrm{d}\boldsymbol{V}}{\mathrm{d}t} = \frac{\partial \boldsymbol{V}}{\partial t} + (\boldsymbol{V}\cdot\nabla)\boldsymbol{V}$$

等式右边第一项表示速度对时间的偏导数,是由流场的非定常性引起的,称为局部加速度或当地加速度;右边第二项表示因流体质点位置迁移引起的加速度,称为迁移加速度、位变加速度或对流加速度。

定常流动,$\dfrac{\partial u}{\partial t}=0$,当地加速度为 0,但不能保证迁移加速度为 0,故不能认为全加速度为 0。

3.7 流体质点的迹线和流线的物理意义是什么?在什么情况下,两者重合?对于非定常流动,为什么说两者一般不重合?

答:流体质点的迹线是指同一流体质点在不同时刻经过的空间点所构成的轨迹线;流线是指同一时刻流场中不同流体质点组成的一条光滑曲线,在这条曲线上其切线与该点的流体微团速度指向一致。

在定常流动中,流线与迹线重合;在非定常流动中两者一般不重合,但流道固定时,两者就可以重合。

3.8 利用温度的随体导数公式,说明热传导和热对流的物理意义。

$$\frac{\mathrm{d}T}{\mathrm{d}t} = \frac{\partial T}{\partial t} + u\frac{\partial T}{\partial x} + v\frac{\partial T}{\partial y} + w\frac{\partial T}{\partial z}$$

答:$\frac{\partial T}{\partial t}$ 表征温度场的非定常性,对应热传导效应,反映了流体与周围物体之间的热量交换;$u\frac{\partial T}{\partial x} + v\frac{\partial T}{\partial y} + w\frac{\partial T}{\partial z}$ 由流场的不均匀性引起,对应热对流效应,反映了流动过程引起的热量交换。

3.9 流体质点的基本运动形式是什么?流体微团的基本运动形式是什么?写出表征流体微团运动特征的速度表达式(平动速度、转动速度、角变形速率、线变形速率)。

答:流体质点的基本运动形式:平动。

流体微团基本运动形式:平动,转动,线变形运动,角变形运动。

平动速度:$u(x, y, z, t)$,$v(x, y, z, t)$,$w(x, y, z, t)$;

转动速度:$\omega_x = \frac{1}{2}\left(\frac{\partial w}{\partial y} - \frac{\partial v}{\partial z}\right)$,$\omega_y = \frac{1}{2}\left(\frac{\partial u}{\partial z} - \frac{\partial w}{\partial x}\right)$,$\omega_z = \frac{1}{2}\left(\frac{\partial v}{\partial x} - \frac{\partial u}{\partial y}\right)$;

角变形速率:$\gamma_x = \varepsilon_{yz} = \frac{1}{2}\left(\frac{\partial w}{\partial y} + \frac{\partial v}{\partial z}\right)$,$\gamma_y = \varepsilon_{zx} = \frac{1}{2}\left(\frac{\partial u}{\partial z} + \frac{\partial w}{\partial x}\right)$,$\gamma_z = \varepsilon_{xy} = \frac{1}{2}\left(\frac{\partial v}{\partial x} + \frac{\partial u}{\partial y}\right)$;

线变形速率:$\theta_x = \varepsilon_{xx} = \frac{\partial u}{\partial x}$,$\theta_y = \varepsilon_{yy} = \frac{\partial v}{\partial y}$,$\theta_z = \varepsilon_{zz} = \frac{\partial w}{\partial z}$。

3.10 说明流体微团旋转运动和刚体旋转运动的异同。

答:刚体质点之间无相对运动,刚体的旋转是在无变形情况下进行的,因此旋转行为对整个刚体都适应。

流体微团的旋转是在变形运动中完成的,流体微团的旋转必然是局部的,无法表征整体行为。具体反映在,刚体旋转速度对整个刚体是不变,流体微团的旋转速度在流动区域中是变化的。

3.11 请推导亥姆霍兹速度分解定理的表达式。

$$u(x+\Delta x, y+\Delta y, z+\Delta z, t) = u(x, y, z, t) + (\omega_y \Delta z - \omega_z \Delta y) + \theta_x \Delta x + \gamma_z \Delta y + \gamma_y \Delta z$$

答:
$$u(x+\Delta x, y+\Delta y, z+\Delta z, t)$$
$$= u(x, y, z, t) + \frac{\partial u}{\partial x}\Delta x + \frac{\partial u}{\partial y}\Delta y + \frac{\partial u}{\partial z}\Delta z$$
$$= u(x, y, z, t) + \frac{1}{2}\left(\frac{\partial u}{\partial z} - \frac{\partial w}{\partial x}\right)\Delta z - \frac{1}{2}\left(\frac{\partial v}{\partial x} - \frac{\partial u}{\partial y}\right)\Delta y + \frac{\partial u}{\partial x}\Delta x$$

$$+ \frac{1}{2}\left(\frac{\partial v}{\partial x} + \frac{\partial u}{\partial y}\right)\Delta y + \frac{1}{2}\left(\frac{\partial u}{\partial z} + \frac{\partial w}{\partial x}\right)\Delta z$$

$$= u(x, y, z, t) + (\omega_y \Delta z - \omega_z \Delta y) + \theta_x \Delta x + \gamma_z \Delta y + \gamma_y \Delta z$$

3.12 从物理上说明速度场散度的意义。流体在运动过程中，散度可以大于零、小于零和等于零，请说明各种情况表示的物理意义。

答：三个相互垂直方向的线变形速率之和在向量分析中称为速度 V 的散度；散度表示流体微团的相对体积膨胀率。散度大于零表示流体微团体积在变大，发生膨胀；散度小于零表示流体微团体积在变小，发生压缩；散度等于零表示流体微团体积不变，不可压缩。

散度也表示单位时间内单位体积流体微团的净流出量，即

$$\nabla \cdot V = \lim_{\Delta \to 0} \frac{\oiint_S V \cdot \mathrm{d}S}{\Delta}$$

3.13 质量守恒定律在流体运动过程中的表达式是什么？如果流体质点不具有连续性条件，如何表达质量守恒？

答：质量守恒定律在流体运动中表现为连续性方程：

$$\frac{\mathrm{D}\rho}{\mathrm{D}t} + \rho \nabla \cdot V = 0$$

若流体质点不具有连续性条件：

$$\sum_i m_{\lambda i} - \sum_i m_{oi} = M_{t+\Delta t} - M_t$$

在 Δt 内控制体质量增量等于这段时间通过控制面流入的质点的质量减去流出质点的质量。

3.14 如果在控制体内存在质量源，如何表达质量守恒定律？

答：存在质量源时，令 $M(t)$ 为从 0 时刻开始到 t 时刻质量源产生的质量，在 $\mathrm{d}t$ 时间段内，控制体的质量应满足

$$\int_{t_0}^{t_0+\mathrm{d}t} M'(t)\,\mathrm{d}t - \left[\frac{\partial(\rho u)}{\partial x} + \frac{\partial(\rho v)}{\partial y} + \frac{\partial(\rho w)}{\partial z}\right]\mathrm{d}x\mathrm{d}y\mathrm{d}z\mathrm{d}t = \frac{\partial \rho}{\partial t}\mathrm{d}x\mathrm{d}y\mathrm{d}z\mathrm{d}t$$

化简得

$$\frac{\mathrm{D}\rho}{\mathrm{D}t} + \rho \nabla \cdot V = \frac{M(t_0+\mathrm{d}t) - M(t_0)}{\mathrm{d}x\mathrm{d}y\mathrm{d}z\mathrm{d}t} = q$$

3.15 请用连续方程证明，流体微团体积膨胀时，密度减小；体积压缩时，密度增大；体积不变，密度随时间不变。

答：由连续方程 $\frac{\mathrm{D}\rho}{\mathrm{D}t} + \rho \nabla \cdot V = 0$ 可知，当速度散度 $\nabla \cdot V > 0$ 时，流体微团体积增

大,此时 $\dfrac{D\rho}{Dt} < 0$,密度减小;$\nabla \cdot \boldsymbol{V} < 0$ 时流体微团体积减小,$\dfrac{D\rho}{Dt} > 0$,密度增大;

$\nabla \cdot \boldsymbol{V} = 0$ 时,$\dfrac{D\rho}{Dt} = 0$,流体密度和体积保持不变。

3.16 在理想流体中,改变流体质点运动的主要因素是什么?

答:压强梯度与质量力。

3.17 在等压流场中,如何引起质点速度变化? 在不计质量力情况下,如何引起流体质点速度变化?

答:在等压流场中,质量力是改变质点速度的原因。在不计质量力的情况下,通过改变流场压强梯度改变速度。

3.18 结合欧拉运动微分方程组,说明:水平收缩管道,速度沿程增大,压强如何变化? 水平扩展管道,速度沿程减小,压强如何变化?

答:由一维流动的欧拉方程 $\dfrac{\partial v}{\partial t} + v\dfrac{\partial v}{\partial s} = f_s - \dfrac{1}{\rho}\dfrac{\partial p}{\partial s}$,可知:水平收缩管道,速度沿程增大,$\dfrac{\partial v}{\partial s} > 0$,$\dfrac{\partial p}{\partial s} < 0$,压强沿程减小;水平扩展管道,速度沿程减小,$\dfrac{\partial v}{\partial s} < 0$,$\dfrac{\partial p}{\partial s} > 0$,压强沿程增大。

3.19 请推导拉格朗日型的运动微分方程组。

答:在欧拉运动方程中:

$$\dfrac{du}{dt} = f_x - \dfrac{1}{\rho}\dfrac{\partial p}{\partial x}$$

左侧为 x 方向的全加速度,在拉格朗日法中为 $\dfrac{\partial^2 x}{\partial t^2}$;$\dfrac{\partial p}{\partial x} = \dfrac{\partial p}{\partial a}\dfrac{\partial a}{\partial x} + \dfrac{\partial p}{\partial b}\dfrac{\partial b}{\partial x} + \dfrac{\partial p}{\partial c}\dfrac{\partial c}{\partial x} + \dfrac{\partial p}{\partial t}\dfrac{\partial t}{\partial x}$。故可得拉格朗日型的运动微分方程组:

$$\dfrac{\partial^2 x(a,b,c,t)}{\partial t^2} = f_x(a,b,c,t) - \dfrac{1}{\rho}\left(\dfrac{\partial p}{\partial a}\dfrac{\partial a}{\partial x} + \dfrac{\partial p}{\partial b}\dfrac{\partial b}{\partial x} + \dfrac{\partial p}{\partial c}\dfrac{\partial c}{\partial x} + \dfrac{\partial p}{\partial t}\dfrac{\partial t}{\partial x}\right)$$

$$\dfrac{\partial^2 y(a,b,c,t)}{\partial t^2} = f_y(a,b,c,t) - \dfrac{1}{\rho}\left(\dfrac{\partial p}{\partial a}\dfrac{\partial a}{\partial y} + \dfrac{\partial p}{\partial b}\dfrac{\partial b}{\partial y} + \dfrac{\partial p}{\partial c}\dfrac{\partial c}{\partial y} + \dfrac{\partial p}{\partial t}\dfrac{\partial t}{\partial y}\right)$$

$$\dfrac{\partial^2 z(a,b,c,t)}{\partial t^2} = f_z(a,b,c,t) - \dfrac{1}{\rho}\left(\dfrac{\partial p}{\partial a}\dfrac{\partial a}{\partial z} + \dfrac{\partial p}{\partial b}\dfrac{\partial b}{\partial z} + \dfrac{\partial p}{\partial c}\dfrac{\partial c}{\partial z} + \dfrac{\partial p}{\partial t}\dfrac{\partial t}{\partial z}\right)$$

3.20 请说明速度场旋度的物理意义,以及其与流体微团绕自身轴旋转角速度的关系,并写出旋度表达式。

答:速度场的旋度代表流场中质点的旋转运动剧烈程度,速度场旋度的 1/2 为流

体微团绕自身轴的旋转角速度,其表达式为

$$\frac{1}{2}\text{rot } \boldsymbol{V} = \frac{1}{2}\nabla \times \boldsymbol{V} = \frac{1}{2}\begin{vmatrix} \boldsymbol{i} & \boldsymbol{j} & \boldsymbol{k} \\ \frac{\partial}{\partial x} & \frac{\partial}{\partial y} & \frac{\partial}{\partial z} \\ v_x & v_y & v_z \end{vmatrix} = \boldsymbol{\omega} = \omega_x \boldsymbol{i} + \omega_y \boldsymbol{j} + \omega_z \boldsymbol{k}$$

3.21 旋转角速度等于零的流场称为无旋流场,请用斯托克斯公式证明速度的线积分与积分路径无关,存在速度势函数。

答:由斯托克斯公式:$\oint \boldsymbol{V} \mathrm{d}\boldsymbol{r} = \iint \text{rot } \boldsymbol{V} \cdot \mathrm{d}\boldsymbol{A}$。因为无旋场中 rot $\boldsymbol{V} = 0$,则 $\oint \boldsymbol{V} \mathrm{d}\boldsymbol{r} = 0$,所以速度的线积分和路径无关,且存在速度势函数。因此有

$$\boldsymbol{V} \cdot \mathrm{d}\boldsymbol{r} = u\mathrm{d}x + v\mathrm{d}y + w\mathrm{d}z = \mathrm{d}\varphi = \frac{\partial \varphi}{\partial x}\mathrm{d}x + \frac{\partial \varphi}{\partial y}\mathrm{d}y + \frac{\partial \varphi}{\partial z}\mathrm{d}z$$

3.22 速度势函数增量与速度大小的关系是什么?

答:$V = \dfrac{\Delta \varphi}{\Delta s}$,在同样的间距 Δs 下,速度值正比于速度势函数的增量。

3.23 流体沿着水平扩张管道和收缩管道流动,请从欧拉方程出发,说明加速度和压强的变化关系,指出造成流体质点产生加速度的原因。

答:一维欧拉运动微分方程:$\dfrac{\partial v}{\partial t} + v\dfrac{\partial v}{\partial s} = f_s - \dfrac{1}{\rho}\dfrac{\partial p}{\partial s}$。流体沿扩张管道流动,速度减小,压强增大;流体沿收缩管道流动,速度增大,压强减小。造成流体质点加速度的原因是质量力和压强梯度力。

3.24 请写出欧拉方程的矢量形式和沿着流线的投影形式。

答:欧拉方程矢量形式:

$$\frac{\partial \boldsymbol{V}}{\partial t} + (\boldsymbol{V} \cdot \nabla)\boldsymbol{V} = \boldsymbol{f} - \frac{1}{\rho}\nabla p$$

沿着流线的投影方程为

$$\frac{\partial v}{\partial t} + v\frac{\partial v}{\partial s} = f_s - \frac{1}{\rho}\frac{\partial p}{\partial s}$$

3.25 请写出欧拉方程沿着 x 方向的分量表达式。

答:

$$\frac{\partial v}{\partial t} + v\frac{\partial v}{\partial x} = f_x - \frac{1}{\rho}\frac{\partial p}{\partial x}$$

3.26 请写出 x 方向的格罗米柯-兰姆型方程,并写出矢量形式的格罗米柯-兰姆型方程。

答:x 方向格罗米柯-兰姆型方程:

$$f_x - \frac{1}{\rho}\frac{\partial p}{\partial x} = \frac{\partial u}{\partial t} + \frac{\partial}{\partial x}\left(\frac{V^2}{2}\right) - 2v\omega_z + 2w\omega_y$$

矢量形式：

$$\boldsymbol{f} - \frac{1}{\rho}\nabla p = \frac{\partial \boldsymbol{V}}{\partial t} + \nabla\left(\frac{V^2}{2}\right) - 2\boldsymbol{V}\times\boldsymbol{\omega}$$

3.27 指出伯努利积分存在的条件。写出理想不可压缩流体、质量力为重力、定常流动、单位质量的能量方程，并说明各项的物理意义。

答：伯努利积分存在条件：理想正压流体；质量力有势；流体定常流动。

能量方程：

$$gy + \frac{p}{\rho} + \frac{V^2}{2} = C(s)$$

其中，gy 为单位质量流体重力势能；$\frac{p}{\rho}$ 为单位质量流体压能；$\frac{V^2}{2}$ 为单位质量流体动能。

3.28 写出理想不可压缩流体、不计质量力、定常流体、单位质量的能量方程，并说明各项的物理意义。

答：能量方程：

$$\frac{p}{\rho} + \frac{V^2}{2} = C(s)$$

其中，$\frac{p}{\rho}$ 为单位质量流体压能；$\frac{V^2}{2}$ 为单位质量流体动能。

3.29 如果假设压强与密度的关系为 $p = C\rho^{\gamma}$，其中 C 为常数。写出理想可压缩流体、不计质量力、定常流动、单位质量的能量方程。

答：理想可压缩流体、不计质量力、定常流动，此时流场无旋，沿任意伯努利积分曲线对应有能量方程：

$$\Pi + \Omega + \frac{V^2}{2} = C(s)$$

不计质量力 f，所以 $f = -\nabla\Omega$ 的 Ω 设为 0：

$$\Pi + \frac{V^2}{2} = C(s)$$

其中，

$$\Pi = \int \frac{1}{\rho}\mathrm{d}p = \gamma C \int \rho^{\gamma-2}\mathrm{d}\rho = \frac{\gamma}{\gamma-1}\frac{p}{\rho} + C_2$$

可得能量方程：

$$\frac{\gamma}{\gamma-1}\frac{p}{\rho}+\frac{V^2}{2}=C(s)$$

其中，$\dfrac{\gamma}{\gamma-1}\dfrac{p}{\rho}$ 为单位质量流体压能；$\dfrac{V^2}{2}$ 为单位质量流体动能。

3.30 在不计质量力的情况下，顺压梯度和逆压梯度流动的速度如何变化？请用特定的例子说明。

答：

顺压梯度：沿流向速度增大，例如收缩管道；

逆压梯度：沿流向速度减小，例如扩张管道。

3.31 什么是系统？什么是控制体？说明系统和控制体的差别。

答：系统是指包含着确定不变物质的任何集合体。

控制体是指相对于坐标系而言，固定不变的任何体积。

两者主要差别有：系统的边界随流体一起运动，而控制体的边界相对于坐标系是固定不变的；系统的边界上没有质量的交换，而控制体的控制面上可以发生质量交换，即流体可以流进、流出控制面；系统的边界上受到系统外界的表面力，而控制体的控制面上受到外界作用于控制体内流体上的力，同时控制体内流体受到质量力的作用；系统的边界和控制体的控制面都存在能量的交换。

3.32 雷诺输运方程的物理意义是什么？指出雷诺输运方程的适用条件。

答：

$$\frac{\mathrm{d}N}{\mathrm{d}t}=\frac{\partial}{\partial t}\iiint_\tau \rho\sigma\mathrm{d}\tau+\oiint_S \rho\sigma(\boldsymbol{V}\cdot\boldsymbol{n})\mathrm{d}S$$

流体系统物理量的随体导数等于控制体内流体系统物理量的时间变化率与单位时间内通过控制面流出物理量的净流出量。

适用条件是：连续性条件；拉格朗日和欧拉变数可以相互转化，即对应的全微分不为 0 或者无穷大。

3.33 写出动量积分方程，并说明各项的物理意义。

答：拉格朗日观点下：

$$\frac{\mathrm{d}\boldsymbol{K}}{\mathrm{d}t}=\frac{\mathrm{d}}{\mathrm{d}t}\iiint_{\tau_0}\rho\boldsymbol{V}\mathrm{d}\tau_0=\iiint_{\tau_0}\rho\boldsymbol{f}\mathrm{d}\tau_0+\oiint_{S_0}p_n\mathrm{d}S_0$$

流体系统的动量对时间的变化率等于外界作用于系统上的所有外力的矢量和。

欧拉观点下：

$$\frac{\mathrm{d}\boldsymbol{K}}{\mathrm{d}t}=\frac{\partial}{\partial t}\iiint_\tau \rho\boldsymbol{V}\mathrm{d}\tau+\oiint_S \rho\boldsymbol{V}(\boldsymbol{V}\cdot\boldsymbol{n})\mathrm{d}S=\iiint_\tau \rho\boldsymbol{f}\mathrm{d}\tau+\oiint_S p_n\mathrm{d}S$$

单位时间内，在控制体内动量的增量加上通过控制面流出的净动量等于外界作用于控制体上所有外力的矢量和。

3.34 写出能量积分方程，并说明各项的物理意义。

答：拉格朗日观点下：

$$Q + W = \frac{\mathrm{d}}{\mathrm{d}t}\iiint_{\tau_0}\rho E \mathrm{d}\tau_0 = \frac{\mathrm{d}}{\mathrm{d}t}\iiint_{\tau_0}\rho\left(e + \frac{V^2}{2}\right)\mathrm{d}\tau_0$$

单位时间内由外界传入流体系统的热量 Q 与单位时间内作用于流体系统上所有力做的功 W 之和等于该系统的总能量随时间的变化率。

对于热传导 Q_h 和热辐射 Q_r 可以转化为 q_λ 和 ρq_r，对于质量力功 W_b 和表面力功 W_s，那么有

$$\frac{\mathrm{d}}{\mathrm{d}t}\iiint_{\tau_0}\rho\left(e + \frac{V^2}{2}\right)\mathrm{d}\tau_0 = \oiint_{A_0}q_\lambda \mathrm{d}S_0 + \iiint_{\tau_0}\rho q_r \mathrm{d}\tau_0 + \iiint_{\tau_0}\rho \boldsymbol{f}\cdot\boldsymbol{V}\mathrm{d}\tau_0 + \oiint_{S_0}p_n\cdot\boldsymbol{V}\mathrm{d}S_0$$

欧拉观点下：

$$\frac{\mathrm{d}}{\mathrm{d}t}\iiint_{\tau}\rho\left(e + \frac{V^2}{2}\right)\mathrm{d}\tau = \frac{\partial}{\partial t}\iiint_{\tau}\rho\left(e + \frac{V^2}{2}\right)\mathrm{d}\tau + \iiint_{\tau}\rho\left(e + \frac{V^2}{2}\right)(\boldsymbol{V}\cdot\boldsymbol{n})\mathrm{d}\tau$$

$$= \oiint_{S}q_\lambda \mathrm{d}S + \iiint_{\tau}\rho q_r \mathrm{d}\tau_0 + \iiint_{\tau}\rho \boldsymbol{f}\cdot\boldsymbol{V}\mathrm{d}\tau + \oiint_{S}p_n\cdot\boldsymbol{V}\mathrm{d}S$$

单位时间内，在控制体内总能量的增量加上通过控制面流出的净总能量等于外界作用于控制体内流体的热量加上所有力对控制体内流体所做的功。

3.35 什么是理想正压流体、定常流动、质量力有势？

答：理想正压流体是无黏且密度仅为压强的函数的流体。

定常流动是流场参数不随时间变化的流动。

质量力有势是指质量力是某个势函数的梯度。

3.36 对于管道流动，请给出雷诺输运方程的简化形式。

答：管道流动近似为一维流动：

$$\frac{\mathrm{d}N}{\mathrm{d}t} = \frac{\mathrm{d}}{\mathrm{d}t}\int_{l_0}\rho\sigma S\mathrm{d}x = \frac{\partial}{\partial t}\int_{l}\rho\sigma S\mathrm{d}x + \oiint_{S_1+S_2}\rho\sigma(\boldsymbol{V}\cdot\boldsymbol{n})\mathrm{d}S$$

3.37 在理想正压流体、质量力有势的条件下，涡强守恒。说明黏性流体绕流如何产生旋涡？

答：相对于理想正压流体，黏性流体通过黏性剪切力作用，一方面可以导致旋涡转动角速度降低，对应涡强降低，另一方面可以对于相对静止的流体施加旋转力矩从而使得流体微团旋转，从而产生旋涡。

3.38 什么是涡？什么是涡量、涡通量、速度环量？

答：集中涡（vortex）的定义为在流体中存在一群绕公共中心轴旋转的流体质团运动。

涡量是指流场中任何一点流体微团旋转角速度的两倍。

涡通量是指通过某个面积的涡量综合,表征该区域的涡强。

速度环量是在流场中任取一条封闭曲线,速度矢量沿该封闭曲线的线积分,称为该封闭曲线的速度环量。速度绕封闭曲线的速度功,规定积分时逆时针绕行方向为正,即封闭曲线所包围的区域总在行进者的左边。

3.39 说明斯托克斯积分的物理意义。在任何封闭曲线内,速度环量等于零,为什么该区域内不能判断是无涡场?

答:对于任意三维曲面S,其底边封闭围线为L,表明通过曲面S的涡通量等于绕过封闭围线L上的速度环量。

$$\Gamma = \oint_L \boldsymbol{V} \cdot \mathrm{d}\boldsymbol{s} = \iint_S \mathrm{rot}\, \boldsymbol{V} \cdot \mathrm{d}\boldsymbol{S} = \iint_S \boldsymbol{\Omega} \cdot \mathrm{d}\boldsymbol{S}$$

因为只取一条封闭曲线,内部可能存在两个强度大小相同而方向相反的集中涡,此时环量仍然为零,但是内部存在旋转的流体微团,也就是旋涡,即不是无涡场。

3.40 如何表征一群流体质团的旋转快慢?

答:计算各个空间位置涡量大小,获得涡量场数据。涡量越大,旋转越快。

3.41 什么是亥姆霍兹涡守恒三大定理?其适应条件是什么?

答:

第一定理:

沿涡线或涡管的涡强度保持不变(涡强保持定理)。

一根涡管在流体里不可能中断,可以伸展到无限远去,可以自相连接成一个涡环(不一定是圆环),也可以止于边界,边界是固体的边界或自由边界(如自由液面)。

第二定理:

在某时刻构成涡线或涡管的流体质点,在以后运动过程中仍将构成涡线或涡管(涡线或涡面保持定理)。

此时涡线和涡管随着构成它的流体质点一起运动,也就是说某一时刻组成涡面、涡管和涡线的流体质点,在这之前或以后仍将组成涡面、涡管和涡线。

第三定理:

涡的强度不随时间变化,既不会增强,也不会削弱或消失(涡强守恒定理)。

使用条件:

理想正压流体,质量力有势。此时流体的旋转运动既不能产生,也不能消亡。

3.42 为什么一根涡管不能在流体内中断?

答:对于理想正压流体,在质量力有势的情况下,涡管在流体内如果中断,那么选取中断处的涡量在无穷小边长上有无穷大的速度,与实际情况不符合。

3.43 为什么龙卷风可以把大树拔起?龙卷风的强弱如何表征?

答:龙卷风类似兰金涡,在中心处可以视为等涡量的有涡流场的涡核,在外面可以视为点涡诱导的无涡流场,其中分为上升的热气流和下降的冷气流,对于外界来说,越靠近涡心,静压强越小,换句话说,中心压强低于附近压强,靠近龙卷风的物体会被龙卷风向内吸入,同时龙卷风在涡核处越靠近外面速度越大,在涡核外则是越往外速度越小,对于上升的热气流,进入龙卷风内部的物体会受到向上的涡量作用。

3.44 飞机在飞行中产生的翼梢涡如何影响飞机的升力?

答:飞机在飞行中产生的翼梢涡会产生一个诱导下洗流动,降低了等效来流速度,同时由于下洗流动降低飞机的有效迎角,根据茹科夫斯基升力定理,降低了飞机的升力。

3.45 现代战斗机机翼前缘涡的强弱如何影响飞机的升力?

答:现代战斗机多采用三角翼或者鸭翼,前缘涡通过良好的控制可以在机翼吸力面产生额外的负压力,从而改变飞机的升力。

3.46 在涡管中,涡量分布不均匀如何计算涡通量?

答:根据斯托克斯公式,计算涡管通过面积的外围围线的速度环量,从而可以得到涡通量。

3.47 请说明无限长圆柱形涡在垂直于涡轴对称面上诱导速度的表达式。

答:根据毕奥-萨伐尔公式,在 P 点的诱导速度 $\mathrm{d}v$ 满足

$$\mathrm{d}v = \frac{\Gamma}{4\pi} \frac{\mathrm{d}\boldsymbol{s} \times \boldsymbol{r}}{r^3}$$

其中,Γ 为涡管的涡强;$\mathrm{d}\boldsymbol{s}$ 为涡线上微段矢量;$\boldsymbol{r}$ 为该微段指向线外任意一点 P 的矢量。

对于无限长圆柱形涡,距离涡心距离为 h 的诱导速度满足

$$v = \frac{\Gamma}{2\pi h}$$

二、计算题

3.48 流场速度分量 $u = y/(x^2 + y^2)$ 和 $v = -x/(x^2 + y^2)$。计算通过点 $(0, 5)$ 的流线方程。

答:根据流线方程:

$$\frac{\mathrm{d}x}{u} = \frac{\mathrm{d}y}{v} = \frac{\mathrm{d}z}{w}$$

有

$$y/(x^2 + y^2)\,\mathrm{d}y = -x/(x^2 + y^2)\,\mathrm{d}x$$

即

$$-x\mathrm{d}x = y\mathrm{d}y$$

积分得
$$x^2 + y^2 = C$$
通过点(0, 5)的流线方程为 $x^2 + y^2 = 25$。

3.49 给出的速度场 $u = y/(x^2 + y^2)$ 和 $v = -x/(x^2 + y^2)$，计算一个半径为 5 m 的圆形路径周围的环流。u 和 v 的单位是 m/s。

答：根据上题可知，流线方程为 $x^2 + y^2 = C$

因此，半径为 5 m 的圆形路径即为流线。在此圆上，径向速度为零，周线速度为

$$-\sqrt{u^2 + v^2} = -\sqrt{\frac{1}{x^2 + y^2}} = -\frac{1}{5} \text{ m/s}。\text{计算环流为}$$

$$\oint V \mathrm{d}s = -\frac{1}{5} \times 2\pi \times 5 = -2\pi$$

3.50 已知速度场：
$$\begin{cases} u = 2t + 2x + 2y \\ v = t - y + z \\ w = t + x - z \end{cases}$$

试求点(2, 2, 1)在 $t = 3$ 时的加速度。

答：该点速度：
$$u = 2 \times 3 + 2 \times 2 + 2 \times 2 = 14 \text{ m/s}$$
$$v = 3 - 2 + 1 = 2 \text{ m/s}$$
$$w = 3 + 2 - 1 = 4 \text{ m/s}$$

该点加速度：
$$a_x = \frac{\mathrm{d}u}{\mathrm{d}t} = \frac{\partial u}{\partial t} + u\frac{\partial u}{\partial x} + v\frac{\partial u}{\partial y} + w\frac{\partial u}{\partial z} = 2 + u \times 2 + v \times 2 + 0 = 34 \text{ m/s}^2$$

$$a_y = \frac{\mathrm{d}v}{\mathrm{d}t} = \frac{\partial v}{\partial t} + u\frac{\partial v}{\partial x} + v\frac{\partial v}{\partial y} + w\frac{\partial v}{\partial z} = 1 + 0 + v \times (-1) + w \times 1 = 3 \text{ m/s}^2$$

$$a_z = \frac{\mathrm{d}w}{\mathrm{d}t} = \frac{\partial w}{\partial t} + u\frac{\partial w}{\partial x} + v\frac{\partial w}{\partial y} + w\frac{\partial w}{\partial z} = 1 + u \times 1 + 0 + w \times (-1) = 11 \text{ m/s}^2$$

3.51 二维速度场 $\mathbf{V} = (x^2 - y^2 + x)\mathbf{i} - (2xy + y)\mathbf{j}$，当 $(x, y) = (1, 2)$ 时，计算：

(1) 加速度 a_x 和 a_y；

(2) $\theta = 40°$ 方向上的速度分量、最大速度方向及最大加速度的方向。

答：(1) 速度场：
$$u = x^2 - y^2 + x$$

$$v = -(2xy + y)$$

该点速度：$u = -2 \text{ m/s}$, $v = -6 \text{ m/s}$

该点加速度：

$$a_x = \frac{du}{dt} = \frac{\partial u}{\partial t} + u\frac{\partial u}{\partial x} + v\frac{\partial u}{\partial y} = 18 \text{ m/s}^2$$

$$a_y = \frac{dv}{dt} = \frac{\partial v}{\partial t} + u\frac{\partial v}{\partial x} + v\frac{\partial v}{\partial y} = 26 \text{ m/s}^2$$

(2) 该点在 $\theta = 40°$ 方向上，速度分量为

$$U = -2 \times \cos 40° - 6 \times \sin 40° = -5.39 \text{ m/s}$$

最大速度方向为 $\alpha_v = 180° + \arctan 3 = 251.57°$

最大加速度方向为 $\alpha_a = \arctan \dfrac{26}{18} = 55.30°$

3.52 已知速度场：

$$u = xy^2$$
$$v = -\frac{1}{3}y^3$$
$$w = xy$$

试求：

(1) 点 (1, 2, 3) 的加速度；
(2) 是几维流动？
(3) 是定常流还是非定常流？
(4) 是均匀流还是非均匀流？

答：(1)

$$a_x = \frac{du}{dt} = \frac{\partial u}{\partial t} + u\frac{\partial u}{\partial x} + v\frac{\partial u}{\partial y} + w\frac{\partial u}{\partial z} = 0 + uy^2 + 2xyv + 0 = \frac{1}{3}xy^4$$

$$a_y = \frac{dv}{dt} = \frac{\partial v}{\partial t} + u\frac{\partial v}{\partial x} + v\frac{\partial v}{\partial y} + w\frac{\partial v}{\partial z} = 0 + 0 + v(-y^2) + 0 = \frac{1}{3}y^5$$

$$a_z = \frac{dw}{dt} = \frac{\partial w}{\partial t} + u\frac{\partial w}{\partial x} + v\frac{\partial w}{\partial y} + w\frac{\partial w}{\partial z} = 0 + uy + vx + 0 = \frac{2}{3}xy^3$$

点 (1, 2, 3) 处的加速度：

$$a_x = \frac{16}{3} \text{ m/s}^2$$

$$a_y = \frac{32}{3} \text{ m/s}^2$$

$$a_z = \frac{16}{3} \text{ m/s}^2$$

(2) 二维流动。

(3) 定常流。

(4) 非均匀流,速度梯度不为零。

3.53 弯曲成 U 形的一段管道。管道内径为 0.5 m。空气以 100 m/s 的平均速度进入管道的一个管段,以相同的速度从另一个管段流出,但方向相反。入口和出口的流量压力是周围环境的压力。计算气流对流道施加的力的大小和方向。空气密度为 1.23 kg/m³。

答:选取控制体为 U 形管区域,那么从控制面受力情况得到的欧拉积分方程可得

$$F = \frac{dK}{dt} = \frac{d}{dt}\iiint_{\tau_0} \rho u d\tau = \frac{d}{dt}\int_{\text{inlet}}^{\text{outlet}} \rho u(x) S dx = \rho SU \frac{dx}{dt}\bigg|_{\text{outlet}} - \rho SU \frac{dx}{dt}\bigg|_{\text{inlet}}$$
$$= \rho SU \times U - \rho SU \times (-U) = 2\rho SU^2 = 4\,830.20 \text{ N}$$

气流对流道施加的力为 4 830.20 N,方向与入口气流方向一致。

3.54 管道收缩段长 $l = 60$ cm,直径 $D = 20$ cm,$d = 10$ cm,通过流量 $Q = 0.2$ m³/s,现在逐渐关闭调节阀门,使流量成线性减小,在 20 s 内流量减为零,试求在关闭阀门的第 10 s 时,管轴线上 A 点的加速度(假设断面上速度均匀分布)。

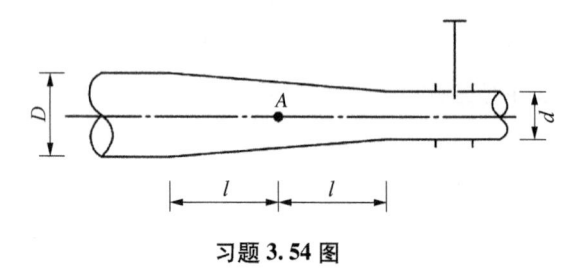

习题 3.54 图

答:断面上速度均匀分布,收缩段内流动为一维非定常流动,流向速度大小为 $u(x, t)$。

收缩段断面面积 S 与 x 的关系式:

$$S(0) = \frac{1}{4}\pi D^2$$

$$S(2l) = \frac{1}{4}\pi d^2$$

$$S(x) = \frac{1}{4}\pi \left(\frac{d-D}{2l}x + D\right)^2$$

根据已知条件可知,流量 Q 满足

$$Q(0) = u(0, t)S(0) = 0.2 \text{ m}^3/\text{s}$$

$$Q(t) = (0.2 - 0.01t)\,\text{m}^3/\text{s}$$

根据质量守恒，可知流线上某点 x 处的速度 $u(x,t)$ 满足

$$u = \frac{Q}{S(x)} = \frac{0.2 - \dfrac{0.2}{20}t}{\dfrac{1}{4}\pi\left(\dfrac{d-D}{2l}x + D\right)^2}$$

那么有

$$a = \frac{\partial u}{\partial t} + u\frac{\partial u}{\partial x}$$

对于 $x = l = 0.6$ m、$t = 10$ s 的时候有

$$u = \frac{0.1}{\dfrac{1}{4}\pi \times 0.15^2}\,\text{m/s} = 5.66\,\text{m/s}$$

$$a(0.6, 10) = \frac{-0.01}{\dfrac{1}{4}\pi \times 0.15^2} + u\frac{\partial u}{\partial x} = 35.01\,\text{m/s}^2$$

加速度约等于 $35.01\,\text{m/s}^2$

3.55 考虑速度场，其中速度的径向分量和切向分量分别为 $V_r = 0$ 和 $V_\theta = c_r$，其中 c_r 为常数。得到流线方程。

答：将速度径向分量和切向分量转换为笛卡儿坐标系下的速度分量 u、v：

$$u = \frac{-cy}{\sqrt{x^2+y^2}}$$

$$v = \frac{cx}{\sqrt{x^2+y^2}}$$

流线方程为

$$\frac{\mathrm{d}x}{u} = \frac{\mathrm{d}y}{v}$$

积分可得流线方程为 $x^2 + y^2 = a^2$，a 为流线距坐标原点的距离。

3.56 已知平面流动的速度场为 $u = -\dfrac{Cy}{x^2+y^2}$，$v = \dfrac{Cx}{x^2+y^2}$，其中 C 为常数，试求流线方程。

答：流线方程为

$$\frac{\mathrm{d}x}{u} = \frac{\mathrm{d}y}{v}$$

$$\frac{\mathrm{d}x}{-Cy} = \frac{\mathrm{d}y}{Cx}$$

积分得 $x^2 + y^2 = a^2$，a 为流线距坐标原点的距离。

3.57 考虑任意形状的物体。如果物体表面的压力分布是恒定的，证明物体上的合力为零。

答：因沿着形状任意的物体表面的压力分布为常值，故流场中压强分布均匀，压强梯度为零。即 $\nabla \boldsymbol{p}_x = \nabla \boldsymbol{p}_y = \nabla \boldsymbol{p}_z = \boldsymbol{0}$。

由高斯公式得：压力在物体表面的合力分量为

$$F_x = \oiint_S \boldsymbol{p}_x \mathrm{d}\boldsymbol{S} = \iiint_V \nabla \cdot \boldsymbol{p}_x \mathrm{d}V = 0$$

$$F_y = \oiint_S \boldsymbol{p}_y \mathrm{d}\boldsymbol{S} = \iiint_V \nabla \cdot \boldsymbol{p}_y \mathrm{d}V = 0$$

$$F_z = \oiint_S \boldsymbol{p}_z \mathrm{d}\boldsymbol{S} = \iiint_V \nabla \cdot \boldsymbol{p}_z \mathrm{d}V = 0$$

所以合力 F 为 0。

3.58 考虑风洞中的翼型（即横跨整个试验段的机翼），证明单位跨距升力可由风洞顶部和底部壁面上的压力分布（即翼型上方和下方壁面上的压力分布）获得。

答：风洞翼型近似二维流动。取 n 为升力方向。

此时截取翼型剖面上翼面以及翼型上面到上方壁面区域为单位跨距研究对象作为控制体，计算其升力与压力分布的关系。

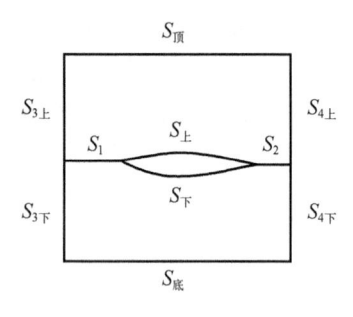

控制体满足

$$\frac{\partial}{\partial t}\iiint_{\tau_0} \rho V \mathrm{d}\tau + \oiint_S \rho V(V \cdot n) \mathrm{d}S = \iiint_{\tau_0} \rho f \mathrm{d}\tau + \oiint_S p_n \mathrm{d}S$$

习题 3.58 图

由于体积力 f 可忽略，那么有

$$\oiint_S p_n \mathrm{d}S = \oiint_{S_1+S_2+S_{3\pm}+S_{4\pm}+S_{\text{顶}}} p_n \mathrm{d}S + \oiint_{\text{上方壁面}} p_n \mathrm{d}S$$

$$= \frac{\partial}{\partial t}\iiint_{\tau_0} \rho V \mathrm{d}\tau + \oiint_S \rho V(V \cdot n) \mathrm{d}S = 0$$

同理，对于截取翼型剖面下翼面以及翼型下面到下方壁面区域为单位跨距研究对象作为控制体：

$$\frac{\partial}{\partial t}\iiint_{\tau_0} \rho V \mathrm{d}\tau + \oiint_S \rho V(V \cdot n) \mathrm{d}S = \iiint_{\tau_0} \rho f \mathrm{d}\tau + \oiint_S p_n \mathrm{d}S$$

由于体积力 f 可忽略,那么有

$$\oiint_S p_n \mathrm{d}S = \oiint_{S_1+S_2+S_{3下}+S_{4下}+S_底} p_n \mathrm{d}S + \oiint_{下方壁面} p_n \mathrm{d}S$$

$$= \frac{\partial}{\partial t}\iiint_{\tau_0} \rho V \mathrm{d}\tau + \oiint_S \rho V(V \cdot n)\mathrm{d}S = 0$$

对于全部区域为控制体有

$$\oiint_{S_{3上}+S_{4上}+S_{3下}+S_{4下}+S_底+S_顶} p_n \mathrm{d}S = \frac{\partial}{\partial t}\iiint_{\tau_0} \rho V \mathrm{d}\tau + \oiint_S \rho V(V \cdot n)\mathrm{d}S = 0$$

对于翼型表面有合力 F 满足

$$F = \oiint_S p_n \mathrm{d}S = \oiint_{翼型上方} p_n \mathrm{d}S + \oiint_{翼型下方} p_n \mathrm{d}S$$

$$= -\oiint_{上方壁面} p_n \mathrm{d}S - \oiint_{下方壁面} p_n \mathrm{d}S$$

所以单位跨距升力可由风洞顶部和底部壁面上的压力分布(即翼型上方和下方壁面上的压力分布)获得。

3.59 流体运动具有分速度

$$\begin{cases} u = \dfrac{x}{(x^2+y^2+z^2)^{3/2}} \\ v = \dfrac{y}{(x^2+y^2+z^2)^{3/2}} \\ w = \dfrac{z}{(x^2+y^2+z^2)^{3/2}} \end{cases}$$

试问该流场是否有旋? 如果无旋,求出其速度位函数。

答:根据旋度计算公式有

$$\mathrm{rot}\,\boldsymbol{V} = \nabla \times \boldsymbol{V} = \begin{vmatrix} \boldsymbol{i} & \boldsymbol{j} & \boldsymbol{k} \\ \dfrac{\partial}{\partial x} & \dfrac{\partial}{\partial y} & \dfrac{\partial}{\partial z} \\ u & v & w \end{vmatrix}$$

那么有

$$\mathrm{rot}\,\boldsymbol{V} = \frac{3yz-3zy}{(x^2+y^2+z^2)^{5/2}}\boldsymbol{i} + \frac{3xz-3zx}{(x^2+y^2+z^2)^{5/2}}\boldsymbol{j} + \frac{3xy-3yx}{(x^2+y^2+z^2)^{5/2}}\boldsymbol{k} = \boldsymbol{0}$$

所以流场无旋,存在的速度位函数 φ 满足

$$\frac{\partial \varphi}{\partial x} = u$$

$$\frac{\partial \varphi}{\partial y} = v$$

$$\frac{\partial \varphi}{\partial z} = w$$

积分得

$$\varphi = \frac{-1}{(x^2 + y^2 + z^2)^{1/2}} + C$$

3.60 有不可压缩流体做定常运动,其速度场为

$$\begin{cases} u = ax \\ v = ay \\ w = -2az \end{cases}$$

式中,a 为常数。求:
(1) 线变形率、角变形率;
(2) 流场是否有势;
(3) 是否有速度位函数存在。
答:(1) 线变形率为

$$\begin{cases} \theta_x = \dfrac{\partial u}{\partial x} = a \\ \theta_y = \dfrac{\partial v}{\partial y} = a \\ \theta_z = \dfrac{\partial w}{\partial z} = -2a \end{cases}$$

角变形率为

$$\begin{cases} \gamma_x = \dfrac{1}{2}\left(\dfrac{\partial w}{\partial y} + \dfrac{\partial v}{\partial z}\right) = 0 \\ \gamma_y = \dfrac{1}{2}\left(\dfrac{\partial u}{\partial z} + \dfrac{\partial w}{\partial x}\right) = 0 \\ \gamma_z = \dfrac{1}{2}\left(\dfrac{\partial v}{\partial x} + \dfrac{\partial u}{\partial y}\right) = 0 \end{cases}$$

（2）角速度为

$$\begin{cases} \omega_x = \dfrac{1}{2}\left(\dfrac{\partial w}{\partial y} - \dfrac{\partial v}{\partial z}\right) = 0 \\ \omega_y = \dfrac{1}{2}\left(\dfrac{\partial u}{\partial z} - \dfrac{\partial w}{\partial x}\right) = 0 \\ \omega_z = \dfrac{1}{2}\left(\dfrac{\partial v}{\partial x} - \dfrac{\partial u}{\partial y}\right) = 0 \end{cases}$$

所以流场是无旋的，也就有势。

（3）因为流场是无旋的，所以存在速度位函数 ϕ，则有

$$\begin{aligned} \mathrm{d}\phi &= \frac{\partial \phi}{\partial x}\mathrm{d}x + \frac{\partial \phi}{\partial y}\mathrm{d}y + \frac{\partial \phi}{\partial z}\mathrm{d}z = u\mathrm{d}x + v\mathrm{d}y + w\mathrm{d}z \\ &= ax\mathrm{d}x + ay\mathrm{d}y - 2az\mathrm{d}z \\ &= \mathrm{d}\left(\frac{1}{2}ax^2 + \frac{1}{2}ay^2 - az^2\right) \end{aligned}$$

积分得，速度位函数为

$$\phi = \frac{1}{2}ax^2 + \frac{1}{2}ay^2 - az^2 + C$$

3.61 设下列几种函数分别代表流动的三个分速度：
(1) $u = x^2yz$，$v = -y^2x$；
(2) $u = x^2 + 3z^2x$，$w = -z^3 + y^2$。
哪些情况可以代表不可压流？

答：根据连续方程可知，不可压流需要满足速度散度为 0 的条件。
（1）

$$\nabla \cdot V = 2xyz - 2xy = 2xy(z - 1) = 0$$

那么对于 $x = 0$、$y = 0$ 或者 $z = 1$ 的平面流动，可以看作是不可压流。
（2）

$$\nabla \cdot V = 2x + 3z^2 - 3z^2 = 2x = 0$$

那么对于 $x = 0$ 的平面流动，可以看作是不可压流。

3.62 已知不可压缩流体平面流动，在 y 方向的速度分量为 $u_y = y^2 + 2x + 2y$，试求速度在 x 方向的分量 u_x。

答：根据连续方程可知，不可压流需要满足速度散度为 0 的条件。那么有

$$\nabla \cdot V = 0$$

对应平面流动有

$$\frac{\partial u_x}{\partial x} + \frac{\partial u_y}{\partial y} = 0$$

可得

$$\frac{\partial u_x}{\partial x} = -(2y+2)$$

积分得速度在 x 方向的分量：

$$u_x = -2xy - 2x + f(y)$$

3.63 设下列几种函数分别代表流动的三个分速度：
(1) $u = kx, v = -ky, w = 0$
(2) $u = kx, v = -ky, w = kx$
(3) $u = kx, v = -ky, w = kz$
(4) $u = kx, v = -ky, w = -2kz$
(5) $u = kx, v = ky, w = kx$

其中，k 为常数。哪些情况可以代表不可压流？

答：根据连续方程可知，不可压流需要满足速度散度为 0 的条件。那么有

$$\nabla \cdot \boldsymbol{V} = 0$$

对于上述式子有

(1)
$$\nabla \cdot \boldsymbol{V} = k - k = 0$$

(2)
$$\nabla \cdot \boldsymbol{V} = k - k = 0$$

(3)
$$\nabla \cdot \boldsymbol{V} = k - k + k = k$$

(4)
$$\nabla \cdot \boldsymbol{V} = k - k - 2k = -2k$$

(5)
$$\nabla \cdot \boldsymbol{V} = k + k = 2k$$

所以当 $k = 0$ 时，全部为不可压流动；当 $k \neq 0$ 时，(1) 和 (2) 为不可压流动。

3.64 在送风道的壁上有一面积为 0.4 m^2 的风口，试求风口出流的平均速度 v。

答：假设流体不可压，送风道进、出口速度分别为 V_1 和 V_2。

根据质量守恒，可知：

$$(V_1 - V_2)S - (\boldsymbol{v} \cdot \boldsymbol{n})A = 0$$

代入已知条件：

$$4 = 2.5 + 0.4v\sin 30°$$

那么有

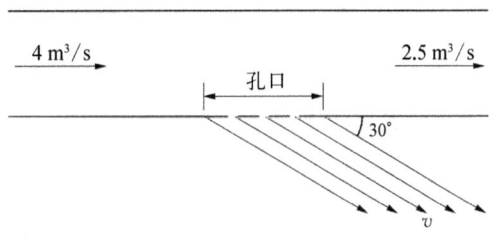

$$v = 7.5 \text{ m/s}$$

习题 3.64 图

3.65 求两平行平板间，流体的单宽流量，已知速度分布为

$$u = u_{\max}\left[1 - \left(\frac{y}{b}\right)^2\right]$$

式中，$y = 0$ 为中心线，$y = \pm b$ 为平板所在位置；$u_{\max}$ 为常数。

答：单宽流量 q 满足

$$q = \int_{-b}^{b} u \mathrm{d}y = \int_{-b}^{b} u_{\max}\left[1 - \left(\frac{y}{b}\right)^2\right]\mathrm{d}y = \frac{4}{3}u_{\max}b$$

3.66 由空气预热器经两条管道送往过滤喷燃器的空气的质量流量 $q_m = 8\,000$ kg/h，气温 400℃，管道截面尺寸均为 400 mm×600 mm。已知标准状态（0℃，101 325 Pa）下空气的密度 $\rho = 1.29$ kg/m³，求输气管道中空气的平均流速。

答：对于 400℃ 情况下，空气的密度近似满足 $\dfrac{\rho_T}{\rho_0} = \dfrac{T_0}{T}$，那么有

$$空气密度 \rho_T = 1.29 \times \frac{273.15}{273.15 + 400} \approx 0.523 \text{ kg/m}^3$$

对于输气管道，空气的质量流量 $q_m = 8\,000$ kg/h $= \dfrac{20}{9}$ kg/s

管道横截面积 $S = 0.4 \times 0.6 = 0.24$ m²

由于有两条管道，空气的平均流速 V 满足

$$V = \frac{q_m}{2\rho_T S} \approx 8.84 \text{ m/s}$$

3.67 连续管系中的 90° 渐缩弯管放在水平面上，管径 $d_1 = 15$ cm，$d_2 = 7.5$ cm，入口处水平平均流速 $v_1 = 2.5$ m/s，静压 $p_{e1} = 6.86 \times 10^4$ Pa（计示压强）。如不计能量损失，试求支撑弯管在其位置所需的水平力。

答：以密度为 1 000 kg/m³ 的水计算：

$$S_1 = \frac{1}{4}\pi d_1^2 = 0.017\,7 \text{ m}^2$$

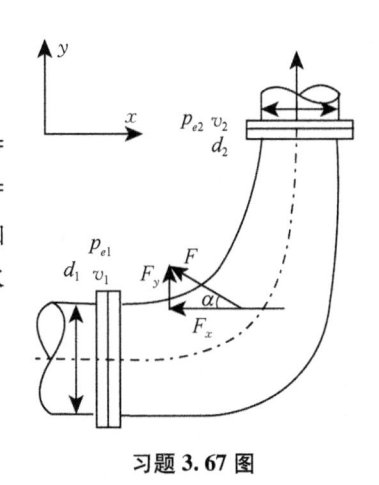

习题 3.67 图

$$S_2 = \frac{1}{4}\pi d_2^2 = 0.0044 \text{ m}^2$$

由连续性方程：

$$\rho v_1 S_1 = \rho v_2 S_2$$

得

$$v_2 = 10 \text{ m/s}$$

由伯努利方程：

$$\frac{p_{e1}}{\rho} + \frac{v_1^2}{2} = \frac{p_{e2}}{\rho} + \frac{v_2^2}{2}$$

得出口静压

$$p_{e2} = 21\,725 \text{ Pa}$$

x 方向动量方程为

$$\rho v_1(-v_1)S_1 + 0 = -F_x + p_{e1}S_1$$

得

$$F_x = 1\,322.7 \text{ N}$$

y 方向动量方程为

$$\rho v_2 S_2 \cdot v_2 = F_y - p_{e2}S_2$$

得

$$F_y = 537.8 \text{ N}$$

故水平方向合力：

$$F = \sqrt{F_x^2 + F_y^2} = 1\,427.9 \text{ N}$$

第4章
理想不可压缩流体平面势流

4.1 内容要点

本章介绍流体力学中一类简单的流动问题——理想不可压缩流体的无旋流动。这是早期流体力学发展的一种理想化近似模型,比求解真实黏性流动问题要容易得多。在黏性作用可忽略的区域,这种理想模型的解还是有相当的可信程度。

4.1.1 势函数与流函数

一个流场,如果各处的 $\boldsymbol{\omega}$ 都等于零,这样的流场称为无旋流场,其流动称为无旋流。即

$$\text{rot}\,\boldsymbol{V} = \nabla \times \boldsymbol{V} = 2\boldsymbol{\omega} = 0$$

根据数学中的斯托克斯定律,无旋流中,

$$\oint_L \boldsymbol{V} \cdot \mathrm{d}\boldsymbol{r} = \iint_A \text{rot}\,\boldsymbol{V} \cdot \mathrm{d}\boldsymbol{A} = 0$$

说明速度场的曲线积分与路径无关,仅是坐标位置的函数。此时,在数学上可用下列微分代表某个函数的全微分:

$$\mathrm{d}\varphi = \boldsymbol{V} \cdot \mathrm{d}\boldsymbol{r} = u\mathrm{d}x + v\mathrm{d}y + w\mathrm{d}z$$

这个函数称为速度势函数,其存在的充分必要条件是无旋流动。速度势函数与速度分量的关系为

$$u = \frac{\partial \varphi}{\partial x} \quad v = \frac{\partial \varphi}{\partial y} \quad w = \frac{\partial \varphi}{\partial z}$$

写成矢量形式为 $\boldsymbol{V} = \nabla \varphi$。

速度势函数也称为速度位或称位函数,为标量。速度势函数仅是坐标位置和时间的函数。即

$$\varphi = \varphi(x, y, z, t)$$

势函数具有下列性质。

(1) 速度势函数沿着某一方向的偏导数等于该方向的速度分量,速度势函数沿着流

线方向增加。由此可得出,速度势函数允许相差任意常数,而不影响流体的运动。

(2) 速度势函数满足拉普拉斯方程,是调和函数。它满足解的线性叠加原理,即它们的线性组合也满足拉普拉斯方程。由不可压缩流体的连续方程中可得

$$\nabla \cdot \mathbf{V} = \nabla \cdot \nabla \varphi = \Delta \varphi = \frac{\partial^2 \varphi}{\partial x^2} + \frac{\partial^2 \varphi}{\partial y^2} + \frac{\partial^2 \varphi}{\partial z^2} = 0$$

(3) 速度势函数相等的点连成的线称为等势线,速度方向垂直于等势线。

$$\mathrm{d}\varphi = 0 \quad \mathrm{d}\varphi = \mathbf{V} \cdot \mathrm{d}\mathbf{s} = 0 \quad \mathbf{V} \perp \mathrm{d}\mathbf{s}$$

(4) 连接任意两点的速度曲线等于该两点的速度势函数之差。速度线积分与路径无关,仅决定于两点的位置。如果是封闭曲线,速度环量为零。

$$\int_A^B \mathbf{V} \cdot \mathrm{d}\mathbf{s} = \int_A^B (u\mathrm{d}x + v\mathrm{d}y + w\mathrm{d}z) = \int_A^B \left(\frac{\partial \varphi}{\partial x}\mathrm{d}x + \frac{\partial \varphi}{\partial y}\mathrm{d}y + \frac{\partial \varphi}{\partial z}\mathrm{d}z \right) = \int_A^B \mathrm{d}\varphi = \varphi_B - \varphi_A$$

4.1.2 流函数

不可压缩流体平面流动的连续方程为

$$\frac{\partial u}{\partial x} + \frac{\partial v}{\partial y} = 0$$

根据高等数学中格林公式(平面问题的线积分与面积分的关系),可知

$$\oint_L -v\mathrm{d}x + u\mathrm{d}y = \iint_\sigma \left(\frac{\partial u}{\partial x} + \frac{\partial v}{\partial y} \right) \mathrm{d}x\mathrm{d}y = 0$$

因此,存在某个函数 ψ 满足下式:

$$\mathrm{d}\psi = -v\mathrm{d}x + u\mathrm{d}y$$

其中, $u = \dfrac{\partial \psi}{\partial y}$; $v = -\dfrac{\partial \psi}{\partial x}$。

这个函数称为流函数。由此可见,对于不可压缩流体的平面流动,无论是理想流体还是黏性流体,无论是有旋流动还是无旋流动,均存在流函数。

流函数具有下列性质:

(1) 流函数值可以差任意常数而不影响流动;

(2) 流函数值相等的点的连线是流线,即等流函数线的切线方向与速度矢量方向重合。

根据此定义,令 $\mathrm{d}\psi = 0$ 得

$$-v\mathrm{d}x + u\mathrm{d}y = 0$$

即平面流动的流线方程:

$$\frac{\mathrm{d}x}{u} = \frac{\mathrm{d}y}{v}$$

(3) 流场中一点在某一方向的速度分量大小等于将这个方向逆时针旋转 90°后流函数在该方向的分量。

$$V_n = \frac{\partial \psi}{\partial m} = \frac{\partial \psi}{\partial x}\frac{\partial x}{\partial m} + \frac{\partial \psi}{\partial y}\frac{\partial y}{\partial m} = -v\cos(m,x) + u\cos(m,y) \quad \boldsymbol{n} \perp \boldsymbol{m}$$

根据流函数这一性质,如果沿着流线取 s,逆时针旋转 90°取 n 方向,则有 $V_s = \frac{\partial \psi}{\partial n}$,$V_n = -\frac{\partial \psi}{\partial s} = 0$。因此,流函数增值方向沿速度方向逆时针旋转 90°方向。

(4) 理想不可压缩流体平面势流,流函数满足拉普拉斯方程。即

$$\omega_z = \frac{1}{2}\left(\frac{\partial v}{\partial x} - \frac{\partial u}{\partial y}\right) = \frac{1}{2}\left[\frac{\partial}{\partial x}\left(-\frac{\partial \psi}{\partial x}\right) - \frac{\partial}{\partial y}\left(\frac{\partial \psi}{\partial y}\right)\right] = -\frac{1}{2}\left(\frac{\partial^2 \psi}{\partial x^2} + \frac{\partial^2 \psi}{\partial y^2}\right) = 0$$

(5) 过同一点的等速度势函数线与等流函数线正交(等势线与流线正交)。
一方面,等流函数线是流线,有

$$\mathrm{d}\psi = -v\mathrm{d}x + u\mathrm{d}y = 0$$

$$K_1 = \frac{\mathrm{d}y}{\mathrm{d}x} = \frac{v}{u}$$

另一方面,过该点的等势函数线方程为

$$\mathrm{d}\varphi = \frac{\partial \varphi}{\partial x}\mathrm{d}x + \frac{\partial \varphi}{\partial y}\mathrm{d}y = u\mathrm{d}x + v\mathrm{d}y = 0$$

$$K_2 = \frac{\mathrm{d}y}{\mathrm{d}x} = -\frac{u}{v}$$

在同一点处,流线与等势线的斜率乘积为

$$K_1 K_2 = \frac{v}{u}\left(-\frac{u}{v}\right) = -1$$

说明过同一点的流线与等势线正交。

(6) 流网及其特征。在理想不可压缩流体定常平面势流中,每一点均存在速度势函数和流函数值。这样在流场中存在两族曲线:一族为流线,另一族为等势线且彼此相互正交。由这种正交曲线构成的网格称为流网。在流网中,每一个网格的边长之比等于势函数和流函数的增值之比。

$$\mathrm{d}\psi = V_s \mathrm{d}n \quad \mathrm{d}\varphi = V_s \mathrm{d}s$$

$$\frac{\mathrm{d}n}{\mathrm{d}s} = \frac{\mathrm{d}\psi}{\mathrm{d}\varphi}$$

流网不仅可以显示流速的分布情况,也可以反映速度的大小。流线密的地方流速大,流线稀疏的地方流速小。

如果相邻流线之间的流函数差为常数,等于单宽流量增量。即

$$V_s = \frac{\mathrm{d}\psi}{\mathrm{d}n} = \frac{\mathrm{d}q}{\mathrm{d}n} \quad \frac{V_{s1}}{V_{s2}} = \frac{\mathrm{d}n_2}{\mathrm{d}n_1}$$

表示流速与网格间距成反比,因此流线的疏密程度反映了速度的大小。

4.1.3 理想不可压缩流体平面位流的基本方程

理想不可压缩流动控制方程为

$$\begin{cases} \dfrac{\partial u}{\partial x} + \dfrac{\partial v}{\partial y} + \dfrac{\partial w}{\partial z} = 0 \\ \dfrac{\mathrm{d}\boldsymbol{V}}{\mathrm{d}t} = \boldsymbol{f} - \dfrac{1}{\rho}\nabla p \end{cases}$$

初始条件:$t=t_0$ 时,$\boldsymbol{V} = \boldsymbol{V}(x, y, z) \quad p = p(x, y, z)$。

边界条件:在物体的边界上 $V_n = 0$,在无穷远处 $V = V_\infty$。

对于理想不可压缩平面定常无旋流动问题的数学提法共有三种。设给定一平面物体 C,无穷远为直匀流,在绕流在物体上不脱体的情况下,求这个绕流问题。

(1)以速度势函数为未知函数的提法。求物体 C 外无界区域内的速度势函数 φ,它满足拉普拉斯方程:

$$\frac{\partial^2 \varphi}{\partial x^2} + \frac{\partial^2 \varphi}{\partial y^2} = 0$$

及下列边界条件:

$$\begin{cases} \dfrac{\partial \varphi}{\partial n}\bigg|_C = 0 & \text{在物体 } C \text{ 上} \\ \dfrac{\partial \varphi}{\partial x} = u_\infty \quad \dfrac{\partial \varphi}{\partial y} = v_\infty & \text{在无穷远处} \end{cases}$$

(2)以流函数为未知函数的提法。求 C 外无界区域内的流函数 ψ,它满足拉普拉斯方程:

$$\frac{\partial^2 \psi}{\partial x^2} + \frac{\partial^2 \psi}{\partial y^2} = 0$$

及下列边界条件：

$$\begin{cases} \psi = 常数 & 在物体 C 上 \\ \dfrac{\partial \psi}{\partial x} = -v_\infty \quad \dfrac{\partial \psi}{\partial y} = u_\infty & 在无穷远处 \end{cases}$$

(3) 以复位势 $w(z)$ 为未知函数提法：

$$w(z) = \varphi + i\psi$$

需要求解满足一定定解条件的在 C 外区域内的解析函数。

在以上三种数学提法中，第一种和第二种是属于数理方程中解偏微分方程的范畴，第一种是拉普拉斯方程的黎曼问题，第二种是拉普拉斯方程的狄利克雷问题；第三种则是属于复变函数求解析函数的范畴。复变函数的工具要比解拉式方程强有力得多，解拉式方程只是在一些边界比较简单的问题中才得到成功，而利用复变函数则可以解决一些比较复杂的边界问题。

二阶线性偏微分方程-拉普拉斯方程，这是一个纯运动学方程。如果对这个方程赋予定解条件，就可以单独解出速度位函数，继而求出速度值。与压强没有进行耦合求解，那么如何确定压强呢？在这种情况下，可将速度值作为已知量代入运动方程中，解出压强值。实际求解并不是直接代入运动方程中，而是利用伯努利积分得到。于是整个问题的求解步骤概括为：① 根据纯运动学方程求出速度势函数和速度分量；② 由伯努利方程确定流场中各点的压强。这使得速度和压强的求解过程分开进行，从而大大简化了问题的复杂性。

综合起来对于理想不可压缩流体无旋流动，控制方程及其初边界条件为

$$\begin{cases} \dfrac{\partial^2 \varphi}{\partial x^2} + \dfrac{\partial^2 \varphi}{\partial y^2} + \dfrac{\partial^2 \varphi}{\partial z^2} = 0 \\ \dfrac{\partial \varphi}{\partial t} + \dfrac{V^2}{2} + \dfrac{p}{\rho} + \Omega = C(t) \end{cases}$$

初始条件：$t = t_0$，$\boldsymbol{V} = \boldsymbol{V}_0(x, y, z)$，$p = p_0(x, y, z)$。

边界条件为

$$\begin{cases} \dfrac{\partial \varphi}{\partial n} = 0 & 固壁面条件 \\ p = p_s & 自由面条件 \\ \boldsymbol{V} = \boldsymbol{V}_\infty & 无穷远处 \end{cases}$$

在流体力学中，多数边界条件属于第二类边界条件，即在边界上给定速度势函数的偏导数。

通常将压强表为无量纲的压强系数 C_p，其定义是当地静压减去来流静压再除以来流的动压头：

$$p = \left(p_\infty + \frac{\rho}{2}V_\infty^2\right) - \frac{\rho}{2}(u^2 + v^2) \quad C_p = \frac{p - p_\infty}{\frac{1}{2}\rho V_\infty^2}$$

不可压无黏流时：

$$C_p = 1 - \frac{V^2}{V_\infty^2}$$

因此，驻点的 C_p 一定等于 1。

4.1.4 理想不可压缩平面定常无旋流动

以下列出基本解的势函数与流函数。
直匀流：

$$\varphi = ax + by, \quad \psi = ay - bx$$

点源（汇）：

$$\varphi = \frac{Q}{2\pi}\ln r = \frac{Q}{4\pi}\ln(x^2 + y^2), \quad \psi = \frac{Q}{2\pi}\theta = \frac{Q}{2\pi}\arctan\frac{y}{x}$$

偶极子：

$$\varphi = M\frac{\cos\theta}{r} = M\frac{x}{x^2 + y^2}, \quad \psi = -M\frac{\sin\theta}{r} = -M\frac{y}{x^2 + y^2}$$

点涡：

$$\varphi = \frac{\Gamma}{2\pi}\theta = \frac{\Gamma}{2\pi}\arctan\frac{y}{x}, \quad \psi = -\frac{\Gamma}{2\pi}\ln r = -\frac{\Gamma}{4\pi}\ln(x^2 + y^2)$$

4.1.5 简单位流叠加

本小节介绍几种用简单函数表示的位流，这几种流动也是最基本的流动，许多复杂的流动可以用其组合而成。

1. 直匀流加点源

在一个平行于 x 轴由左向右流去的直匀流里，加一个强度为 Q 的源，把坐标原点放在源所在的地方，叠加得到的位函数与流函数分别是

$$\varphi(x, y) = V_\infty x + \frac{Q}{2\pi}\ln r = V_\infty x + \frac{Q}{4\pi}\ln(x^2 + y^2)$$

$$\psi = V_\infty r\sin\theta + \frac{Q}{2\pi}\theta$$

两个分速是

$$\begin{cases} u = \dfrac{\partial \varphi}{\partial x} = V_\infty + \dfrac{Q}{2\pi} \dfrac{x}{x^2 + y^2} \\ v = \dfrac{\partial \varphi}{\partial y} = \dfrac{Q}{2\pi} \dfrac{y}{x^2 + y^2} \end{cases}$$

在 x 轴线上有一个合速为零的点，即驻点 A。令 $u_A = 0$，$v_A = 0$，即得驻点坐标为 $x_A = -\dfrac{Q}{2\pi V_\infty}$，$y_A = 0$。该点速度为零可以理解为从点源出来的流体的速度在那里恰和直匀流速度相抵消。

将驻点坐标代入流函数，可得经过驻点的流函数值 $\psi = \dfrac{Q}{2}$。

因此，经过驻点的流线为

$$\psi = V_\infty r \sin\theta + \dfrac{Q}{2\pi}\theta = \dfrac{Q}{2}$$

其中，非水平流线为 $r = \dfrac{1}{V_\infty \sin\theta} \dfrac{Q}{2}\left(1 - \dfrac{\theta}{\pi}\right)$。

全部流线谱中，经过驻点的流线 $\psi = Q/2$ 是一条特殊的流线。它像一道围墙一样，把流场划分成为两部分。外面的是直匀流绕此围墙的流动，里面的是源流在此围墙限制之内的流动。流线是气流不可逾越的线。一个物体放在气流里，它的边界也是气流不可逾越的界线，气流只能与物体边界相切着流过去。所以，我们可以把外部流动看作是在直匀流中放了一个那样形状的物体所造成的流动。不过这个物体后面是不封口的，称为半无限体。

沿这个半无限体的外表面，压强系数是

$$C_p = -\dfrac{\sin 2\theta}{\pi - \theta} - \left(\dfrac{\sin\theta}{\pi - \theta}\right)^2$$

驻点的 C_p 一定等于+1。从驻点往后，C_p 迅速下降，在距驻点不是很远的地方，C_p 降到零，该点流速已达远前方的来流速度。此后气流继续沿物面加速，走了一段之后，流速达最大值，C_p 达最小值。这一点称最大速度点或最低压强点，过了最大速度点之后气流开始减速，到无限远的右方，流速减到和远前方来流一样大。这是大多钝头物体低速流动的特点。头部附近形成一个低速高压区，随后速度迅速上升，压强急剧下降。

2. 直匀流加偶极子（无环量的圆柱绕流）

在直匀流中加源，只能出现绕半无限体的流动，物形不会收口，增加负源才能使它收口。只有当正源和负源的总强度等于零时，物形才是封闭的。设直匀流平行于 x 轴，由左向右流。再把一个轴线指向 $-x$ 的偶极子放在坐标原点处。若偶极子强度为 $M = a^2 V_\infty$，则流动的位函数是

$$\varphi(x, y) = V_\infty\left(x + \dfrac{a^2 x}{r^2}\right) = V_\infty\left(r + \dfrac{a^2}{r}\right)\cos\theta$$

流函数方程为

$$\psi(x, y) = V_\infty \left(r - \frac{a^2}{r} \right) \sin\theta$$

速度为

$$V_r = \frac{\partial \varphi}{\partial r} = V_\infty \left(1 - \frac{a^2}{r^2} \right) \cos\theta$$

$$V_\theta = \frac{\partial \varphi}{r \partial \theta} = -V_\infty \left(1 + \frac{a^2}{r^2} \right) \sin\theta$$

驻点方程为

$$V_r = V_\infty \left(1 - \frac{a^2}{r^2} \right) \cos\theta = 0$$

$$V_\theta = -V_\infty \left(1 + \frac{a^2}{r^2} \right) \sin\theta = 0$$

因此，驻点在半径为 a 的圆上，前后驻点方位角分别为 $\theta = \pi$ 和 $\theta = 0$，即 $(-a, 0)$ 和 $(a, 0)$。在该圆上，径向速度 $V_r = 0$，$V_\theta = -2V_\infty \sin\theta$。因此过驻点的流线就是半径为 a 的圆，流函数值为 $\psi = 0$。

根据伯努利方程和压强系数定义，圆柱表面压强分布为

$$C_p = 1 - \frac{V^2}{V_\infty^2} = 1 - 4\sin^2\theta$$

在圆周前后驻点，$\theta = 180°$ 和 $0°$，压强系数等于 1.0。从前驻点往后流，在 $\theta = \pm 150°$ 处流速加快到和来流的流速一样大了。以后继续加速，在 $\theta = \pi/2$ 处达最大速度，其值二倍于来流的速度，C_p 为 -3.0。过了最大速度点以后，气流减速，在 $\theta = 0°$ 处降为零，这一点称为后驻点。因此在圆柱体表面，从前驻点到后驻点，流动经历了一个加速过程和一个减速过程。在加速过程中，沿物体表面的压强梯度是负的，通常称为顺压梯度；在流动减速过程中，沿物体表面的压强梯度是正的，通常称为逆压梯度。整个流动不仅上下是对称的，而且左右也是对称的，物面上的压强分布也是对称的，结果哪个方向的合力也没有。

不过实际流动是左右不对称的，由于实际流体是有黏性的缘故，气流过了最大速度点以后，不可能始终贴着物体流下去，不可能进行完全的减速，导致水平方向存在阻力。达朗贝尔提出，不仅像绕圆柱体这样的前后对称的物体上没有阻力，在理想不可压流中，任何一个封闭物体的绕流，其阻力都是零。这个结论不符合事实。后人称为达朗贝尔佯谬。这为人们研究黏性流体运动起到促进作用。

3. 直匀流加偶极子加点涡（有环量的圆柱绕流）

在直匀流加偶极子的流动之上，再在圆心处加一个强度为 $-\Gamma$ 的点涡（顺时针转为

负）。由于点涡造成的流动是绕点涡的圆周运动，所以绕圆柱的无环量流动叠加上点涡后，圆柱这条流线不会被破坏。

流函数和位函数为

$$\psi(x,y) = V_\infty \left(r - \frac{a^2}{r} \right) \sin\theta + \frac{\Gamma}{2\pi} \ln r$$

$$\varphi(x,y) = V_\infty \left(r + \frac{a^2}{r} \right) \cos\theta - \frac{\Gamma}{2\pi} \theta$$

在极坐标下，两个分速度为

$$\begin{cases} V_r = \dfrac{\partial \varphi}{\partial r} = V_\infty \left(1 - \dfrac{a^2}{r^2} \right) \cos\theta \\ V_\theta = \dfrac{1}{r} \dfrac{\partial \varphi}{\partial \theta} = -V_\infty \left(1 + \dfrac{a^2}{r^2} \right) \sin\theta - \dfrac{\Gamma}{2\pi r} \end{cases}$$

$r=a$ 仍是一条流线。在这个圆上 $V_r=0$，圆周速度为

$$V_\theta = -2V_\infty \sin\theta - \frac{\Gamma}{2\pi a}$$

驻点现在不在 $\theta=\pi$ 与 $\theta=0$ 处，其位置可以由驻点条件 $V_\theta=0$ 确定，即

$$V_\theta = -2V_\infty \sin\theta - \frac{\Gamma}{2\pi a} = 0$$

$$\sin\theta_0 = -\frac{\Gamma}{4\pi a V_\infty}$$

在第三和第四象限内，前后驻点对 y 轴是对称的。这个角度离开 π 和 0 的多少决定于环量对速度乘半径 a 之比值；比值越大，驻点越往下移。

垂直于来流方向的空气动力分力称为升力，可以通过沿圆柱表面压强积分（利用伯努利方程将压强表示为速度分布后积分求得），或者利用动量方程求出合力。

根据伯努利方程，在圆柱面上任意一点的压强为

$$p_s = p_\infty + \frac{\rho}{2} V_\infty^2 - \frac{\rho}{2} V_{\theta s}^2 = p_\infty + \frac{\rho}{2} V_\infty^2 - \frac{\rho}{2} \left(-2V_\infty \sin\theta - \frac{\Gamma}{2\pi a} \right)^2$$

圆柱面上的压强系数为

$$C_p = 1 - \frac{V_{\theta s}^2}{V_\infty^2} = 1 - 4 \left(\sin\theta + \frac{\Gamma}{4\pi a V_\infty} \right)^2$$

无环量时，上半圆（θ 由 π 至 0）上的压力分布和下半圆（θ 由 π 至 2π）上的压力分布对称，结果是合力为零。有环量时，上半圆上的负压远远超过下半圆上的负压，所以有一个向上的合力，即升力。这个力的来源主要靠上半圆上的吸力。

沿着垂直于来流方向投影,得升力。即

$$L = \int_0^{2\pi} -p_s a\sin\theta \mathrm{d}\theta = \int_0^{2\pi} -\left[p_\infty + \frac{\rho}{2}V_\infty^2 - \frac{\rho}{2}\left(-2V_\infty\sin\theta - \frac{\Gamma}{2\pi a}\right)^2\right] a\sin\theta \mathrm{d}\theta$$

$$= \int_0^{2\pi} -\left(p_\infty + \frac{\rho}{2}V_\infty^2\right) a\sin\theta \mathrm{d}\theta + \int_0^{2\pi} \left[\frac{\rho}{2}V_\infty^2\left(2\sin\theta + \frac{\Gamma}{2\pi V_\infty a}\right)^2\right] a\sin\theta \mathrm{d}\theta$$

$$= \frac{\rho}{2}V_\infty^2 \int_0^{2\pi}\left[4\sin^2\theta + \frac{2\Gamma\sin\theta}{\pi V_\infty a} + \left(\frac{\Gamma}{2\pi V_\infty a}\right)^2\right] a\sin\theta \mathrm{d}\theta$$

$$= \frac{\rho V_\infty \Gamma}{\pi}\int_0^{2\pi}\sin^2\theta \mathrm{d}\theta = \rho V_\infty \Gamma$$

库塔-茹科夫斯基升力环量定理表明:对于理想不可压缩流体绕过任一封闭物体,其所受的升力等于来流速度、来流密度和环量的乘积,升力的方向等于沿着来流方向逆着环量 Γ 旋转 90°的方向。

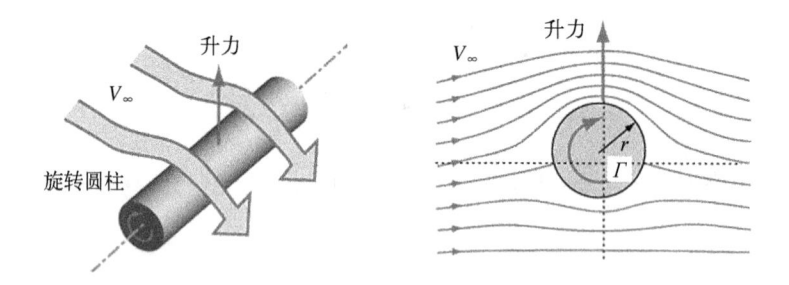

对圆柱物面进行压强积分,沿 x 轴向投影,同样得到阻力为零:

$$D = \int_0^{2\pi} -p_s a\cos\theta \mathrm{d}\theta = -\int_0^{2\pi}\left[p_\infty + \frac{\rho}{2}V_\infty^2 - \frac{\rho}{2}\left(-2V_\infty\sin\theta - \frac{\Gamma}{2\pi a}\right)^2\right] a\cos\theta \mathrm{d}\theta$$

$$= \frac{1}{2}\rho V_\infty^2 \int_0^{2\pi}\left(2\sin\theta + \frac{\Gamma}{2\pi V_\infty a}\right)^2 a\cos\theta \mathrm{d}\theta = 0$$

4.2 习题解答

一、思考题

4.1 为什么理想不可压缩流体势流速度势函数满足拉普拉斯方程?

答:由速度势函数 φ 可知,速度为 $\boldsymbol{V} = \nabla\varphi$,代入不可压缩条件 $\nabla\cdot\boldsymbol{V} = 0$,可知势函数 φ 满足拉普拉斯方程:

$$\nabla\cdot\boldsymbol{V} = \nabla\cdot\nabla\varphi = \Delta\varphi = 0$$

4.2 对于可压缩势流,请推导速度势函数满足的微分方程。

答:连续性方程为

$$\frac{\partial \rho}{\partial t} + \nabla \cdot (\rho V) = 0$$

或者

$$\frac{D\rho}{Dt} + \rho \nabla \cdot V = 0$$

对于可压缩势流,存在速度势函数 φ:

$$V = \nabla \varphi$$

代入得

$$\frac{\partial \rho}{\partial t} + \nabla \varphi \cdot \nabla \rho + \rho \nabla^2 \varphi = 0$$

或者

$$\frac{d\rho}{dt} + \rho \Delta \varphi = 0$$

4.3 请说明理想不可压缩势流速度势函数满足拉普拉斯方程的条件。

答:若速度势函数为 φ,速度为 $V = \nabla \varphi$,代入不可压缩条件 $\nabla \cdot V = 0$,有

$$\nabla \cdot V = \nabla \cdot \nabla \varphi = \Delta \varphi = 0$$

可知势函数 φ 满足拉普拉斯方程的条件为不可压缩。

4.4 请说明理想不可压缩势流流函数满足拉普拉斯方程的条件。

答:理想不可压缩势流的流函数为 ψ,若定义平面流动的速度分别为

$$u = \frac{\partial \psi}{\partial y}, \quad v = -\frac{\partial \psi}{\partial x}$$

该速度场自动满足不可压缩条件 $\nabla \cdot V = 0$。因流动有势,则无旋,$\nabla \times V = -\Delta \psi = 0$。因此,该流函数必须满足拉普拉斯方程。综上,对于理想不可压缩势流的流函数,在平面流动的情况下满足拉普拉斯方程。

4.5 对于不可压缩平面流动,请推导流函数与涡量的关系。

答:平面不可压流动,存在流函数 ψ,速度场 $u = \frac{\partial \psi}{\partial y}, v = -\frac{\partial \psi}{\partial x}$;涡量 $\Omega = \frac{\partial v}{\partial x} - \frac{\partial u}{\partial y} = -\Delta \psi$。

4.6 对于理想不可压缩势流,请证明流线与等势线正交。

答:流线方程:

$$d\psi = vdx - udy = 0$$

流线的切线斜率：

$$K_\psi = \frac{v}{u}$$

等势线方程：

$$\mathrm{d}\phi = u\mathrm{d}x + v\mathrm{d}y = 0$$

等势线的切线斜率：

$$K_\phi = -\frac{u}{v}$$

二者的斜率存在关系式：

$$K_\psi K_\phi = -1$$

因此，流线与等势线相互垂直。

4.7 请给出物体绕流的势流问题求解速度势函数和流函数的定解问题提法。

答：设物体 C 外无界区域内的流场存在速度势函数 φ 和流函数 ψ，二者均需满足拉普拉斯方程。

（1）以速度势函数为研究对象：

$$\frac{\partial^2 \varphi}{\partial x^2} + \frac{\partial^2 \varphi}{\partial y^2} = 0$$

边界条件为

$$\begin{cases} \left.\dfrac{\partial \varphi}{\partial r}\right|_C = 0 & \text{在物体 } C \text{ 上} \\ \dfrac{\partial \varphi}{\partial x} = u_\infty, \dfrac{\partial \varphi}{\partial y} = v_\infty & \text{在无穷远处} \end{cases}$$

是一个典型的诺伊曼边界条件（第二类边界条件）。

（2）以流函数为研究对象：

$$\frac{\partial^2 \psi}{\partial x^2} + \frac{\partial^2 \psi}{\partial y^2} = 0$$

边界条件为

$$\begin{cases} \left.\psi\right|_C = 0 & \text{在物体 } C \text{ 上} \\ \dfrac{\partial \psi}{\partial x} = -v_\infty, \dfrac{\partial \psi}{\partial y} = u_\infty & \text{在无穷远处} \end{cases}$$

是一个典型的狄利克雷边界条件（第一类边界条件）。

（3）以势函数和流函数复合组成复速度势（复位势）研究，即 $w(z) = \varphi + i\psi$ 然后求解满足定解条件在 C 外区域内的解析函数。

4.8 在钝物体绕流中,请分析物面上压强分布沿物面的变化,求最小压强系数。

答:流体经过钝物体,物面将存在前后两个驻点。流动过前驻点开始快速加速减压到最大速度点(顺压梯度区),然后开始减速增压到后驻点附近(逆压梯度区)。在前过程中,压强由前驻点的最大压强点减压到最小压强点(最大速度点)。最小压强系数为

$$C_p = 1 - \frac{V_{\max}^2}{V_\infty^2}$$

4.9 圆柱绕流中,请说明从前驻点到后驻点沿圆柱面速度与压强的变化规律。

答:圆柱作为典型钝体,现象与上题一致。流体经过圆柱,物面将存在两个驻点。流动过前驻点开始快速加速减压到最大速度点(顺压梯度区),然后开始减速增压到后驻点附近(逆压梯度区)。

4.10 点涡强度 $\Gamma = \pi a V_\infty$、$2\pi a V_\infty$、$3\pi a V_\infty$、$3.464\pi a V_\infty$、$4\pi a V_\infty$ 时,请给出对应圆柱面上驻点的角度。

答:叠加点涡的圆柱绕流,势函数为

$$\varphi(r, \theta) = V_\infty \left(r\cos\theta + a^2 \frac{\sin\theta}{r} \right) - \frac{\Gamma}{2\pi}\theta$$

流函数为

$$\psi(r, \theta) = V_\infty \left(r\sin\theta - a^2 \frac{\cos\theta}{r} \right) + \frac{\Gamma}{2\pi}\ln r$$

速度分量为

$$V_r = V_\infty \left(1 - \frac{a^2}{r^2} \right) \cos\theta$$

$$V_\theta = -V_\infty \left(1 + \frac{a^2}{r^2} \right) \sin\theta - \frac{\Gamma}{2\pi r}$$

$r = a$ 的圆柱面是一条流线,径向速度 $V_r = 0$,周向速度为

$$V_\theta = -2V_\infty \sin\theta - \frac{\Gamma}{2\pi a}$$

令 $V_\theta = 0$,可确定驻点位置。即

$$-2V_\infty \sin\theta - \frac{\Gamma}{2\pi a} = 0$$

$$\sin\theta = -\frac{\Gamma}{4\pi a V_\infty}$$

因此，对于 $\Gamma = \pi a V_\infty$、$2\pi a V_\infty$、$3\pi a V_\infty$、$3.464\pi a V_\infty$、$4\pi a V_\infty$，对应驻点方位角满足：$\sin\theta = -\dfrac{1}{4}$、$-\dfrac{1}{2}$、$-\dfrac{3}{4}$、$-\dfrac{3.464}{4}$、$-1$；即$-14.48°$和$194.48°$、$-30°$和$210°$、$-48.59°$和$228.59°$、$-60°$和$240°$及$-90°$。

4.11 对于有环量的圆柱绕流，对圆柱面上的压强积分，求圆柱的升力。圆柱面上的压强系数为

$$C_p = 1 - \left(2\sin\theta + \frac{\Gamma}{2\pi a V_\infty}\right)^2$$

答：根据压强系数的定义：

$$C_p = \frac{p - p_\infty}{\dfrac{1}{2}\rho V_\infty^2}$$

可知

$$p = \frac{1}{2}C_p \rho V_\infty^2 + p_\infty$$

因此，圆柱的单位高度升力为绕圆柱压强在竖直方向上的积分：

$$L = \int_0^{2\pi} -pa\sin\theta\,\mathrm{d}\theta = \int_0^{2\pi} -\left(p_\infty + \frac{1}{2}\rho V_\infty^2 C_p\right) a\sin\theta\,\mathrm{d}\theta$$

则

$$L = -\frac{1}{2}\rho V_\infty^2 a \int_0^{2\pi} C_p \sin\theta\,\mathrm{d}\theta = \frac{1}{2}\rho V_\infty^2 a \int_0^{2\pi} \left(2\sin\theta + \frac{\Gamma}{2\pi a V_\infty}\right)^2 \sin\theta\,\mathrm{d}\theta = \rho V_\infty \Gamma$$

二、计算题

4.12 令 $G(x, y)$ 是二维拉普拉斯方程的解，请证明 $G(x, y)$ 可以代表二维无黏不可压缩流的势函数或流函数。

证明：已知 $\Delta G(x, y) = 0$，即

$$\frac{\partial}{\partial x}\left(\frac{\partial G}{\partial x}\right) + \frac{\partial}{\partial y}\left(\frac{\partial G}{\partial y}\right) = 0$$

若 G 为位函数，则速度场为

$$\begin{cases} u = \dfrac{\partial G}{\partial x} \\ v = \dfrac{\partial G}{\partial y} \end{cases}$$

有

$$\nabla \cdot \boldsymbol{V} = \frac{\partial u}{\partial x} + \frac{\partial v}{\partial y} = \Delta G = 0; \quad \Omega_z = \frac{\partial v}{\partial x} - \frac{\partial u}{\partial y} = \frac{\partial^2 G}{\partial x \partial y} - \frac{\partial^2 G}{\partial x \partial y} = 0$$

同时满足不可压及无旋条件,所以 $G(x,y)$ 可以代表二维无黏不可压缩流动的位函数。

若 G 为平面流动的流函数,则速度场为

$$\begin{cases} u = \dfrac{\partial G}{\partial y} \\ v = -\dfrac{\partial G}{\partial x} \end{cases}$$

有

$$\nabla \cdot \boldsymbol{V} = \frac{\partial u}{\partial x} + \frac{\partial v}{\partial y} = \frac{\partial^2 G}{\partial x \partial y} - \frac{\partial^2 G}{\partial x \partial y} = 0$$

$$\Omega_z = \frac{\partial v}{\partial x} - \frac{\partial u}{\partial y} = -\frac{\partial^2 G}{\partial x \partial x} - \frac{\partial^2 G}{\partial y \partial y} = -\Delta G = 0$$

同时满足不可压及无旋条件,所以 $G(x,y)$ 可以代表二维无黏不可压缩流动的流函数。

4.13 试证明不可压缩流体平面流动:$v_x = 2xy$,$v_y = x^2 - y^2$,满足连续方程,是一个势流动,并求出速度势。

答:

$$\nabla \cdot \boldsymbol{V} = \frac{\partial v_x}{\partial x} + \frac{\partial v_y}{\partial y} = 2y - 2y = 0$$

因此满足不可压缩流体的连续性方程 $\nabla \cdot \boldsymbol{V} = 0$。

该流动的涡量为

$$\frac{\partial v_y}{\partial x} - \frac{\partial v_x}{\partial y} = 2x - 2x = 0$$

流场的旋度处处为 0,为无旋流动,存在势函数,是一个势流动。

速度势函数 φ 有

$$\mathrm{d}\varphi = v_x \mathrm{d}x + v_y \mathrm{d}y$$

积分,得

$$\varphi = x^2 y - \frac{1}{3} y^3 + C$$

4.14 已知速度势 $\varphi = xy$，求速度分量和流函数，画出 φ 为 1、2、3 的等势线。证明等势线和流线是互相正交的。

答：根据势函数，可获得速度场：

$$u = \frac{\partial \varphi}{\partial x} = y$$

$$v = \frac{\partial \varphi}{\partial y} = x$$

积分，得流函数

$$\psi = \int -v\mathrm{d}x + u\mathrm{d}y = -\frac{1}{2}x^2 + \frac{1}{2}y^2 + C$$

下图分别画出流函数和势函数的曲线。

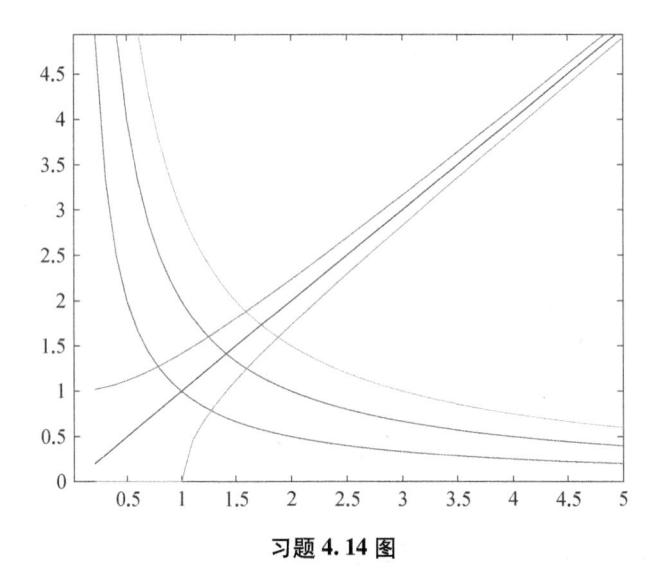

习题 4.14 图

可以看出，等势线与流线是互相正交的。

4.15 不可压缩流体平面流动的流函数为 $\psi = xy + 2x - 3y + 10$，试求其速度势。

答：根据流函数可以知道速度场：

$$u = x - 3$$

$$v = -(y + 2)$$

对应速度势函数为

$$\varphi = \int u\mathrm{d}x + v\mathrm{d}y = \frac{1}{2}x^2 - \frac{1}{2}y^2 - 3x - 2y + C$$

4.16 叠加中心在原点的点涡和点源，试证其合成流动是一种螺旋形流动。在这种流动

中,速度与极半径之间的夹角处处相等,其值等于 arctan($-\Gamma/Q$)

答：极坐标系下,叠加强度 $-\Gamma$ 点涡和 Q 的点源后的势函数与流函数分别为

$$\varphi(r,\theta) = \frac{Q}{2\pi}\ln r - \frac{\Gamma}{2\pi}\theta$$

$$\psi(r,\theta) = \frac{Q}{2\pi}\theta + \frac{\Gamma}{2\pi}\ln r$$

速度分量分别为

$$u_r = \frac{\partial\varphi(r,\theta)}{\partial r} = \frac{Q}{2\pi r}$$

$$u_\theta = \frac{1}{r}\frac{\partial\varphi}{\partial\theta} = \frac{-\Gamma}{2\pi r}$$

那么速度与极坐标之间的夹角：

$$\arctan\frac{u_\theta}{u_r} = \arctan\frac{-\Gamma}{Q}$$

为常数,因此夹角处处相等。

选取任意一条流线,其切线方向与极坐标之间的夹角处处相同,可以看作是螺旋线向外运动。下图画出了流场中的三条流线(选取 $\Gamma = Q = 1$)。

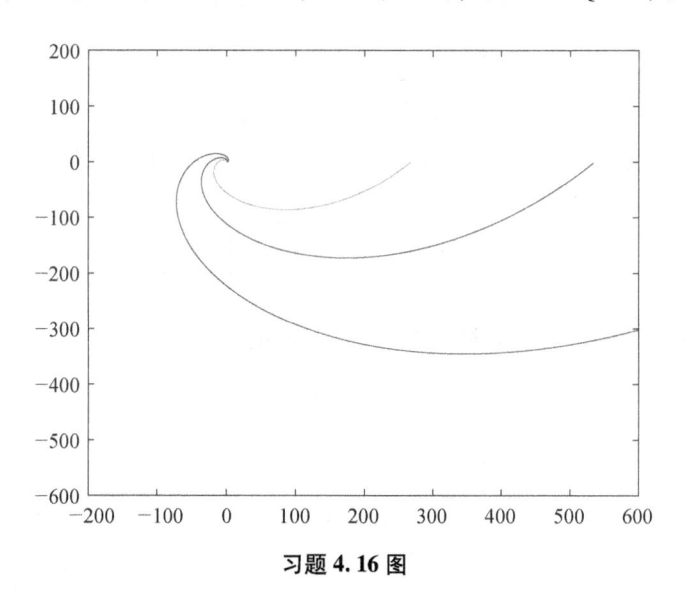

习题 4.16 图

4.17 已知平面无旋流动的速度势 $\varphi = \dfrac{2x}{x^2 - y^2}$,试求流函数和速度场。

答：由速度势函数和流函数性质：

$$u = \frac{\partial \varphi}{\partial x} = \frac{\partial \psi}{\partial y}, \quad v = \frac{\partial \varphi}{\partial y} = -\frac{\partial \psi}{\partial x}$$

速度场为

$$u = \frac{\partial \varphi}{\partial x} = \frac{-2x^2 - 2y^2}{(x^2 - y^2)^2}$$

$$v = \frac{\partial \varphi}{\partial y} = \frac{4xy}{(x^2 - y^2)^2}$$

对应的流函数满足

$$\mathrm{d}\psi = \frac{\partial \psi}{\partial x}\mathrm{d}x + \frac{\partial \psi}{\partial y}\mathrm{d}y = -\frac{\partial \varphi}{\partial y}\mathrm{d}x + \frac{\partial \varphi}{\partial x}\mathrm{d}y = -\frac{4xy}{(x^2 - y^2)^2}\mathrm{d}x - \frac{2(x^2 + y^2)}{(x^2 - y^2)^2}\mathrm{d}y$$

积分,得

$$\psi = \int -\frac{4xy}{(x^2 - y^2)^2}\mathrm{d}x + f(y) = \frac{2y}{x^2 - y^2} + f(y) + C$$

$$\frac{\partial \psi}{\partial y} = \frac{2(x^2 + y^2)}{(x^2 - y^2)^2} + f'(y) = \frac{-2x^2 - 2y^2}{(x^2 - y^2)^2}$$

$$f'(y) = \frac{4(x^2 + y^2)}{(x^2 - y^2)^2}$$

$$f(y) = \int \frac{4(x^2 + y^2)}{(x^2 - y^2)^2}\mathrm{d}y = 4x^2 \int \frac{1}{(x^2 - y^2)^2}\mathrm{d}y + 4\int \frac{y^2}{(x^2 - y^2)^2}\mathrm{d}y$$

利用查表的方法对上述不定函数进行求解,最终求解得到的流函数表达式为

$$\psi = \frac{5y}{2(x^2 - y^2)} + \frac{7}{4x}\ln\left|\frac{x + y}{x - y}\right| + C$$

4.18 已知平面流动的速度为直线分布,若 $y_0 = 4$ m, $u_0 = 80$ m/s,试求:(1)流函数 ψ;(2)流动是否为有势流动。

答:速度场为

$$u = 20y$$

$$v = 0$$

积分得流函数为

$$\psi = \int -v\mathrm{d}x + u\mathrm{d}y = 10y^2 + C$$

旋度

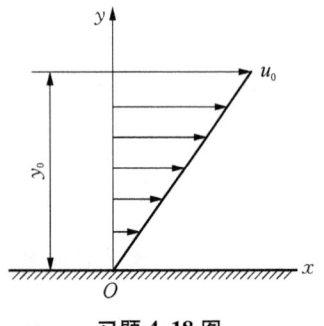

习题 4.18 图

$$\mathrm{rot}\,\boldsymbol{V} = 2w_z\boldsymbol{k} = \left(\frac{\partial v}{\partial x} - \frac{\partial u}{\partial y}\right) = -20\boldsymbol{k} \neq 0$$

所以有旋，对应不是有势流动。

4.19 试证明下列两个流场是等同的：

$$\varphi = x^2 + x - y^2;\ \psi = 2xy + y$$

答：势函数对应的流场为

$$u = \frac{\partial \varphi}{\partial x} = 2x + 1$$

$$v = \frac{\partial \varphi}{\partial y} = -2y$$

流函数对应的流场为

$$u = \frac{\partial \psi}{\partial y} = 2x + 1$$

$$v = -\frac{\partial \psi}{\partial x} = -2y$$

二者一致，流场等同。

4.20 无穷远处有一速度为 u_0 的均匀直线来流，坐标原点处有一强度为 $-q$ 的汇流，试求两个流动叠加后的流函数、驻点位置以及流体流入和流过汇流的分界线方程。

答：叠加后势函数：

$$\varphi(x, y) = u_0 x - \frac{q}{4\pi}\ln(x^2 + y^2)$$

流函数：

$$\psi(x, y) = u_0 y + \frac{q}{2\pi}\arctan\frac{y}{x}$$

流场速度：

$$u = \frac{\partial \varphi(x, y)}{\partial x} = u_0 - \frac{q}{2\pi}\frac{x}{x^2 + y^2}$$

$$v = \frac{\partial \varphi(x, y)}{\partial y} = -\frac{q}{2\pi}\frac{y}{x^2 + y^2}$$

因此，驻点位于 x 轴，其坐标为 $\left(\dfrac{q}{2\pi u_0}, 0\right)$。

通过驻点的流函数值 $\psi\left(\dfrac{q}{2\pi u_0},\ 0\right)=0$。

分界线方程为通过驻点的流线方程：

$$\psi(x,\ y)=u_0 y+\frac{q}{2\pi}\arctan\frac{y}{x}=\psi\left(\frac{q}{2\pi u_0},\ 0\right)=0$$

即

$$u_0 y+\frac{q}{2\pi}\arctan\frac{y}{x}=0$$

或

$$r=\frac{q}{2\pi}\frac{\theta}{u_0\sin\theta}$$

4.21 位于 $(0,\ a)$ 和 $(0,\ -a)$ 处有两个等强度的旋转方向相反的点涡，当 $a\to 0$ 时保持 $2\pi a\Gamma$ 为常数，试证其对应的流动与轴线在 x 轴上的偶极子完全相同。

答：两个点涡叠加后势函数：

$$\varphi(x,\ y)=\frac{\Gamma}{2\pi}\arctan\frac{y-a}{x}-\frac{\Gamma}{2\pi}\arctan\frac{y+a}{x}$$

流函数：

$$\psi(x,\ y)=\frac{\Gamma}{4\pi}\ln[x^2+(y-a)^2]-\frac{\Gamma}{4\pi}\ln[x^2+(y+a)^2]$$

当 $a\to 0$，且保持 $2\pi a\Gamma$ 为常数，

$$\psi(x,\ y)=\lim_{a\to 0}\left\{\frac{\Gamma}{4\pi}\ln\left[1-\frac{2ya}{x^2+(y+a)^2}\right]\right\}=\lim_{a\to 0}\left[-\frac{\Gamma}{4\pi}\frac{2ya}{x^2+(y+a)^2}\right]$$

$$=\lim_{a\to 0}\left(-2\pi a\Gamma\frac{1}{4\pi^2}\frac{y}{x^2+y^2}\right)=\frac{-M}{x^2+y^2}y$$

此时，

$$M=2\pi a\Gamma\frac{1}{4\pi^2}=\frac{a\Gamma}{2\pi}$$

对于在 x 轴上的偶极子，强度为 M 的时候，其流函数为

$$\psi(x,\ y)=\frac{-M}{x^2+y^2}y$$

二者完全一致。

4.22 有位于(1,0)和(-1,0)两点具有相同强度4π的点源,试求在$(0,0)$、$(0,1)$、$(0,-1)$和$(1,1)$处的速度。

答:对于两个点源$Q=4\pi$,叠加后势函数为

$$\varphi(x,y) = \frac{Q}{2\pi\sqrt{(x-1)^2+y^2}} + \frac{Q}{2\pi\sqrt{(x+1)^2+y^2}}$$

$$= \frac{2}{\sqrt{(x-1)^2+y^2}} + \frac{2}{\sqrt{(x+1)^2+y^2}}$$

速度场为

$$u = \frac{2(x-1)}{(x-1)^2+y^2} + \frac{2(x+1)}{(x+1)^2+y^2}$$

$$v = \frac{2y}{(x-1)^2+y^2} + \frac{2y}{(x+1)^2+y^2}$$

各点速度分别为

$(0,0)$点速度为$(0,0)$;

$(0,1)$点速度为$(0,2)$;

$(0,-1)$点速度为$(0,-2)$;

$(1,1)$点速度为$\left(\dfrac{4}{5}, \dfrac{12}{5}\right)$。

4.23 相距$2a$、强度为Q的等强度点源和点汇,位于一条与正x轴成$45°$角的直线上,点源和点汇相对于原点对称。试证当$a \to 0$,并保持$2\pi aQ$等于常数M时,由此形成的偶极子的流函数为

$$\psi = -\frac{M}{2\pi}\frac{\sqrt{2}}{2}\frac{y-x}{x^2+y^2}$$

答:设点源位于$\left(-\dfrac{\sqrt{2}}{2}a, -\dfrac{\sqrt{2}}{2}a\right)$,点汇位于$\left(\dfrac{\sqrt{2}}{2}a, \dfrac{\sqrt{2}}{2}a\right)$,则点源与点汇合成流动的流函数为

$$\psi = \frac{Q}{2\pi}\left(\arctan\frac{y+\dfrac{\sqrt{2}}{2}a}{x+\dfrac{\sqrt{2}}{2}a} - \arctan\frac{y-\dfrac{\sqrt{2}}{2}a}{x-\dfrac{\sqrt{2}}{2}a}\right)$$

对上式进行变换有

$$\tan\frac{2\pi\psi}{Q} = \frac{\dfrac{y+\dfrac{\sqrt{2}}{2}a}{x+\dfrac{\sqrt{2}}{2}a} - \dfrac{y-\dfrac{\sqrt{2}}{2}a}{x-\dfrac{\sqrt{2}}{2}a}}{1 + \dfrac{y+\dfrac{\sqrt{2}}{2}a}{x+\dfrac{\sqrt{2}}{2}a} \cdot \dfrac{y-\dfrac{\sqrt{2}}{2}a}{x-\dfrac{\sqrt{2}}{2}a}} = \frac{\sqrt{2}a(x-y)}{x^2+y^2-a^2}$$

$$\psi = \frac{Q}{2\pi}\arctan\frac{\sqrt{2}a(x-y)}{x^2+y^2-a^2}$$

保持 $2\pi aQ$ 等于常数 M，两端取极限，有

$$\psi = \lim_{a\to 0}\frac{Q}{2\pi}\arctan\frac{\sqrt{2}a(x-y)}{x^2+y^2-a^2} = \frac{Q}{2\pi}\frac{\sqrt{2}a(x-y)}{x^2+y^2}$$

$$= -\frac{Qa}{2\pi}\frac{\sqrt{2}(y-x)}{x^2+y^2} = -\frac{M}{2\pi^2}\frac{\sqrt{2}}{2}\frac{(y-x)}{x^2+y^2}$$

4.24 试证在直匀流中，半径为 a 的圆柱体表面上的压强系数为

$$C_p = 1 - 4\sin^2\theta\left(1 + \frac{\Gamma}{4\pi aV_\infty\sin\theta}\right)^2$$

其中，绕圆柱体的环量为 Γ。

答：根据直匀流通过具有 Γ 环量的圆柱体，相当于直匀流加上偶极子及点涡。叠加后，位函数为

$$\phi = V_\infty\left(1 + \frac{a^2}{r^2}\right)r\cos\theta - \frac{\Gamma}{2\pi}\theta$$

则圆柱表面的速度分量为

$$\begin{cases} u_r = \dfrac{\partial\varphi}{\partial r} = V_\infty\left(1 - \dfrac{a^2}{r^2}\right)\cos\theta = 0 \\ u_\theta = \dfrac{\partial\varphi}{r\partial\theta} = -V_\infty\left(1 + \dfrac{a^2}{r^2}\right)\sin\theta - \dfrac{\Gamma}{2\pi r} = -2aV_\infty\sin\theta - \dfrac{\Gamma}{2\pi a} \end{cases}$$

圆柱表面的合速度为

$$V = u_\theta = -2V_\infty\sin\theta - \frac{\Gamma}{2\pi a}$$

则圆柱表面的压力系数分布为

$$C_p = \frac{p - p_\infty}{\frac{1}{2}\rho V_\infty^2} = 1 - \left(\frac{V}{V_\infty}\right)^2 = 1 - 4\sin^2\theta\left(1 + \frac{\Gamma}{4\pi V_\infty a \sin\theta}\right)$$

4.25 直径为 1.2 m、长为 50 m 的圆柱体以 90 r/min 的角速度绕其轴旋转,空气流以 80 km/h 的速度沿与圆柱体轴相垂直的方向绕过圆柱体流动。试求速度环量、升力和驻点的位置。假设环流与圆柱体之间没有滑动,$\rho = 1.205$ kg/m³。

答:该流动可由直匀流、偶极子和点涡叠加。流函数为

$$\psi(r, \theta) = V_\infty\left(r\sin\theta - a^2\frac{\cos\theta}{r}\right) + \frac{\Gamma}{2\pi}\ln r$$

其中,直匀流速度 $V_\infty = 80$ km/h $= 22.222$ m/s,圆柱半径 $a = 0.6$ m。

旋转角速度 $\omega = 90$ r/min $= 90 \times 2 \times \pi/60$ rad/s $= 3\pi$ rad/s。

速度环量 $\Gamma = \omega a \times 2\pi a = 2.16\pi^2 = 21.318$ m²/s。

升力根据茹科夫斯基升力公式 $L = \rho V_\infty \Gamma$,可得 $L = 28\,542.896$ N。

对应速度分量在极坐标系下为

$$V_r = V_\infty\left(1 - \frac{a^2}{r^2}\right)\cos\theta$$

$$V_\theta = -V_\infty\left(1 + \frac{a^2}{r^2}\right)\sin\theta - \frac{\Gamma}{2\pi r}$$

由于要求 $r = a$ 的圆柱面是一条流线,即不穿透物面条件。那么在物面上,

$$V_\theta = -2V_\infty\sin\theta - \frac{\Gamma}{2\pi a}$$

对应驻点满足

$$\sin\theta = \frac{-\Gamma}{4\pi a V_\infty} = -0.1272$$

$$\theta = 187.3° \text{ 或 } -7.3°$$

4.26 某二维流场的流函数表达式可写为

$$\psi = 100y\left(1 - \frac{25}{r^2}\right) + \frac{628}{2\pi}\ln\frac{r}{5}$$

试求:零流线的形状、驻点的位置、绕物体的环量、无限远处的速度和作用在该物体上的力。

答:该流函数为来流速度为 100 m/s,

$$\psi = 100y\left(1 - \frac{25}{r^2}\right) + \frac{628}{2\pi}\ln\frac{r}{5} = 100r\sin\theta\left(1 - \frac{25}{r^2}\right) + \frac{628}{2\pi}\ln\frac{r}{5}$$

对于极坐标系下,

$$u_r = \frac{\partial\psi}{r\partial\theta} = 100\left(1 - \frac{25}{r^2}\right)\cos\theta$$

$$u_\theta = -\frac{\partial\psi}{\partial r} = -100\left(1 + \frac{25}{r^2}\right)\sin\theta - \frac{628}{2\pi r}$$

驻点速度为零,可知 $r = 5$,$\sin\theta = -0.1$。因此驻点位于 $r = 5$ 的圆上,其方位角 $\theta = -5.7°$(或 354.3°)和 185.7°。或驻点位置为 $x = \pm 4.975$ m,$y = -0.5$ m。

零流线方程:

$$\psi = 100y\left(1 - \frac{25}{r^2}\right) + \frac{628}{2\pi}\ln\frac{r}{5} = 0$$

其解为 $r = 5$ 或 $\cos\theta = \dfrac{-\dfrac{628}{2\pi}\ln\dfrac{r}{5}}{100r\left(1 - \dfrac{25}{r^2}\right)}$。

因此,零流线为半径 5 的圆及两条过上述驻点的曲线。

绕物体的环量 $\Gamma = 628$ m²/s;无限远处的速度为 100 m/s;当流体密度 $\rho = 1$ kg/m³ 时,作用在该物体上的力 $F = \rho V_\infty \Gamma = 62\,800$ N。

第 5 章
黏性流体动力学基础

5.1 内容要点

5.1.1 变形率矩阵(变形率张量)

在速度分解定理中,最后一项是由流体微团变形引起的,称为变形率矩阵或变形率张量。该项与流体微团的黏性应力存在直接关系。

定义流体微团的变形率矩阵为

$$[\varepsilon] = \begin{bmatrix} \varepsilon_{xx} & \varepsilon_{xy} & \varepsilon_{xz} \\ \varepsilon_{yx} & \varepsilon_{yy} & \varepsilon_{yz} \\ \varepsilon_{zx} & \varepsilon_{zy} & \varepsilon_{zz} \end{bmatrix}$$

该矩阵是对称矩阵,每个分量的大小与坐标系的选择有关,但有三个量是与坐标系选择无关的不变量。它们是

$$I_1 = \varepsilon_{xx} + \varepsilon_{yy} + \varepsilon_{zz}$$

$$I_2 = \varepsilon_{xx}\varepsilon_{yy} + \varepsilon_{yy}\varepsilon_{zz} + \varepsilon_{xx}\varepsilon_{zz} - \varepsilon_{xy}^2 - \varepsilon_{yz}^2 - \varepsilon_{zx}^2$$

$$I_3 = \begin{vmatrix} \varepsilon_{xx} & \varepsilon_{xy} & \varepsilon_{xz} \\ \varepsilon_{yx} & \varepsilon_{yy} & \varepsilon_{yz} \\ \varepsilon_{zx} & \varepsilon_{zy} & \varepsilon_{zz} \end{vmatrix}$$

对于第一不变量,具有明确的物理意义,表示速度场的散度或流体微团的相对体积膨胀率:

$$I_1 = \varepsilon_{xx} + \varepsilon_{yy} + \varepsilon_{zz} = \frac{\partial u}{\partial x} + \frac{\partial v}{\partial y} + \frac{\partial w}{\partial z} = \nabla \cdot V$$

如果选择坐标轴是三个变形率矩阵的主轴,则此时变形率矩阵的非对角线上的分量为零,相应的变形率矩阵与不变量为

$$[\varepsilon] = \begin{bmatrix} \varepsilon_1 & 0 & 0 \\ 0 & \varepsilon_2 & 0 \\ 0 & 0 & \varepsilon_3 \end{bmatrix} \quad \begin{aligned} I_1 &= \varepsilon_1 + \varepsilon_2 + \varepsilon_3 \\ I_2 &= \varepsilon_1\varepsilon_2 + \varepsilon_2\varepsilon_3 + \varepsilon_1\varepsilon_3 \\ I_3 &= \varepsilon_1\varepsilon_2\varepsilon_3 \end{aligned}$$

5.1.2 应力矩阵(应力张量)

在黏性流体运动中,由于存在切向力,过任意一点单位面积上的表面力就不一定垂直于作用面,且各个方向的大小也不一定相等。因此,作用于任意方向微元面积上的合应力可分解为法向应力和切向应力。如果作用面的法线方向与坐标轴重合,则合应力可分解为三个分量,其中垂直于作用面的为法应力,另外两个与作用面相切,分别平行于另外两个坐标轴,为切应力在坐标轴向的投影分量。

由此可见,用两个下标可把各个应力分量的作用面方位和投影方向表示清楚。其中第一个下标表示作用面的法线方向,第二个下标表示应力分量的投影方向。例如,对于 x 面的合应力可表示为:$\boldsymbol{\tau}_x = \tau_{xx}\boldsymbol{i} + \tau_{xy}\boldsymbol{j} + \tau_{xz}\boldsymbol{k}$;$y$ 面的合应力表达式为:$\boldsymbol{\tau}_y = \tau_{yx}\boldsymbol{i} + \tau_{yy}\boldsymbol{j} + \tau_{yz}\boldsymbol{k}$;$z$ 面的合应力表达式为:$\boldsymbol{\tau}_z = \tau_{zx}\boldsymbol{i} + \tau_{zy}\boldsymbol{j} + \tau_{zz}\boldsymbol{k}$。

如果在同一点上给定三个相互垂直坐标面上的应力,那么过该点任意方向作用面上的应力可通过坐标变换唯一确定。因此,我们把三个坐标面上的九个应力分量称为该点的应力状态,由这九个应力分量组成的矩阵称为应力矩阵(或应力张量)。

根据剪力互等定理,在这九分量中,只有六个是独立的,包括三个法向应力和三个切向应力。这个应力矩阵如同变形率矩阵一样,是个对称矩阵。

$$[\tau] = \begin{bmatrix} \tau_{xx} & \tau_{xy} & \tau_{xz} \\ \tau_{yx} & \tau_{yy} & \tau_{yz} \\ \tau_{zx} & \tau_{zy} & \tau_{zz} \end{bmatrix}$$

$$\tau_{xy} = \tau_{yx} \quad \tau_{xz} = \tau_{zx} \quad \tau_{yz} = \tau_{zy}$$

概括得到关于应力的几个要点。

(1) 在理想流体中,不存在切应力,三个法向应力相等,等于该点压强的负值,即

$$\tau_{xx} = \tau_{yy} = \tau_{zz} = -p \quad [\tau] = -p\begin{bmatrix} 1 & 0 & 0 \\ 0 & 1 & 0 \\ 0 & 0 & 1 \end{bmatrix}$$

(2) 在黏性流体中,任意一点的任何三个相互垂直面上的法向应力不一定相等,但其和是一个不变量,并定义此不变量的平均值为该点的平均压强的负值,即

$$p = -\frac{\tau_{xx} + \tau_{yy} + \tau_{zz}}{3}$$

(3) 在黏性流体中,任意面上的切应力一般不为零,即

$$\tau_{xy} = \tau_{xz} \neq 0$$

5.1.3 广义牛顿内摩擦定理(本构关系)

对于一般的三维流动,斯托克斯(1845 年)引入三条假定:

（1）流体是连续的,它的应力矩阵与变形率矩阵成线性关系,与流体的平动和转动无关;

（2）流体是各向同性的,其应力与变形率的关系与坐标系的选择和位置无关;

（3）所建立的关系不仅应适合运动的情况,当流体静止时,变形率为零,流体中的应力为流体静压强。

斯托克斯将牛顿内摩擦定律推广到黏性流体的任意流动情形中,提出广义牛顿内摩擦定理(牛顿流体的本构方程):

$$[\tau] = 2\mu[\varepsilon] - \left(p + \frac{2}{3}\mu \nabla \cdot V\right)[I]$$

用张量形式可表示为

$$\tau_{ij} = \begin{cases} \mu\left(\dfrac{\partial u_j}{\partial x_i} + \dfrac{\partial u_i}{\partial x_j}\right) & i \neq j \\ -p + 2\mu \dfrac{\partial u_i}{\partial x_i} - \dfrac{2}{3}\mu \nabla \cdot V & i = j \end{cases}$$

对于不可压缩流体,有 $\nabla \cdot \boldsymbol{u} = 0$:

$$\tau_{ij} = \begin{cases} \mu\left(\dfrac{\partial u_j}{\partial x_i} + \dfrac{\partial u_i}{\partial x_j}\right) & i \neq j \\ -p + 2\mu \dfrac{\partial u_i}{\partial x_i} & i = j \end{cases}$$

笛卡儿坐标系下,黏性切应力为

$$\tau_{xy} = 2\mu\varepsilon_{xy} = \mu\left(\frac{\partial v}{\partial x} + \frac{\partial u}{\partial y}\right)$$

$$\tau_{yz} = 2\mu\varepsilon_{yz} = \mu\left(\frac{\partial w}{\partial y} + \frac{\partial v}{\partial z}\right)$$

$$\tau_{zx} = 2\mu\varepsilon_{zx} = \mu\left(\frac{\partial u}{\partial z} + \frac{\partial w}{\partial x}\right)$$

法向应力为

$$\tau_{xx} = -p + 2\mu \frac{\partial u}{\partial x} = -p + 2\mu\varepsilon_{xx}$$

$$\tau_{yy} = -p + 2\mu \frac{\partial v}{\partial y} = -p + 2\mu\varepsilon_{yy}$$

$$\tau_{zz} = -p + 2\mu \frac{\partial w}{\partial z} = -p + 2\mu\varepsilon_{zz}$$

5.1.4 黏性流体运动方程——N-S方程

像推导欧拉方程一样,可利用牛顿第二定理推导以应力形式表示的流体运动微分方程。即描述黏性系数近似为常数的流体运动的 N-S 方程组,适用于可压缩和不可压缩流体。

$$\begin{cases} \dfrac{Du}{Dt} = f_x - \dfrac{1}{\rho}\dfrac{\partial p}{\partial x} + \dfrac{1}{3}\nu\dfrac{\partial}{\partial x}\left(\dfrac{\partial u}{\partial x} + \dfrac{\partial v}{\partial y} + \dfrac{\partial w}{\partial z}\right) + \nu\nabla^2 u \\[2mm] \dfrac{Dv}{Dt} = f_y - \dfrac{1}{\rho}\dfrac{\partial p}{\partial y} + \dfrac{1}{3}\nu\dfrac{\partial}{\partial y}\left(\dfrac{\partial u}{\partial x} + \dfrac{\partial v}{\partial y} + \dfrac{\partial w}{\partial z}\right) + \nu\nabla^2 v \\[2mm] \dfrac{Dw}{Dt} = f_z - \dfrac{1}{\rho}\dfrac{\partial p}{\partial z} + \dfrac{1}{3}\nu\dfrac{\partial}{\partial z}\left(\dfrac{\partial u}{\partial x} + \dfrac{\partial v}{\partial y} + \dfrac{\partial w}{\partial z}\right) + \nu\nabla^2 w \end{cases}$$

矢量形式:

$$\frac{D\boldsymbol{V}}{Dt} = \boldsymbol{f} - \frac{1}{\rho}\nabla p + \frac{1}{3}\nu\nabla(\nabla\cdot\boldsymbol{V}) + \nu\Delta\boldsymbol{V}$$

张量形式:

$$\frac{Du_i}{Dt} = f_i - \frac{1}{\rho}\frac{\partial p}{\partial x_i} + \frac{\nu}{3}\frac{\partial^2 u_j}{\partial x_i \partial x_j} + \nu\frac{\partial^2 u_i}{\partial^2 x_j}$$

可见,对于理想流,右端的黏性项为零,方程简化为欧拉方程。

对于不可缩流体,$\nabla\cdot\boldsymbol{u} = 0$,N-S 方程简化为

$$\frac{Du}{Dt} = X - \frac{1}{\rho}\frac{\partial p}{\partial x} + \nu\left(\frac{\partial^2 u}{\partial x^2} + \frac{\partial^2 u}{\partial y^2} + \frac{\partial^2 u}{\partial z^2}\right)$$

$$\frac{Dv}{Dt} = Y - \frac{1}{\rho}\frac{\partial p}{\partial y} + \nu\left(\frac{\partial^2 v}{\partial x^2} + \frac{\partial^2 v}{\partial y^2} + \frac{\partial^2 v}{\partial z^2}\right)$$

$$\frac{Dw}{Dt} = Z - \frac{1}{\rho}\frac{\partial p}{\partial z} + \nu\left(\frac{\partial^2 w}{\partial x^2} + \frac{\partial^2 w}{\partial y^2} + \frac{\partial^2 w}{\partial z^2}\right)$$

矢量形式:

$$\frac{D\boldsymbol{V}}{Dt} = \boldsymbol{f} - \frac{1}{\rho}\nabla p + \nu\Delta\boldsymbol{V}$$

张量形式:

$$\frac{Du_i}{Dt} = f_i - \frac{1}{\rho}\frac{\partial p}{\partial x_i} + \frac{\nu}{3}\frac{\partial^2 u_j}{\partial x_i \partial x_j} + \nu\frac{\partial^2 u_i}{\partial^2 x_j}$$

与第 3 章一样,这个方程中速度的随体导数可以加以分解,把涡量分离出来,写成格

罗米柯形式的方程,也称为兰姆型方程。这样有利于研究流体的有旋性:

$$\frac{\partial V}{\partial t} + \nabla\left(\frac{V^2}{2}\right) + (\nabla \times V) \times V = f - \frac{1}{\rho}\nabla p + \nu \Delta V$$

定常、不可压、彻体力有势时格罗米柯方程可简化为

$$\nabla\left(\frac{p}{\rho} + \Omega + \frac{V^2}{2}\right) = \frac{\mu}{\rho}\Delta V - (\nabla \times V) \times V$$

与理想流体能量不同的是,方程中多了一项因黏性引起的损失项,表示流体质点克服黏性应力做功所消耗的能量。因此,在黏性流体中,沿同一条流线,无论势能、压能和动能如何转化,总机械能是沿程减小的,总是从机械能高的地方流向机械能低的地方,不能保持守恒,减小的部分代表流体质点克服黏性应力做功所消耗的能量。

5.1.5 黏性流体运动的基本性质

黏性流体的运动有一些显著不同于无黏性流体的特点,包括:运动的有旋性、旋涡的扩散性、能量的耗散性。定义涡量 $\boldsymbol{\Omega} = \nabla \times \boldsymbol{u}$,可由 N-S 方程推导出涡量输运方程:

$$\frac{\mathrm{D}\boldsymbol{\Omega}}{\mathrm{D}t} - (\boldsymbol{\Omega} \cdot \nabla)\boldsymbol{u} + \boldsymbol{\Omega}\nabla \cdot \boldsymbol{u} = \nabla \times \boldsymbol{f} - \nabla \times \left(\frac{1}{\rho}\nabla p\right) + \nu\Delta\boldsymbol{\Omega} + \nabla \times \left[\frac{\nu}{3}\nabla(\nabla \cdot \boldsymbol{v})\right]$$

该式说明:流体的黏性、非正压性和质量力无势,是破坏旋涡守恒的根源。在这三者中,最常见的是黏性作用。

(1)如果质量力有势、流体正压且无黏性,则涡量方程简化为

$$\frac{\mathrm{D}\boldsymbol{\Omega}}{\mathrm{D}t} - (\boldsymbol{\Omega} \cdot \nabla)\boldsymbol{u} + \boldsymbol{\Omega}\nabla \cdot \boldsymbol{u} = 0$$

这个方程即为亥姆霍兹涡量守恒方程。

(2)如果质量力有势,流体为不可压缩黏性流体,则涡量输运方程变为

$$\frac{\mathrm{D}\boldsymbol{\Omega}}{\mathrm{D}t} - (\boldsymbol{\Omega} \cdot \nabla)\boldsymbol{u} + \boldsymbol{\Omega}\nabla \cdot \boldsymbol{u} = \nu\Delta\boldsymbol{\Omega}$$

(3)对于二维流动,上式简化为

$$\frac{\partial \Omega_z}{\partial t} = \nu\Delta\Omega_z$$

均质不可压缩无黏性流体在有势力作用下,涡的强度保持不变,流场中的涡就像"冻结"在涡线上一样。但是黏性流体中,旋涡的大小不仅可以随时间产生、发展、衰减、消失,而且还会扩散,涡量从强度大的地方向强度小的地方扩散,直至旋涡强度均衡。

以一空间孤立涡线的扩散规律为例说明之。涡线强度的定解问题为

$$\begin{cases} \text{控制方程}\dfrac{\partial \Omega_z}{\partial t} = \dfrac{\nu}{r}\dfrac{\partial}{\partial r}\left(r\dfrac{\partial \Omega_z}{\partial r}\right) \\ \text{定解条件}t = 0, r > 0, \Omega_z = 0 \\ \qquad\qquad t \geq 0, r \to \infty, \Omega_z = 0 \end{cases}$$

这是一个扩散方程的定解问题,其解为

$$\begin{cases} \Omega = \dfrac{\Gamma_0}{4\pi\nu t}e^{-\frac{r^2}{4\nu t}} \\ \Gamma = \int_0^r \Omega 2\pi r \mathrm{d}r = \Gamma_0(1 - e^{-\frac{r^2}{4\nu t}}) \\ V = \dfrac{\Gamma}{2\pi r} = \dfrac{\Gamma_0}{2\pi r}(1 - e^{-\frac{r^2}{4\nu t}}) \end{cases}$$

由于黏性的影响,物面上的涡量一方面沿垂直流线方向扩散,另一方面,涡量沿主流方向迁移,并随之逐渐衰减。涡量的扩散速度与黏性有关,涡量的迁移速度取决于流动速度。

在黏性流体中,流体运动必然要克服黏性应力做功而消耗机械能。黏性力所做的功只有一部分转变为动能,而另一部分则引起耗散性的不可逆过程。黏性流体的变形运动与机械能损失是同时存在的,机械能损失是不可避免的。流体变形率越大或黏性越大,机械功的耗散就越大,例如常见的轴承发热、飞行器表面升温等,都是机械功耗散的具体表现。

5.2 习题解答

一、思考题

5.1 流体的黏性在什么情况下能够反映出来?从流体运动输运性质看,流体黏性表征什么物理量的输运?

答:流体的黏性在流层之间出现剪切变形时就表现出来。

流体黏性表征了不同流层之间动量的扩散与输运。

5.2 请说明牛顿内摩擦定律的物理意义。动力黏性系数的产生物理机制是什么?

答:牛顿内摩擦定律也称为剪切应力与流层剪切速率之间的本构关系。其物理意义为单位面积上流体的内摩擦力与流层相对运动速度梯度(流层的剪切变形速率)成正比。

比例系数即为流体的动力黏性系数,与流体的属性有关。作为流体的一种宏观物理属性,黏性本质上源于流体分子间的相互作用和分子热运动引起的动量输运。

5.3 写出流体微团的变形率矩阵及其三个不变量,说明散度的物理意义。

答:流体微团变形率矩阵:

$$[\varepsilon] = \begin{bmatrix} \varepsilon_{xx} & \varepsilon_{xy} & \varepsilon_{xz} \\ \varepsilon_{yx} & \varepsilon_{yy} & \varepsilon_{yz} \\ \varepsilon_{zx} & \varepsilon_{zy} & \varepsilon_{zz} \end{bmatrix}$$

不变量：

$$I_1 = \varepsilon_{xx} + \varepsilon_{yy} + \varepsilon_{zz}$$

$$I_2 = \varepsilon_{xx}\varepsilon_{yy} + \varepsilon_{yy}\varepsilon_{zz} + \varepsilon_{xx}\varepsilon_{zz} - \varepsilon_{xy}^2 - \varepsilon_{yz}^2 - \varepsilon_{zx}^2$$

$$I_3 = \begin{vmatrix} \varepsilon_{xx} & \varepsilon_{xy} & \varepsilon_{xz} \\ \varepsilon_{yx} & \varepsilon_{yy} & \varepsilon_{yz} \\ \varepsilon_{zx} & \varepsilon_{zy} & \varepsilon_{zz} \end{vmatrix}$$

散度的物理意义：这里第一不变量就是速度场的散度，表征流体微团的相对体积膨胀率。

5.4 写出流体微团的应力矩阵及其三个不变量，说明作用于黏性流体微团上的名义压强物理意义。在黏性流体运动中，说明引起微团各坐标轴法向应力不同的物理因素。

答：流体微团应力矩阵：

$$[\tau] = \begin{bmatrix} \tau_{xx} & \tau_{xy} & \tau_{xz} \\ \tau_{yx} & \tau_{yy} & \tau_{yz} \\ \tau_{zx} & \tau_{zy} & \tau_{zz} \end{bmatrix}$$

不变量：

$$I_1 = \tau_{xx} + \tau_{yy} + \tau_{zz}$$

$$I_2 = \tau_{xx}\tau_{yy} + \tau_{yy}\tau_{zz} + \tau_{xx}\tau_{zz} - \tau_{xy}^2 - \tau_{yz}^2 - \tau_{zx}^2$$

$$I_3 = \begin{vmatrix} \tau_{xx} & \tau_{xy} & \tau_{xz} \\ \tau_{yx} & \tau_{yy} & \tau_{yz} \\ \tau_{zx} & \tau_{zy} & \tau_{zz} \end{vmatrix}$$

理想流体中，压强各向同性：

$$\tau_{xx} = \tau_{yy} = \tau_{zz} = -p$$

黏性流体中，名义压强为当地法向应力均值的负值，即

$$p = -\frac{\tau_{xx} + \tau_{yy} + \tau_{zz}}{3}; \quad \tau_{xy} = \tau_{xz} \neq 0$$

由广义牛顿内摩擦定律（本构关系）：

$$\tau_{ij} = 2\mu\varepsilon_{ij} - \left(p + \frac{2}{3}\mu \nabla \cdot \boldsymbol{u}\right)\delta_{ij}$$

可知，$\tau_{ii} = -p + \mu\left(2\varepsilon_{ii} - \dfrac{2}{3}\nabla \cdot \boldsymbol{u}\right)$

在黏性流体中，流体的黏性会导致各坐标轴法向应力的值不同。

5.5 斯托克斯关于广义牛顿内摩擦定律的三条假设是什么？并解释物理意义。

答：斯托克斯假设：

(1) 流体是连续的：它的应力矩阵与变形率矩阵成线性关系，与流体的平动和转动无关；

(2) 流体是各向同性的：其应力与变形率的关系与坐标系的选择和位置无关；

(3) 当流体静止时，变形率为零，流体中的应力为流体静压强。

广义牛顿内摩擦定律将牛顿的内摩擦公式推广到黏性流体的任意流动情形中去，得到了流体运动过程中应力与运动之间的关系。

5.6 写出不可压缩黏性流体微团运动的本构关系式。在一个等截面直管定常流动中，三个法向应力的表达式是什么？

答：不可压缩黏性流体微团运动的本构关系：

$$[\tau] = 2\mu[\varepsilon] - p[I]$$

在一个等截面直管定常流动中，三个法向应力满足：

$$\tau_{xx} = \tau_{yy} = \tau_{zz} = -p$$

5.7 写出一个收缩管道定常流动中，三个法向应力的本构关系。

答：管道流向为 x，速度为 V，则

$$\tau_{xx} = -p + 2\mu\dfrac{\partial V}{\partial x}$$

$$\tau_{yy} = \tau_{zz} = -p$$

5.8 写出不可压缩黏性流体运动微分方程组（N-S 方程组）的分量形式、矢量形式。其各项的物理意义是什么？

答：不可压缩 N-S 方程的分量形式：

$$\dfrac{\mathrm{d}u}{\mathrm{d}t} = f_x - \dfrac{1}{\rho}\dfrac{\partial p}{\partial x} + \nu\left(\dfrac{\partial^2 u}{\partial x^2} + \dfrac{\partial^2 u}{\partial y^2} + \dfrac{\partial^2 u}{\partial z^2}\right)$$

$$\dfrac{\mathrm{d}v}{\mathrm{d}t} = f_y - \dfrac{1}{\rho}\dfrac{\partial p}{\partial y} + \nu\left(\dfrac{\partial^2 v}{\partial x^2} + \dfrac{\partial^2 v}{\partial y^2} + \dfrac{\partial^2 v}{\partial z^2}\right)$$

$$\dfrac{\mathrm{d}w}{\mathrm{d}t} = f_z - \dfrac{1}{\rho}\dfrac{\partial p}{\partial z} + \nu\left(\dfrac{\partial^2 w}{\partial x^2} + \dfrac{\partial^2 w}{\partial y^2} + \dfrac{\partial^2 w}{\partial z^2}\right)$$

矢量形式：

$$\dfrac{\mathrm{d}\boldsymbol{V}}{\mathrm{d}t} = \boldsymbol{f} - \dfrac{1}{\rho}\nabla p + \nu\Delta \boldsymbol{V}$$

其中，$\dfrac{\mathrm{d}V}{\mathrm{d}t}$ 为随体加速度；f 为质量力；∇p 为压强的梯度；$\nu\Delta V$ 为黏性力。

5.9 为什么说黏性流体运动一般是有涡运动？对于不可压缩黏性流体运动，在质量力有势条件下，旋涡的产生主要发生在何处？为什么？

答：对于黏性流体，假设流动无旋，代入运动方程组后通常不能同时满足两个边界条件，即不穿透条件和无滑移条件。因此黏性流体流动一般是有旋的。

　　　对于不可压缩黏性流体，质量力有势条件下旋涡一般发生在固壁面附近。因为在固壁面上流体质点需满足黏附条件，从而存在较大的速度梯度，所以必然产生旋涡。

5.10 请说明无限长旋转圆柱诱导的流场是黏性流体运动，但是无旋运动，也就是黏性势流。

答：对于无限长旋转圆柱诱导的流场，流体的黏性效应使得圆柱固壁的切向速度正好等于固壁面处流体的速度，也就是固壁面与黏性流体质点不存在相对滑移，这时黏性流体壁面无滑移条件自动满足。但是，其诱导的流场是无旋运动。此时，即使流体是有黏的，运动也是无旋的。

5.11 写出不可压缩黏性流体运动的涡量输运方程，指出各项的物理意义

答：

$$\dfrac{\mathrm{d}\boldsymbol{\Omega}}{\mathrm{d}t} - (\boldsymbol{\Omega}\cdot\nabla)\boldsymbol{u} = \nu\Delta\boldsymbol{\Omega}$$

其中，$\dfrac{\mathrm{d}\boldsymbol{\Omega}}{\mathrm{d}t}$ 表示涡量的随体导数；$(\boldsymbol{\Omega}\cdot\nabla)\boldsymbol{u}$ 表示涡量与流体微团变形的相互作用；$\nu\Delta\boldsymbol{\Omega}$ 表示黏性对涡量的作用。

5.12 写出不可压缩黏性流体运动的格罗米柯-兰姆型运动微分方程，说明各项的物理意义。

答：

$$\dfrac{\partial V}{\partial t} + \nabla\left(\dfrac{V^2}{2}\right) + \boldsymbol{\Omega}\times V = f - \dfrac{1}{\rho}\nabla p + \nu\Delta V$$

其中，$\dfrac{\partial V}{\partial t}$ 表示当地加速度；$\nabla\left(\dfrac{V^2}{2}\right)$ 表示动能的梯度；$\boldsymbol{\Omega}$ 表示涡量；f 为质量力；∇p 为压强的梯度；$\nu\Delta V$ 为黏性力。

5.13 在质量力为重力作用下，对于不可压缩流体运动的 N-S 方程组沿着流线积分的伯努利方程，说明伯努利积分各项的物理意义，并说明能量损失的物理机制。

答：

$$z_1 + \dfrac{p_1}{\gamma} + \dfrac{V_1^2}{2g} = z_2 + \dfrac{p_2}{\gamma} + \dfrac{V_2^2}{2g} + h'_{w1\text{-}2}$$

其中，z_1 表示位置水头；$\dfrac{p_1}{\gamma}$ 表示压力水头；$\dfrac{V_1^2}{2g}$ 表示速度水头；h'_{w1-2} 表示单位重量流体黏性力所做的功对应的高度。流体的机械能损失是由于黏性流体在运动时需要克服内摩擦力做功，机械能转化为热能。

5.14 说明"水总是从高处流向低处"说法是否正确，为什么？如果不正确，请给出正确的说法。

答：不正确，因为可能存在外力做功使其从低向高处流动。

正确说法：在无其他外力作用下，水总是从机械能高的地方流向机械能低的地方。

5.15 与理想流体运动相比，指出黏性流体运动的主要特征。

答：黏性流体运动的基本性质包括：运动的有旋性，旋涡的扩散性，能量的耗散性。

5.16 为什么说黏性和逆压梯度是边界层分离的必要条件？

答：对于黏性流体的绕流，由于流体与固壁表面的黏附作用，在物面近区将产生边界层，受流体黏性的阻滞作用，流体质点在流动过程中，将消耗部分动能用于克服摩擦阻力做功，以致使其无法满足物体后方表面逆压梯度造成的压力升高的要求，致使流体在物体后流经一段距离就会将全部动能消耗殆尽，无法保持在物体表面运动。

5.17 为什么说物面的黏附条件是黏性流体绕流与理想流体绕流的区别所在？请说明绕流物体产生阻力的物理原因，并指出为什么低速物体绕流存在摩擦阻力和压差阻力。

答：黏性流体绕流和理想流体绕流的区别是黏性摩擦切应力与物面的黏附条件。绕流物体流动时因为流体黏性和压差而产生摩擦阻力和压差阻力。低速绕流物体在固壁面和边界层之间黏性力大于惯性力，内摩擦阻力不可忽略，压差阻力则是因为边界层分离，物面压强发生很大变化，特别是物体尾部形成尾流区，压强降低，形成上下游较大压强差。

5.18 请指出低速物体绕流运动减小阻力的主要措施。

答：减小摩擦阻力：减小壁面摩擦阻力，尽量保持层流边界层，延迟边界层转捩；壁面加工尽可能光滑。

减小压差阻力：减小边界层分离，降低压强差。

二、计算题

5.19 如习题 5.19 图所示，油缸内油的计示压强 $p = 29.418 \times 10^4$ Pa，油的黏度 $\mu = 0.1$ Pa·s，柱塞直径 $d = 50$ mm，柱塞与套筒间的径向间隙 $\delta = 5$ mm，套筒的长度 $l = 300$ mm。设以力 F 推着柱塞使其保持不动，求油的漏损流量 q_v 和力 F 的大小。

答：计示压强是以当时当地大气压强为基准点计算的压强，又称为相对压强。因此柱塞两侧存在压强差，间隙存在流动，可以简化为等压强梯度驱动的平行轴对称定常流动。

在极坐标系下,径向速度为零,$V_r = 0$;

边界条件为

$$V_\theta(r_1) = r_1\omega_1$$

$$V_\theta(r_2) = r_2\omega_2$$

压强梯度 $\dfrac{\mathrm{d}p}{\mathrm{d}x} = \mu \dfrac{\mathrm{d}^2 u}{\mathrm{d}y^2}$

对于间隙内的油有

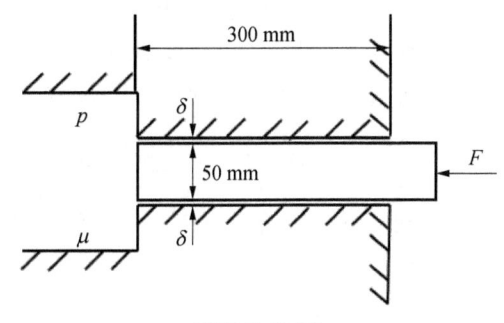

$$\nabla p = \frac{p}{l} \boldsymbol{i}$$

习题 5.19 图

假设间隙内的油满足定常的不可压缩黏性流动。

间隙区域:

$$\frac{\partial V}{\partial t} + (V \cdot \nabla)V = f - \frac{1}{\rho}\nabla p + v\Delta V$$

那么有

$$\frac{p}{l} + \mu \frac{\partial^2 u}{\partial y^2} = 0$$

由对称性,选取设定距离轴心 $d/2$ 为 $y=0$ 位置。u 满足在 $y=0$ 和 $y=\delta$ 等于零、那么有

$$u = -4\,903\,000 y^2 + 24\,515 y$$

所以油的漏损流量:

$$q_v = \int_0^\delta \pi(d+2y)u\mathrm{d}y = 5.618 \times 10^{-3}\ \mathrm{m^3/s}$$

对于柱塞剪切应力满足

$$\tau = \mu\left(\frac{\partial u}{\partial y}\right)\bigg|_{y=0} = 2\,451.5\ \mathrm{Pa}$$

对于柱塞有

$$p\left(\frac{\pi}{4}d^2\right) - F + \tau\pi dl = 0$$

所以得

$$F = 693.15\ \mathrm{N}$$

5.20 20℃的水将通过一根长 1 m、直径 2 mm 的管道被吸出,如习题 5.20 图所示。高度 H 为多少时管内流动是层流? 如果 $H=50$ cm,流速是多少? 忽略管曲率。

答:由理想流体的伯努利方程 $p_1 + \frac{1}{2}\rho v_1^2 + \rho g h_1 = p_2 + \frac{1}{2}\rho v_2^2 + \rho g h_2$,取管道两侧开口截面为 1 位置与 2 位置,有 $p_1 = p_2$,且 $v_1 = 0$。

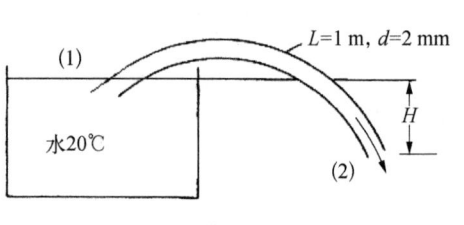

因此,

$$v_2 = \sqrt{2g(h_1 - h_2)} = \sqrt{2gH}$$

习题 5.20 图

$H=50$ cm 时,

$$v_2 = 3.13 \text{ m/s}$$

管道中流动的 $Re = \dfrac{\rho v d}{\mu} = \dfrac{\rho d}{\mu}\sqrt{2gH}$, 20℃ 下 $\rho = 997$ kg/m³, $\mu = 1.0020 \times 10^{-3}$ Pa·s。

令 $Re=2300$,可得 $H=0.0682$ m $=6.82$ cm。

(此处的流体黏性损失忽略不计)

5.21 油的相对密度 $d=0.85$,黏度 $\mu = 3 \times 10^3$ Pa·s,流过 $r_1 = 15$ cm、$r_2 = 7.5$ cm 的环形管道。若管道水平放置时每米管长的压强降为 196 Pa。试求:① 油的流量;② 外管壁上的切向应力;③ 作用在每米内管上的轴向力。

答:(1) 根据主教材 5.6.2 小节泊肃叶流动:

$$v = \frac{\Delta P}{8\mu L}(R^2 - r^2) = \frac{196}{8 \times 3 \times 10^3 \times 1}(0.15^2 - 0.175^2) \approx 1.3781 \times 10^{-4} \text{ m/s}$$

流量:

$$Q = Sv = \pi(R^2 - r^2)v = 7.302 \times 10^{-6} \text{ m/s}$$

(2) $\tau = \mu\left(\dfrac{\partial u}{\partial y}\right) = 3 \times 10^3 \times 1.38 \times 10^{-4} = 4.13 \times 10^{-1}$ Pa

(3) $F = p\pi(R^2 - r^2) + \tau \pi dl = 196 \times \pi \times (0.15^2 - 0.175^2) + 4.13 \times 10^{-1} \times \pi \times 0.85 \times 1 \approx 11.49$ N,包括压力降低的损失和流体切应力。

5.22 习题 5.22 图所示为二平板沿相反的方向运动 $v_1 = 2v_2 = 2$ m/s,倘若 $P_1 = P_2 = 9.806 \times 10^4$ Pa, $a = 1.5$ mm, $\mu = 0.49$ Pa·s,求作用在每块平板的切向应力。

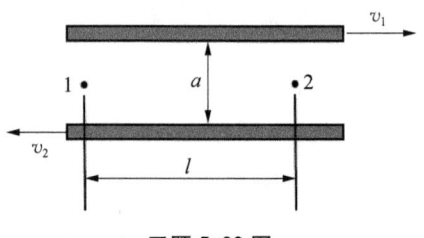

答:根据库埃特流动解的特征(主教材 5.6.1 小节):

习题 5.22 图

$$\tau = \mu \frac{\mathrm{d}u}{\mathrm{d}y} = \mu \frac{\Delta u}{a} = 0.49 \times \frac{3}{1.5} = 980 \text{ Pa}$$

5.23 考虑两个距离 h 的无限长平行板之间的空气的不可压缩黏性流动。底板是静止的，顶板以恒定的速度 u_e 沿板的方向运动。假设在流动方向上不存在压力梯度。求：

(1) 板间速度变化的表达式；

(2) 如果 $T =$ 常数 $= 320$ K，$u_e = 30$ m/s，$h = 0.01$ m，计算上下板的剪切应力。

答：(1) 流动可简化为定常平行不可压缩平面流动。$u = u(x, y)$，$v = 0$，$w = 0$，$p = p(x, y)$。

由不可压缩条件 $\nabla \cdot \boldsymbol{V} = 0$，可知 $\frac{\partial u}{\partial x} = 0$，因此 $u = u(y)$。

平行流动满足 $(\boldsymbol{V} \cdot \nabla)\boldsymbol{V} = 0$；流动无外力，$y$-动量方程可以简化为：$0 = -\frac{\partial p}{\rho \partial y}$，可知 $p = p(x)$。

流动方向无压力梯度，x-动量方程可以简化为 $0 = \nu \frac{\partial^2 u}{\partial y^2}$，因此，

$$u = ay + b$$

下平板静止，上平板速度为 u_e，可得平板间速度分布为

$$u = \frac{u_e}{h} y$$

上下板剪切应力相等，为 $\tau_w = \mu \frac{\mathrm{d}u}{\mathrm{d}y}\bigg|_{y=0,h} = \mu \frac{u_e}{h}$。（求解出库埃特流动即可）

(2) 参考气体常用的萨特兰（Sutherland）公式（主教材 2.1.4 小节），$T_s = 124$ K，

$$\frac{\mu}{\mu_c} = \left(\frac{T}{T_c}\right)^{1.5} \frac{T_c + T_s}{T + T_s}$$

$T_c = 273.15$ K，对应 $\mu_c = 17.161 \times 10^{-6}$ Pa·s。那么有 320 K 下，

$$\mu = 1.9464 \times 10^{-6} \text{ Pa·s}$$

上下板剪切应力相等，等于 $\tau = \mu \frac{u_e}{h}$，那么剪切应力为

$$\tau = 5.839 \times 10^{-2} \text{ Pa}$$

5.24 两个距离 h 的无限长平行板之间的空气的不可压缩黏性流动。两个平行板都是静

止的,但流动方向上存在恒定的压力梯度(即 $dp/dx = $ 恒定)。
(1) 求两个板块之间速度变化的表达式;
(2) 求板上剪应力的 dp/dx 表达式。

答:流动可简化为定常平行不可压缩平面流动,$u = u(x, y)$, $v = 0$, $w = 0$, $p = p(x, y)$。

由不可压缩条件 $\nabla \cdot V = 0$,可知 $\dfrac{\partial u}{\partial x} = 0$,因此 $u = u(y)$。

平行流动满足 $(V \cdot \nabla)V = 0$;流动无外力,y-动量方程可以简化为:$0 = -\dfrac{\partial p}{\rho \partial y}$,可知 $p = p(x)$。

x-动量方程可以简化为 $0 = -\dfrac{\partial p}{\rho \partial x} + \nu \dfrac{\partial^2 u}{\partial y^2}$,因此,

$$\frac{dp}{dx} = \mu \frac{d^2 u}{dy^2}$$

等式左侧为 x 的函数,右侧为 y 的函数,因此,

$$\frac{dp}{dx} = \mu \frac{d^2 u}{dy^2} = C$$

上下平板静止,此时上下壁面位置处速度为零,可得平板间速度分布为

$$u = -\frac{h^2}{8\mu} \frac{dp}{dx}\left(1 - 4\frac{y^2}{h^2}\right) = u_{\max}\left(1 - 4\frac{y^2}{h^2}\right), \quad -\frac{1}{2} \leq \frac{y}{h} \leq \frac{1}{2}$$

其中,速度最大值:

$$u_{\max} = -\frac{1}{8\mu}\frac{dp}{dx}h^2$$

平板上剪切力:

$$\tau_w = \mu \left.\frac{du}{dy}\right|_{y=\pm h/2} = \left|\frac{dp}{dx}\right|\frac{h}{2}$$

5.25 外径为 $2r_1$ 和内径为 $2r_2$ 的两个同心圆管,各以角速度 ω_1 和 ω_2 同向旋转。试证明:两圆管间的速度分布为

$$V_\theta = \frac{1}{r_1^2 - r_2^2}\left[r(r_1^2 w_1 - r_2^2 w_2) - \frac{r_1^2 r_2^2}{r}(w_1 - w_2)\right]$$

证:两圆管之间流动为平面流动。在极坐标系下,径向速度为零,$V_r = 0$;
边界条件为

$$V_\theta(r_1) = r_1 \omega_1$$

$$V_\theta(r_2) = r_2\omega_2$$

在极坐标系下,平面流动,周向动量方程为

$$\frac{\partial V_\theta}{\partial t} + V_r \frac{\partial V_\theta}{\partial r} + \frac{V_\theta}{r}\frac{\partial V_\theta}{\partial \theta} + \frac{V_r V_\theta}{r}$$

$$= f_\theta - \frac{1}{\rho r}\frac{\partial p}{\partial \theta} + \frac{\mu}{\rho}\left(\frac{\partial^2 V_\theta}{\partial r^2} + \frac{1}{r}\frac{\partial V_\theta}{\partial r} + \frac{1}{r^2}\frac{\partial^2 V_\theta}{\partial \theta^2} - \frac{V_\theta}{r^2} + \frac{2}{r^2}\frac{\partial V_r}{\partial \theta}\right)$$

定常流动,有

$$\frac{\partial V_\theta}{\partial t} = 0$$

轴对称流动,有

$$\frac{\partial V_\theta}{\partial \theta} = 0$$

没有外力及切向压力梯度:

$$f_\theta - \frac{1}{\rho r}\frac{\partial p}{\partial \theta} = 0$$

所以有

$$\frac{\partial^2 V_\theta}{\partial r^2} + \frac{1}{r}\frac{\partial V_\theta}{\partial r} - \frac{V_\theta}{r^2} = 0$$

也就是

$$\frac{\partial}{\partial r}\left(\frac{V_\theta}{r} + \frac{\partial V_\theta}{\partial r}\right) = 0$$

那么,

$$\frac{V_\theta}{r} + \frac{\partial V_\theta}{\partial r} = C$$

即

$$\frac{1}{r}\frac{\partial(rV_\theta)}{\partial r} = C$$

那么有

$$V_\theta = A/r + Br$$

代入边界条件有

$$V_\theta = \frac{1}{r_1^2 - r_2^2}\left[r(r_1^2 w_1 - r_2^2 w_2) - \frac{r_1^2 r_2^2}{r}(w_1 - w_2)\right]$$

5.26 在同样雷诺数 Re_l 的情况下，试求20℃的水和30℃的空气各平行流过长 l 的平板时产生摩擦阻力之比。

答：平板阻力系数是雷诺数的函数，因此二者在相同雷诺数下阻力系数相等。

$$D_f = \frac{1}{2}\rho V^2 lb C_{Df} = \frac{1}{2}C_{Df}Re_l^2 \frac{b\mu^2}{\rho l}$$

查表得20℃的水 $\mu_w = 1.005 \times 10^{-3}$ Pa·s, $\nu_w = 1.007 \times 10^{-6}$ m²/s；30℃的空气 $\mu_a = 18.56 \times 10^{-6}$ Pa·s, $\nu_a = 15.95 \times 10^{-6}$ m²/s。

摩擦阻力之比：

$$R = \frac{D_{fw}}{D_{fa}} = \frac{\rho_a \mu_w^2}{\rho_w \mu_a^2} = \frac{\nu_w \mu_w}{\nu_a \mu_a} = 3.42$$

5.27 一块长为6 m、宽2 m的平板平行静止放在速度60 m/s的40℃空气流中，在平板边界层内从层流转变为湍流的临界雷诺数 $Re = 10^6$，试计算平板的摩擦阻力。

答：平板长度 $l = 6$ m，宽度 $b = 2$ m。

选取单位宽度平板为研究对象，40℃下空气的运动黏性系数查表可得，即

$$\nu = \frac{\mu}{\rho} = 17.1 \times 10^{-6} \text{ m}^2/\text{s}$$

空气密度为

$$\rho = 1.12 \text{ kg/m}^3$$

来流最大雷诺数满足

$$Re_l = \frac{Vl}{\nu} = 60 \times 6/(17.1 \times 10^{-6}) = 2.1 \times 10^7 > Re_x = 10^6$$

按照舒尔茨-格鲁诺给出的平板阻力系数经验公式[主教材式(6.159)]：

$$C_{Df} = \frac{0.427}{(\lg Re_L - 0.407)^{2.64}}$$

有

$$C_{Df} = 0.00259$$

那么平板的总摩擦阻力（两面）为

$$F = 2 \times C_{Df} \times \frac{1}{2}\rho V^2 lb = 125.27 \text{ N}$$

5.28 如习题 5.28 图所示油通过斜管向上流动,$\rho = 900 \text{ kg/m}^3$ 和 $\nu = 0.000\ 2 \text{ m}^2/\text{s}$,在 1、2 段相距 10 m。假设层流稳定,计算:① 1~2 之间的 h_f;② Q;③ V;④ Re_d。请问流动是层流吗?

答:此处计算的核心公式是主教材的式(5.83)。

$$z_1 + \frac{p_1}{\gamma} + \frac{V_1^2}{2g} = z_2 + \frac{p_2}{\gamma} + \frac{V_2^2}{2g} + h_{w1-2}$$

这里注意 z_1 应当是 0,同时 V_1 和 V_2 相等,都是 V,其余参数也已知。可以解出

$$h_f = 4.910$$

同时根据泊肃叶公式的推论:

$$h_f = \frac{8\mu l}{\rho g R^2} V$$

此处 $\mu = \nu \rho$,解出速度为 $V = 2.706\ 6 \text{ m/s}$。

雷诺数:

$$Re_d = \frac{V_c d}{\nu} = 811.990\ 0$$

流动确定为层流。对于流量 Q,同样根据泊肃叶定理:

$$Q = SV = 2.706\ 6 \times \pi \times 0.06^2 = 0.030\ 6 \text{ m}^3/\text{s}$$

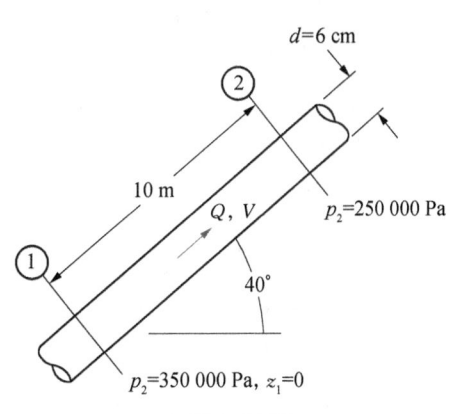

习题 5.28 图

5.29 石油[$\rho = 890 \text{ kg/m}^3$ 和 $\mu = 0.07 \text{ kg/(m·s)}$]流经一条 15 m 长的水平管道。输送流量的功率为 735 W。如果流动在层流过渡点,那么合适的管道直径是多少?在这种情况下,以 m³/h 为单位的 Q 是多少?以 kPa 为单位的 τ_w 是多少?

答:层流到湍流的过渡与雷诺数有关,一般可选 $Re = \frac{\rho v d}{\mu} = 2\ 300$,根据已知条件可得,功率 $P = F \times v = \mu \frac{v}{d} \times l \times v = 735$。联立两式,可得

$$V \approx 5.021\ 6 \text{ m/s}$$

$$D \approx 0.036\ 0 \text{ m}$$

$$Q = S \times V \approx 18.425\ 4 \text{ m}^3/\text{h}$$

$$\tau = \mu \frac{v}{d} \approx 9.6 \text{ Pa}$$

5.30 水泵的轴功率 N 与泵轴的转矩 M、角速度 ω 有关,试用瑞利法导出轴功率表达式。

答：令轴功率

$$N = KM^\alpha \omega^\beta$$

其中，K 为无量纲常数。

量纲：

$$[N] = MLT^{-2}LT^{-1};\ [M] = ML^2T^{-2};\ [\omega] = T^{-1}$$

可得

$$ML^2T^{-3} = M^\alpha L^{2\alpha} T^{-2\alpha} \cdot T^{-\beta}$$

因此，$\alpha = 1$, $\beta = 1$。

轴功率的表达式：

$$N = KM\omega$$

5.31 水中的声速 a 与体积模量 K 和密度 ρ 有关，试用瑞利法导出声速的表达式。

答：令 $a = \mu K^\alpha \rho^\beta$，$\mu$ 为无量纲常数。

量纲：

$$[a] = LT^{-1};\ [K] = ML^{-1}T^{-2};\ [\rho] = ML^{-3}$$

可得

$$LT^{-1} = M^\alpha L^{-\alpha} T^{-2\alpha} \cdot M^\beta L^{-3\beta}$$

因此，

$$\alpha = \frac{1}{2},\ \beta = -\frac{1}{2}$$

轴功率的表达式：

$$a = \mu\sqrt{\frac{K}{\rho}}$$

5.32 已知文丘里流量计喉管流速 V 与流量计压强差 Δp、主管直径 d_1、喉管直径 d_2，以及流体的密度 ρ 和运动黏度 ν 有关，试用 π 定理证明流速关系式为

$$V = \sqrt{\frac{\Delta p}{\rho}} \varphi\left(Re, \frac{d_2}{d_1}\right)$$

答：各物理量量纲为

$$[V] = [M^0 L^1 T^{-1}]$$

$$[\Delta p] = [M^1 L^{-1} T^{-2}]$$

$$[d_1] = [M^1 L^0 T^0]$$

$$[d_2] = [M^1 L^0 T^0]$$

$$[\rho] = [M^1L^{-3}T^0]$$
$$[\nu] = [M^1L^{-1}T^{-1}]$$

根据 π 定理,那么有

$$V = f(V, \Delta p, \rho, d_1, d_2, \nu)$$

其中,

$$\left[\frac{\Delta p}{\rho}\right] = [V^2] = [M^0L^2T^{-2}]$$

$$[d_1] = [d_2] = [M^1L^0T^0]$$

量纲相同。因此,

$$V = \sqrt{\frac{\Delta p}{\rho}} g\left(\frac{d_1}{d_2}, V, d_1, \nu\right)$$

考虑到无量纲参数:

$$Re = \frac{Vd}{\nu}$$

所以有

$$V = \sqrt{\frac{\Delta p}{\rho}} \varphi\left(Re, \frac{d_1}{d_2}\right)$$

5.33 某飞机的机翼弦长 $b = 150$ mm,在气压 $p_a = 10^5$ Pa、气温 $T = 10$℃ 的大气中以 $V = 180$ km/h 的速度飞行,拟在风洞中用模型试验测定翼型阻力,采用长度比例尺 $k_1 = 1/3$。

(1) 如果用开口风洞,已知试验段的气压 $p'_a = 101\,325$ Pa,气温 $T' = 25$℃,试验段的风速应等于多少?这样的试验有什么问题?

(2) 如果用压力风洞,试验段的气压 $p''_a = 1$ MPa,气温 $T'' = 30$℃,$\mu'' = 1.854 \times 10^5$ Pa·s,试验段的风速应等于多少?

答:飞行速度 $V = 180$ km/h $= 50$ m/s,为低速流动,选择雷诺数作为风洞实验的相似参数。

(1) 不同大气压和温度下空气密度为

$$\rho = \frac{pa}{287.9T} \quad R = 287.053 \text{ N} \cdot \text{m}/(\text{kg} \cdot \text{K})$$

黏性系数按照 Sutherland 公式有

$$\frac{\mu}{\mu_c} = \left(\frac{T}{T_c}\right)^{1.5} \frac{T_c + T_s}{T + T_s}$$

$T_c = 288.15$ K 对应 $\mu_c = 1.7894 \times 10^{-5}$ Pa·s。空气 $T_s = 110.4$ K。

对于原始工况下雷诺数为

$$Re = \frac{\rho V b}{\mu} = 522\,574.71$$

其中,

$$\rho = 1.23 \text{ kg/m}^3$$

$$\mu = 17.67 \times 10^{-6} \text{ Pa·s}$$

在缩比模型下有

$$Re = \frac{\rho' V' k_1 b}{\mu'}$$

其中,已知试验段的气压 $p'_a = 101\,325$ Pa,气温 $T' = 25$℃。

对应密度为

$$\rho' = 1.185 \text{ kg/m}^3$$

$$\mu' = 18.41 \times 10^{-6} \text{ Pa·s}$$

那么有

$$V' = 172.3266 \text{ m/s}$$

这样实验中需要的速度过大,不能再将流动视为不可压缩流动。

(2) $p''_a = 1$ MPa,气温 $T'' = 30$℃,$\mu'' = 1.854 \times 10^{-5}$ Pa·s。那么此时的大气密度为

$$\rho'' = 11.498 \text{ kg/m}^3$$

此时有

$$Re = \frac{\rho'' V'' k_1 b}{\mu''}$$

那么有

$$V'' = 16.838 \text{ m/s}$$

第6章
边界层理论及其近似

6.1 内 容 要 点

　　边界层理论是近代流体力学的重要基石,它澄清了大雷诺数流动问题中黏性对流动的影响。流体在大雷诺数下做绕流流动时,在离固体壁面较远处,黏性力比惯性力小得多,可以忽略;但在固体壁面附近的薄层中,黏性力的影响则不能忽略,沿壁面法线方向存在相当大的速度梯度,这一薄层称为边界层。边界层内黏性力与惯性力同量级,流体质点做有旋运动。流体的雷诺数越大,边界层越薄。其基本特征如下:

　　(1) 与物体的特征长度相比,边界层的厚度很小;

　　(2) 边界层内沿厚度方向,存在很大的速度梯度;

　　(3) 边界层厚度沿流体流动方向是增加的,由于边界层内流体质点受到黏性力的作用,流动速度降低,所以要达到外部势流速度,边界层厚度必然逐渐增加;

　　(4) 由于边界层很薄,可以近似认为边界层中各截面上的压强等于同一截面上边界层外边界上的压强值;

　　(5) 在边界层内,黏性力与惯性力同一数量级;

　　(6) 边界层内的流态,也有层流和紊流两种流态,相对应地分别称为层流边界层和湍流边界层,判别边界层内层流和湍流的准则数仍是雷诺数;

　　(7) 在边界层之外的区域可忽略黏性力的作用,视为理想流体,用欧拉方程(理想流体运动微分方程)加以描述。

6.1.1　边界层厚度

　　边界层是在大雷诺数流动中近壁处的涡量集中区。由于全流场中从黏性区向无黏区的过渡是逐渐进行的,不存在一个非此即彼的明确界限,因此边界层的边缘并不非常清晰。边界层的名义厚度 δ 通常定义为从物面到约等于99%的外部流动速度处的垂直距离,它随着离物体前缘的距离增加而增大。

　　定义的边界层厚度并不是确切的物理量,在实际应用时,可能会由于速度的测量或计算误差的不同而使数值有较大的差异。所以在工程上常采用以下三种与边界层内速度分布有关的、具有一定物理意义的边界层厚度:位移厚度、动量损失厚度和能量损失厚度。

　　位移厚度或排移厚度:由边界层流体排挤入主流区,导致主流区增加的流体厚度。理想流场模型的外形修正时,应该加上这一位移厚度。

$$\delta_1 = \int_0^\delta \left(1 - \frac{\rho u}{\rho_e u_e}\right) \mathrm{d}y$$

动量损失厚度(简称动量厚度):基于因边界层存在导致势流中流体动量的损失而折算的厚度。

$$\delta_2 = \int_0^\delta \frac{\rho u}{\rho_e u_e}\left(1 - \frac{u}{u_e}\right) \mathrm{d}y$$

能量损失厚度(简称能量厚度):基于因边界层存在导致势流中流体能量的损失而折算的厚度。

$$\delta_3 = \int_0^\delta \frac{\rho u}{\rho_e u_e}\left(1 - \frac{u^2}{u_e^2}\right) \mathrm{d}y$$

对于不可压缩流体而言,上述各种厚度的计算公式变为

$$\delta_1 = \int_0^\delta \left(1 - \frac{u}{u_e}\right) \mathrm{d}y$$

$$\delta_2 = \int_0^\delta \frac{u}{u_e}\left(1 - \frac{u}{u_e}\right) \mathrm{d}y$$

$$\delta_3 = \int_0^\delta \frac{u}{u_e}\left(1 - \frac{u^2}{u_e^2}\right) \mathrm{d}y$$

边界层各种厚度的大小与边界层内流速分布有关。各厚度的大小依次是

$$\delta > \delta_1 > \delta_2$$

6.1.2 边界层方程

边界层方程是边界层中流体运动所遵循的物理规律的数学表达式,包括边界层微分方程和边界层动量积分方程。

对于不可压缩平面流动,连续方程和 N－S 方程为

$$\begin{cases} \dfrac{\partial u}{\partial x} + \dfrac{\partial v}{\partial y} = 0 \\ \dfrac{\partial u}{\partial t} + u\dfrac{\partial u}{\partial x} + v\dfrac{\partial u}{\partial y} = f_x - \dfrac{1}{\rho}\dfrac{\partial p}{\partial x} + \dfrac{\mu}{\rho}\left(\dfrac{\partial^2 u}{\partial x^2} + \dfrac{\partial^2 u}{\partial y^2}\right) \\ \dfrac{\partial v}{\partial t} + u\dfrac{\partial v}{\partial x} + v\dfrac{\partial v}{\partial y} = f_y - \dfrac{1}{\rho}\dfrac{\partial p}{\partial y} + \dfrac{\mu}{\rho}\left(\dfrac{\partial^2 v}{\partial x^2} + \dfrac{\partial^2 v}{\partial y^2}\right) \end{cases}$$

在高雷诺数下,通过量级比较进行简化,同时忽略质量力,可得到边界层近似方程:

$$\begin{cases} \dfrac{\partial u}{\partial x} + \dfrac{\partial v}{\partial y} = 0 \\ \dfrac{\partial u}{\partial t} + u\dfrac{\partial u}{\partial x} + v\dfrac{\partial u}{\partial y} = -\dfrac{1}{\rho}\dfrac{\partial p}{\partial x} + \nu\dfrac{\partial^2 u}{\partial y^2} \\ \dfrac{\partial p}{\partial y} = 0 \end{cases}$$

因此,在高雷诺数情况下较薄的边界层内,压力沿法向不变。也就是,p 与 y 无关,仅是 x 和 t 的函数,即 $p = p_e(x, t)$。对于曲率不大的弯曲物面,上述边界层方程也近似成立。当然如果曲率过大,则沿法向压强保持不变的条件就很难满足了。

6.1.3 边界层动量积分方程解

在工程计算中,求解边界层问题可以使用各种近似解法。1921 年,冯·卡门导出了边界层动量积分关系式,对近似求解边界层特性具有重要作用。层流和湍流边界层都适用该关系式。其基本思想是利用边界条件先给出边界层内用未知单参数表示的近似速度剖面,再利用建立起来的积分关系确定该参数沿流向的变化,从而求出整个问题的解。

卡门边界层动量积分方程为

$$\frac{\tau_0}{\rho} = u_e^2 \frac{\mathrm{d}\delta_2}{\mathrm{d}x} + u_e(2\delta_2 + \delta_1)\frac{\mathrm{d}u_e}{\mathrm{d}x}$$

其无量纲形式为

$$\frac{C_f}{2} = \frac{\mathrm{d}\delta_2}{\mathrm{d}x} + (2 + H)\frac{\delta_2}{u_e}\frac{\mathrm{d}u_e}{\mathrm{d}x}$$

其中,$C_f = \dfrac{\tau_0}{\frac{1}{2}\rho u_e^2}$ 为当地摩擦系数;$H = \dfrac{\delta_1}{\delta_2}$ 为形状因子。动量积分方程含有三个未知数:位移厚度 δ_1、动量厚度 δ_2 和壁面切应力 τ_0,因此,必须寻求补充关系才能求解。

对于层流边界层而言,由于三个未知量都取决于边界层的速度分布,因此只要给定速度分布,就可以求解。显然,该方法的精度取决于边界层内速度分布的合理性。

对于层流边界层,通常假定速度分布为无量纲高度 $\eta = \dfrac{y}{\delta}$ 的函数,如

$$\frac{u}{u_e} = a_0 + a_1\eta + a_2\eta^2 + a_3\eta^3 + a_4\eta^4 + \cdots$$

确定系数的条件为

$$y = 0, \quad u = v = 0, \quad \frac{\partial u}{\partial y} = \frac{\tau_0}{\mu}, \quad \frac{\partial^2 u}{\partial y^2} = -\frac{u_e u_e'}{\nu}, \quad \frac{\partial^3 u}{\partial y^3} = 0$$

$$y = \infty, \quad u = u_e, \quad \frac{\partial^n u}{\partial y^n} = 0, \quad n = 1, 2, 3, \cdots$$

上述边界条件中除了壁面剪应力确定的条件只适用于层流边界层之外,其余条件既适用于层流边界层,也适用于湍流边界层。

对于湍流边界层而言,τ_0 不能直接用壁面附近的速度梯度表达,而位移厚度 δ_1、动量厚度 δ_2 均与速度分布和边界层厚度 δ 有关,因此有三个未知数,还需找两个补充关系,一个是速度分布关系;另一个是湍流剪应力关系。一般根据实验结果可得如下规律。

湍流边界层速度分布满足 1/7 次幂规律:

$$\frac{u}{u_e} = \left(\frac{y}{\delta}\right)^{\frac{1}{7}}$$

平板湍流边界层摩擦阻力符合规律:

$$\tau_0 = 0.0225\rho U_\infty^2 \left(\frac{\nu}{U_\infty \delta}\right)^{\frac{1}{4}}$$

6.1.4 边界层中的流动状态

随着边界层的厚度逐渐增加,边界层内部也会发生变化。在边界层形成初期,边界层厚度较小,其内部流动为层流,该区域称为层流边界层。

当其厚度达到其临界厚度 δ_c 或临界距离 x_c 时,其内的流动逐渐经过一过渡区转变为湍流,此后的边界层称为湍流边界层,即使在这区域靠近壁面极薄的一层流体内,仍然维持层流,称为层流内层。

(1) 对于平板上的边界层,从层流向湍流的过渡发生在临界雷诺数 Re_{x_c} 前后,与临界雷诺数对应的 x 称为临界距离 x_c。

(2) 临界距离 x_c 的长度与壁面前缘的形状、粗糙度、流体性质和流速大小有关。壁面越粗糙 x_c 越短。

(3) 临界雷诺数的定义为:$Re_{x_c} = \dfrac{V_\infty x_c}{\nu}$。

(4) 对于光滑平板,临界雷诺数的范围是 $2\times10^5 \sim 3\times10^6$。为方便起见,可取 $Re_{x_c} = 5\times10^5$。

(5) 影响它们的因素主要是雷诺数,而影响雷诺数的因素有很多,例如来流湍流度、物体表面的粗糙度等都会影响临界雷诺数的数值。事实表明,增加来流湍流度和物体表面粗糙度都会降低临界雷诺数,使湍流边界层提前出现。

6.1.5 边界层分离

边界层流动的动力学过程主要是惯性力、压力梯度、黏性力的相对平衡。惯性力与黏性力的相对大小决定了黏性影响的相对区域大小,或边界层厚度的大小;黏性力的作用始终是阻滞流体质点运动,使流体质点减速,失去动能;压力的作用取决于绕流物体的形状和流道形状,顺压梯度有助于流体加速前进,而逆压梯度阻碍流体运动。

边界层分离流动涉及一系列非常复杂的现象。以圆柱绕流为例说明边界层的分离现象。对于理想流体,在圆柱体表面,从前驻点到后驻点,流动经历了一个加速过程(顺压梯度)和减速过程(逆压梯度)。

物体表面压强梯度的这种差别,对实际流体有黏性流动的状态影响很大。对于黏性流体,在上述能量的转化过程中,由于黏性的作用,边界层内的流体质点将要克服黏性力做功而消耗机械能。因此微团在逆压区,不可能到达后驻点,而是在某点处微团速度降为零,以后来的质点将改道进入主流中,使来流边界层与壁面分离。

边界层发生分离后,在分离点下游的区域,受逆压梯度的作用而发生倒流。分离点定义为紧邻壁面顺流区与倒流区的分界点。在分离点附近和分离区,由于边界层厚度大大增加,边界层假设不再成立。

边界层分离的必要条件是:逆压梯度和物面黏性的阻滞作用结果。仅有黏性的阻滞作用而无逆压梯度,不会发生边界层的分离,因为无反推力使边界层流体进入外流区。这说明,顺压梯度的流动不可能发生边界层分离。只有逆压梯度而无黏性的阻滞作用,同样也不会发生分离现象,因为无阻滞作用,运动流体不可能消耗动能而滞止下来。

需要指出的是,逆压梯度和壁面黏性阻滞作用是边界层分离的必要条件,但不是充分的,也就是说只有在一定的逆压梯度下,才有可能发生分离。层流边界层在一定逆压下分离,湍流边界层能够抵抗一定的逆压梯度而不分离,但是在较大逆压下仍然会分离。

边界层分离后,流动特征发生了变化,如:

(1) 从分离点不断脱离出旋涡,在分离点下游形成不稳定的旋涡区,从而使得主流区由原来的无涡区变成有涡区;

(2) 物面上压力分布由原来的几乎对称分布变成不对称分布,在分离点后出现低压区(或负压区),从而大大增加了绕流物体的阻力。

边界层分离导致绕流物体压差阻力增大,如果发生在机翼上那就是失速。

边界层分离还会使机翼的阻力大大增加,机翼被设计成圆头尖尾的流线型就是为了减小阻力。在高亚声速飞机上采用的超临界翼型,也是为了避免边界层的分离。但有时也可利用分离,如小展弦比尖前缘机翼的前缘分离涡可导致很强的涡升力。

6.2 习题解答

一、思考题

6.1 对于小黏性系数的流体,请说明近壁区的流动中黏性效应为什么不能忽略。

答:在靠近物面的薄层流体内,流场特征与理想流动相差甚远,沿法向存在很大的速度梯度,黏性力无法忽略。

6.2 请说明边界层近似的基本假设。

答:(1) 在大来流雷诺数下,整体流动区域可分成理想流体的流动区域(势流区)和黏性流体的流动区域(黏流区);

(2) 在远离物体的理想流体流动区域,可忽略黏性的影响,按势流理论处理;

(3) 黏性流动区域仅限于物面近区的薄层内,称为边界层区。在该区内,一个重要特点是黏性应力作用不能忽略,与惯性力同量级,流体质点作有旋运动。

6.3 写出边界层排移厚度、动量损失厚度、能量损失厚度表达式,说明物理意义。

答:

$$\delta_1 = \int_0^\delta \left(1 - \frac{\rho u}{\rho_e u_e}\right) dy$$

由于边界层流体排挤进入主流区而增加的流体厚度。

动量损失厚度:

$$\delta_2 = \int_0^\delta \frac{\rho u}{\rho_e u_e} \left(1 - \frac{u}{u_e}\right) dy$$

由于黏性存在而损失的动量用理想流体主流速度折算的动量损失厚度。

能量损失厚度:

$$\delta_3 = \int_0^\delta \frac{\rho u}{\rho_e u_e} \left(1 - \frac{u^2}{u_e^2}\right) dy$$

由于黏性存在而损失的动能用理想流体主流速度折算的动能损失厚度。

6.4 在同一来流速度下,请说明不同黏性系数下绕过平板边界厚度的发展。

答:从无黏性的理想流体开始,边界层厚度相当于无穷小,此时不计黏性力作用,绕平板流动也是无旋有势流动;随着黏性系数增大,出现黏性影响区域(边界层),即平板壁面一定高度内黏性力与惯性力相比不可忽略,此时平板边界层厚度与来流的雷诺数成反比,与黏性系数成正比,对于同一来流下,随着黏性系数的增大,平板边界层的厚度逐渐增大。

$$\delta \propto \frac{x}{\sqrt{Re_x}} = \sqrt{\frac{\mu x}{\rho u}}$$

6.5 边界层内的黏性流体运动为旋涡运动,请写出壁面涡量与切应力的关系。

答:在壁面处,法相速度沿程为零,因此,

$$\Omega = \frac{\partial v}{\partial x} - \frac{\partial u}{\partial y} = -\frac{\partial u}{\partial y} = -\frac{\tau_0}{\mu}$$

6.6 请写出边界层内的涡量扩散方程。

答:

$$\frac{\partial \Omega_z}{\partial t} + u \frac{\partial \Omega_z}{\partial x} + v \frac{\partial \Omega_z}{\partial y} = \nu \frac{\partial^2 \Omega_z}{\partial y^2}$$

6.7 请写出普朗特的边界层方程,说明如何计算边界层内的压强。

答：

$$\frac{\partial u}{\partial x} + \frac{\partial v}{\partial y} = 0$$

$$\frac{\partial u}{\partial t} + u\frac{\partial u}{\partial x} + v\frac{\partial u}{\partial y} = f_x - \frac{1}{\rho}\frac{\partial p}{\partial x} + v\left(\frac{\partial^2 u}{\partial y^2}\right)$$

$$0 = f_y - \frac{1}{\rho}\frac{\partial p}{\partial y}$$

边界条件为：$y = 0$ 时，$u = 0$，$v = 0$；$y = \infty$，$u = u_e$。

边界层内的压力分布与边界层外边界线上的压力分布相等。p 与 y 无关，仅是 x 和 t 的函数，即 $p = p_e(x, t)$。

6.8 指出边界层相似性假设的物理意义。

答：对于零压梯度、定常流动、不可压缩流体的平板层流绕流，通过量级比较的方法将 N-S 方程简化为边界层方程后，可以发现这是一个二阶拟线性偏微分方程组，该方程组看起来简单，但仍然属于非线性的偏微分方程组，如果没有其他假设条件，求解难度比原方程组降低不了多少。若在边界层内不同流向位置的速度分布具有相似性特征，即 $\frac{u}{u_e} = f\left(\frac{y}{\delta}\right)$。此时，无量纲流向速度仅仅是无量纲 y 向距离的函数。为此，引入边界层速度分布相似性假设，可将偏微分方程组的求解转换为常微分方程的求解，从而容易地获得边界层内速度分布的近似解。

6.9 写出 Karman 动量积分方程，并指出求解动量积分方程需要补充的条件。

答：

$$\frac{\tau_0}{\rho} = u_e^2 \frac{\mathrm{d}\delta_2}{\mathrm{d}x} + u_e(2\delta_2 + \delta_1)\frac{\mathrm{d}u_e}{\mathrm{d}x}$$

求解动量积分方程需要补充边界层速度分布和壁面切应力与速度梯度的关系。

6.10 指出为什么逆压梯度和物面黏附条件是边界层分离的必要条件。

答：仅有黏性的阻滞作用而无逆压梯度，不会发生边界层的分离，因为无反推力使边界层流体进入到外流区。只有逆压梯度而无黏性的阻滞作用，同样也不会发生分离现象，因为无阻滞作用，运动流体不可能消耗动能而滞止下来。

6.11 在顺压梯度下，为什么物面近区边界层内速度分布是稳定的，不存在速度拐点？

答：在顺压梯度区，边界层内的速度沿 y 方向是单调增加的，分布曲线无拐点，是一条向外凸的光滑曲线，流动是稳定的。

6.12 在逆压梯度下，为什么物面近区边界层内速度分布是不稳定的，在边界层内存在速度拐点？

答：逆压梯度区，壁面处 $\frac{\partial^2 u}{\partial y^2} > 0$，边界层外边界处 $\frac{\partial^2 u}{\partial y^2} < 0$，则必定存在拐点处

$\frac{\partial^2 u}{\partial y^2}=0$。拐点之上为外凸型,拐点以下为外凹型,其流动不稳定。

6.13 请指出边界层内分离点的条件。为什么边界层分离后,物体绕流阻力明显增大?

答:分离点物面处,$\frac{\partial u}{\partial y}=0$,$\frac{\partial^2 u}{\partial y^2}>0$,在分离点切应力为零。边界层分离后,分离点下游出现旋涡区,分离点后出现低压区,从而大大增加了绕流物体的压差阻力。

6.14 说明抑制边界层分离的基本措施。

答:设计成流线型物体,避免或减少物体绕流分离,从而减少压差阻力;尽量在物面上保持层流,减少物面摩擦阻力。

二、计算题

6.15 如果边界层的速度分布函数为 $\frac{u}{V_\infty}=\frac{y}{\delta}$ 和 $\frac{u}{V_\infty}=2\frac{y}{\delta}-\left(\frac{y}{\delta}\right)^2$,试计算边界层的排移、动量损失和能量损失厚度。

答:假设流体是不可压均值定常流动边界层内的密度与主流密度相同即 $\rho=\rho_e$,那么,边界层的排移厚度:

$$\delta_1=\int_0^\delta\left(1-\frac{\rho u}{\rho_e u_e}\right)\mathrm{d}y$$

边界层动量损失厚度:

$$\delta_2=\int_0^\delta\frac{\rho u}{\rho_e u_e}\left(1-\frac{u}{u_e}\right)\mathrm{d}y$$

边界层能量损失厚度:

$$\delta_3=\int_0^\delta\frac{\rho u}{\rho_e u_e}\left(1-\frac{u^2}{u_e^2}\right)\mathrm{d}y$$

当速度分布函数为

$$\frac{u}{V_\infty}=\frac{y}{\delta}$$

边界层的排移厚度:

$$\delta_1=\int_0^\delta\left(1-\frac{u}{u_e}\right)\mathrm{d}y=\frac{1}{2}\delta$$

边界层动量损失厚度:

$$\delta_2=\int_0^\delta\frac{u}{u_e}\left(1-\frac{u}{u_e}\right)\mathrm{d}y=\frac{1}{6}\delta$$

边界层能量损失厚度：

$$\delta_3 = \int_0^\delta \frac{u}{u_e}\left(1 - \frac{u^2}{u_e^2}\right)\mathrm{d}y = \frac{1}{4}\delta$$

当速度分布函数为

$$\frac{u}{V_\infty} = 2\frac{y}{\delta} - \left(\frac{y}{\delta}\right)^2$$

边界层的排移厚度：

$$\delta_1 = \int_0^\delta \left(1 - \frac{u}{u_e}\right)\mathrm{d}y = \frac{1}{3}\delta$$

边界层动量损失厚度：

$$\delta_2 = \int_0^\delta \frac{u}{u_e}\left(1 - \frac{u}{u_e}\right)\mathrm{d}y = \frac{2}{15}\delta$$

边界层能量损失厚度：

$$\delta_3 = \int_0^\delta \frac{u}{u_e}\left(1 - \frac{u^2}{u_e^2}\right)\mathrm{d}y = \frac{22}{105}\delta$$

6.16 温度为25℃的空气，以30 m/s的速度纵向绕过一块极薄的平板，压强为大气压强，计算离平板前缘200 mm处边界层的厚度。

答：对于25℃的空气，$\nu = 1.55 \times 10^{-5}$ m/s，$Re_L = \dfrac{V_\infty L}{\nu} = 3.87 \times 10^5 < 5 \times 10^5$，流动为层流，边界层厚度由Blausis解有

$$\delta = \frac{5L}{\sqrt{Re_L}} = 1.6 \text{ mm}$$

6.17 弦长 l 为3.5 m的平板，$Re_l = 10^5$，试估计平板边缘后的边界层厚度（全部为层流）。

答：由于全部为层流，由Blausis解有

$$\delta = \frac{5x}{\sqrt{Re_x}}$$

故平板边缘后的边界层厚度估计为

$$\delta = 5 \times \frac{3.5}{\sqrt{10^5}} = 0.055\ 3 \text{ m}$$

6.18 温度为20℃、$\rho = 925$ kg/m³ 的油流，以0.6 m/s的速度纵向绕流一宽15 cm、长

50 cm 的薄平板。试求总摩擦阻力和边界层厚度。在 20℃ 时油的 $\nu = 7.9 \times 10^{-5}$ m²/s。

答：由于

$$Re_L = \frac{V_\infty L}{\nu} = 3\,797.47$$

则按层流边界层计算，由 Blausis 解可知
平均壁面摩擦总阻力系数为

$$C_{Df} = \frac{1}{L}\int_0^L C_f dx = 2C_f(L) = 1.328\frac{1}{\sqrt{Re_L}} = 0.021\,55$$

平板两侧总摩擦阻力为

$$D_f = \frac{1}{2}\rho V_\infty^2 A_f C_{Df} \times 2 = 0.54 \text{ N}$$

边界层厚度为

$$\delta = \frac{5x}{\sqrt{Re_x}} = 5x\sqrt{\frac{\nu}{V_\infty x}} = 0.057\,373\sqrt{x}$$

当 $x = L$ 时，

$$\delta|_{x=L} = 0.040 \text{ m}$$

6.19 有一通用航空飞机的机翼是矩形（展长 9.75 m，弦长 1.6 m），飞机在海平面以巡航速度 227 km/h 做匀速飞行。假设机翼上的表面摩擦阻力可以近似为相同尺寸平板上的阻力，试计算表面摩擦阻力（流动完全是层流）。

答：来流速度：

$$u = 227 \text{ km/h} = 63.056 \text{ m/s}$$

机翼上表面近似为一个长度 $l = 1.6$ m、宽度 $b = 9.75$ m 的平板。
选择海平面标准空气计算，查表可得
运动黏性系数：

$$\nu = \frac{\mu}{\rho} = 14.4 \times 10^{-6} \text{ m}^2/\text{s}$$

空气密度：

$$\rho = 1.23 \text{ kg/m}^3$$

机翼绕流的雷诺数为

$$Re_l = \frac{ul}{\nu} = 7.006 \times 10^6$$

平均壁面总阻力系数为

$$C_{Df} = 1.328 \frac{1}{\sqrt{Re_l}} = 0.0005017$$

所以表面摩擦阻力(两面)为

$$F = 2 \times C_{Df} \times \frac{1}{2} \rho u^2 lb = 38.28 \text{ N}$$

6.20 在同样雷诺数 Re_l 的情况下，试求20℃的水和30℃的空气各平行流过长度为 l 的平板时产生的摩擦阻力之比。

答：平板阻力系数是雷诺数的函数，因此二者在相同雷诺数下阻力系数相等。

$$D_f = \frac{1}{2} \rho V^2 lb C_{Df} = \frac{1}{2} C_{Df} Re_l^2 \frac{b}{l} \frac{\mu^2}{\rho}$$

查表得20℃的水：$\mu_w = 1.005 \times 10^{-3}$ Pa·s，$\nu_w = 1.007 \times 10^{-6}$ m²/s；30℃的空气：$\mu_a = 18.56 \times 10^{-6}$ Pa·s，$\nu_a = 15.95 \times 10^{-6}$ m²/s。

摩擦阻力之比：

$$R = \frac{D_{fw}}{D_{fa}} = \frac{\rho_a \mu_w^2}{\rho_w \mu_a^2} = \frac{\nu_w \mu_w}{\nu_a \mu_a} = 3.42$$

6.21 一块长6 m、宽2 m的平板，平行静止地安放在速度为60 m/s的40℃空气流中，在平板边界层内从层流转变为湍流的临界雷诺数 $Re_x = 10^6$。试计算平板的摩擦阻力。

答：由题得平板的特征长度 $l=6$ m，选取单位宽度平板为研究对象。

查表可得，40℃下空气的运动黏性系数为

$$\nu = \frac{\mu}{\rho} = 17.1 \times 10^{-6} \text{ m}^2/\text{s}$$

同时空气密度为

$$\rho = 1.12 \text{ kg/m}^3$$

来流最大雷诺数为

$$Re_l = \frac{Vl}{\nu} = 60 \times 6/(17.1 \times 10^{-6}) = 2.1053 \times 10^7 > Re_x = 10^6$$

按照1940年德国科学家舒尔茨-格鲁诺给出的平板阻力系数经验公式：

$$C_F = \frac{0.427}{(\lg Re_l - 0.407)^{2.64}}$$

有

$$C_F = 0.002\,589$$

那么平板的总摩擦阻力(两面)为

$$F = 2 \times C_F \times \frac{1}{2}\rho V^2 lb = 125.27 \text{ N}$$

6.22 若边界层外边界处的速度为 $u_\delta = V_0 x^m$,V_0 为常数。试证明相应的压强变化为

$$\frac{\partial p}{\partial x} = -m\rho V_0^2 x^{2m-1}$$

因此,$m>0$ 代表顺压梯度,$m<0$ 代表逆压梯度。

答:沿边界层的外边界,伯努利方程成立:

$$p + \frac{1}{2}\rho u_\delta^2 = \text{const}$$

$$\frac{\partial p}{\partial x} = -\rho u_\delta \frac{\partial u_\delta}{\partial x} = -m\rho V_0^2 x^{2m-1}$$

当 $m>0$ 时,$\dfrac{\partial p}{\partial x} < 0$;当 $m<0$ 时,$\dfrac{\partial p}{\partial x} > 0$。

$m>0$ 代表顺压梯度,$m<0$ 代表逆压梯度。

6.23 曲率半径为 R 的二维曲面上的层流边界层,设边界层内速度分布为

$$\frac{u}{u_\delta} = 2\left(\frac{y}{\delta}\right) - \left(\frac{y}{\delta}\right)^2, \quad 0 \leq y \leq \delta$$

边界层内的流线与曲面的曲率相同。试建立压强与离心力间的平衡条件,并沿边界层横向积分,证明压强变化为

$$\Delta p = \frac{8}{15}\frac{\delta}{R}\rho u_\delta^2$$

若 $\delta = 0.01$ m,$R = 0.3$ m,边界层外边界处 $u_\delta = 100$ m/s,压强为海平面标准大气压强,试证明沿边界层横向(物面法线方向)的压强变化为 218 N/m²(远小于边界层外边界处的压强)。

答:参考主教材,可得曲壁面上的法向边界层方程[主教材公式(6.56)]:

$$\frac{\partial p}{\partial y} = \rho \frac{u^2}{R}$$

则

$$\frac{\partial p}{\partial y} = \rho \frac{u^2}{R} = \frac{\rho u_\delta^2}{R}\left[2\left(\frac{y}{\delta}\right) - \left(\frac{y}{\delta}\right)^2\right]^2$$

对上式从 $y = 0$ 到 $y = \delta$ 积分,有

$$\Delta p = p(\delta) - p(0) = \frac{8}{15}\frac{\delta}{R}\rho u_\delta^2$$

将 $\delta = 0.01$ m、$R = 0.3$ m、$u_\delta = 100$ m/s 代入上式,得

$$\Delta p = 218 \text{ N/m}$$

6.24 平板层流边界层内速度分布规律为 $\dfrac{u}{u_\delta} = 2\dfrac{y}{\delta} - \left(\dfrac{y}{\delta}\right)^2$,试求边界层厚度和摩擦阻力系数与雷诺数的关系式。

答:根据动量积分方程:

$$\frac{\tau_0}{\rho} = u_e^2 \frac{\mathrm{d}\delta_2}{\mathrm{d}x} + u_e(2\delta_2 + \delta_1)\frac{\mathrm{d}u_e}{\mathrm{d}x}$$

其中,

$$u_e = u_\delta$$

由于平板边界层外的主流为定常直匀流,故 $\dfrac{\mathrm{d}u_e}{\mathrm{d}x} = 0$,那么有 $\dfrac{\tau_0}{\rho} = u_e^2 \dfrac{\mathrm{d}\delta_2}{\mathrm{d}x}$。
假设流体是不可压均值定常流动,边界层内的密度与主流密度相同,即 $\rho = \rho_e$。
则边界层内的动量损失厚度为

$$\delta_2 = \int_0^\delta \frac{u}{u_\delta}\left(1 - \frac{u}{u_\delta}\right)\mathrm{d}y = \frac{2}{15}\delta$$

由牛顿内摩擦定律:

$$\tau_0 = \mu \left.\frac{\partial u}{\partial y}\right|_{y=0} = 2\mu \frac{u_\delta}{\delta}$$

将 $\delta_2 = \dfrac{2}{15}\delta$ 与 $\tau_0 = 2\mu\dfrac{u_\delta}{\delta}$ 代入方程:

$$\frac{\tau_0}{\rho} = u_e^2 \frac{\mathrm{d}\delta_2}{\mathrm{d}x}$$

有

$$\delta = x\sqrt{\frac{30}{Re_x}} = \sqrt{30}\sqrt{\frac{x}{Re_x}}\sqrt{x}$$

对于摩擦阻力系数 C_f 与雷诺数 Re_x 满足

$$C_f = \frac{\tau_0}{\frac{1}{2}\rho u_e^2} = 2\frac{\mathrm{d}\delta_2}{\mathrm{d}x} = 2 \times \frac{2}{15} \times \sqrt{\frac{30}{Re_x}} = 0.365\sqrt{\frac{1}{Re_x}}$$

6.25 若平板层流边界层内的速度分布为正弦曲线 $u = u_\delta \sin\frac{\pi y}{2\delta}$，试求 δ 和 C_f 与 Re 之间的关系式。

答：平板边界层为零压力梯度，由边界层动量方程可得

$$\frac{\tau_0}{\rho} = u_\delta^2 \frac{\mathrm{d}\delta_2}{\mathrm{d}x}$$

其中，$\tau_0 = \mu \left.\frac{\mathrm{d}u}{\mathrm{d}y}\right|_{y=0} = \frac{\pi \mu u_\delta}{2\delta}$；$\delta_2 = \int_0^\delta \frac{u}{u_\delta}\left(1 - \frac{u}{u_\delta}\right)\mathrm{d}y = \frac{4-\pi}{2\pi}\delta$。

整理，可得

$$\delta \mathrm{d}\delta = \frac{\pi^2 \mu}{(4-\pi)\rho u_\delta}\mathrm{d}x$$

当 $x = 0$ 时，$\delta = 0$，积分，得

$$\delta = \sqrt{\frac{2\pi^2 \mu x}{(4-\pi)\rho u_\delta}} = \sqrt{\frac{2\pi^2}{4-\pi}} \cdot \frac{x}{\sqrt{Re_x}} = 4.79533\frac{x}{\sqrt{Re_x}}$$

$$C_f = \frac{2\tau_0}{\rho u_\delta^2} = \frac{\pi \mu}{\rho \delta u_\delta} = \frac{\pi \mu}{\rho u_\delta x \delta}x = \frac{\pi}{Re_x} \cdot \frac{x}{\delta} = 0.65514\frac{1}{\sqrt{Re_x}}$$

6.26 根据边界层内紊流速度分布的指数规律 $\frac{u}{u_\delta} = \left(\frac{y}{\delta}\right)^{\frac{1}{9}}$ 和 $\lambda = 0.185 Re^{-\frac{1}{5}}$，试求湍流边界层厚度 δ。

答：湍流边界层动量积分方程为

$$\frac{\mathrm{d}}{\mathrm{d}x}\int_0^\delta \rho v_x^2 \mathrm{d}y - v_\infty \frac{\mathrm{d}}{\mathrm{d}x}\int_0^\delta \rho v_x \mathrm{d}y = -\delta\frac{\mathrm{d}p}{\mathrm{d}x} - \tau_w \qquad (1)$$

λ 的物理含义为压力与黏性力之比，代表压强梯度：

$$\lambda = \frac{\dfrac{\mathrm{d}p}{\mathrm{d}x}\delta}{\dfrac{\mu v_\infty}{\delta}} \qquad (2)$$

由题可得

$$v_x = v_\infty \left(\frac{y}{\delta}\right)^{1/9} \tag{3}$$

利用牛顿内摩擦定律和式(3)得出：

$$\tau_w = \mu \left(\frac{\mathrm{d}v_x}{\mathrm{d}y}\right)_{y=0} = 0 \tag{4}$$

为便于计算边界层厚度，先求下列2个积分式

$$\int_0^\delta v_x \mathrm{d}y = \int_0^\delta v_\infty \left(\frac{y}{\delta}\right)^{1/9} \mathrm{d}y = \frac{9}{10} v_\infty \delta \tag{5}$$

$$\int_0^\delta v_x^2 \mathrm{d}y = \int_0^\delta v_\infty^2 \left(\frac{y}{\delta}\right)^{2/9} \mathrm{d}y = \frac{9}{11} v_\infty^2 \delta \tag{6}$$

将式(2)~式(6)代入式(1)中得

$$\frac{9}{110} v_\infty \delta \mathrm{d}\delta = \lambda \nu \mathrm{d}x$$

积分后得

$$\frac{9}{220} v_\infty \delta^2 = \lambda \nu x + C$$

因为在平板壁面前缘点处边界层厚度为0，即 $x=0$，$\delta=0$，所以积分常数 $C=0$。于是得边界层厚度为

$$\delta = \sqrt{\frac{220\lambda\nu x}{9 v_\infty}} = 2.13 x Re_x^{-3/5} \tag{7}$$

6.27 假定平板(长度为 l)边界层内速度分布为

$$\frac{u}{u_\delta} = \frac{3}{2}\frac{y}{\delta} - \frac{1}{2}\left(\frac{y}{\delta}\right)^2$$

式中，δ 为边界层厚度，试用动量积分关系式方法求解：

(1) $\dfrac{\delta_2}{x}\sqrt{Re_x}$；

(2) $\dfrac{\delta_1}{x}\sqrt{Re_x}$；

(3) $\dfrac{\delta}{x}\sqrt{Re_x}$；

(4) $C_f \sqrt{Re_x}$；

(5) $C_F \sqrt{Re_l}$。

答：假设流体是不可压均值定常流动边界层内的密度与主流密度相同即 $\rho = \rho_e$

（1） $\dfrac{u}{u_\delta} = \dfrac{3}{2}\dfrac{y}{\delta} - \dfrac{1}{2}\left(\dfrac{y}{\delta}\right)^2$

动量厚度：

$$\delta_2 = \int_0^\delta \dfrac{u}{u_\delta}\left(1 - \dfrac{u}{u_\delta}\right) \mathrm{d}y = \dfrac{39}{280}\delta$$

壁面摩擦应力：

$$\tau_0 = \mu\left.\dfrac{\partial u}{\partial y}\right|_{y=0} = \dfrac{3}{2}\mu\dfrac{u_\delta}{\delta}$$

根据动量积分关系式：

$$\dfrac{\tau_0}{\rho} = u_e^2 \dfrac{\mathrm{d}\delta_2}{\mathrm{d}x} + u_e(2\delta_2 + \delta_1)\dfrac{\mathrm{d}u_e}{\mathrm{d}x}$$

对于平板边界层外的主流运动 $u_e = u_\delta$：

$$\dfrac{\mathrm{d}u_e}{\mathrm{d}x} = 0$$

那么有

$$\dfrac{\tau_0}{\rho} = u_\delta^2 \dfrac{\mathrm{d}\delta_2}{\mathrm{d}x}$$

将 $\delta_2 = \dfrac{39}{280}\delta$，$\tau_0 = \dfrac{3}{2}\mu\dfrac{u_\delta}{\delta}$ 代入上式，得

$$\mathrm{d}(\delta^2) = \dfrac{280}{13}\dfrac{\mu}{\rho u_\delta}\mathrm{d}x$$

有

$$\delta = x\sqrt{\dfrac{280}{13}\dfrac{1}{Re_x}}$$

此时有

$$\dfrac{\delta_2}{x}\sqrt{Re_x} = \dfrac{39}{280}\dfrac{\delta}{x}\sqrt{Re_x} = 0.646$$

（2）由

$$\delta_1 = \int_0^\delta \left(1 - \dfrac{\rho u}{p_e u_e}\right)\mathrm{d}y$$

114

有

$$\delta_1 = \frac{3}{8}\delta$$

那么

$$\frac{\delta_1}{x}\sqrt{Re_x} = \frac{3}{8}\frac{\delta}{x}\sqrt{Re_x} = \frac{3}{8}\sqrt{\frac{280}{13}} = 1.740$$

(3)

$$\frac{\delta}{x}\sqrt{Re_x} = \sqrt{\frac{280}{13}} = 4.641$$

(4) 对于表面一点的摩擦阻力系数 C_f 满足

$$C_f = \frac{\tau_0}{\frac{1}{2}\rho u_e^2} = 2\frac{\mathrm{d}\delta_2}{\mathrm{d}x} = 2 \times \frac{39}{280} \times \sqrt{\frac{280}{13}\frac{1}{Re_x}} = \frac{39}{140}\sqrt{\frac{280}{13}\frac{1}{Re_x}}$$

那么有

$$C_f\sqrt{Re_x} = \frac{39}{140} \times \sqrt{\frac{280}{13}} = 1.293$$

(5) 对于平板一侧的平板整体单位宽度阻力系数 C_F，单位宽度阻力为

$$F = \int_0^l C_f \frac{1}{2}\rho u_e^2 \mathrm{d}x = \frac{1}{2}\rho u_e^2 \int_0^l \frac{1.293}{\sqrt{Re_x}}\mathrm{d}x = \frac{1}{2}\rho u_e^2 \frac{2.586 l}{\sqrt{Re_l}}$$

单位宽度阻力系数为

$$C_F = \frac{F}{\frac{1}{2}\rho u_e^2 l} = \frac{2.586}{\sqrt{Re_l}}$$

所以有

$$C_F\sqrt{Re_l} = 2.586$$

6.28 试求一辆汽车以 60 km/h 的速度行驶时，克服空气阻力所做的功率。已知汽车垂直于运动方向的投影面积为 2 m²，阻力系数为 0.3，假设静止空气的温度为 0℃。

答：查表可得 0℃ 下的空气密度为 $\rho = 1.29$ kg/m³。

壁面摩擦应力为

$$\tau_0 = \frac{1}{2}\rho V_\infty^2 C_f = \frac{1}{2} \times 1.29 \times \left(\frac{60 \times 10^3}{3600}\right)^2 \times 0.3 = 53.75 \text{ Pa}$$

摩擦阻力为

$$D_f = \tau_0 S = 107.5 \text{ N}$$

功率为

$$P = D_f V_\infty = 1\,791.7 \text{ W}$$

6.29 设低速飞机在 3 000 m 高空以 360 km/h 飞行,若机翼面积为 40 m²,平均弦长为 2.5 m,试用二维平板边界层计算公式估算机翼的摩擦阻力(按完全湍流计算)。

答:速度 V = 360 km/h = 100 m/s。查表可得 3 000 m 高空空气动力黏性系数 μ = 1.684×10^{-5} m²/s、空气密度 ρ = 0.909 kg/m³。来流最大雷诺数满足

$$Re_L = \frac{\rho V L}{\mu} = 1.350 \times 10^7$$

按照 1940 年德国科学家舒尔茨-格鲁诺给出的平板阻力系数经验公式[主教材式(6.159)]:

$$C_F = \frac{0.427}{(\lg Re_L - 0.407)^{2.64}}$$

有

$$C_F = 0.002\,79$$

那么平板的总摩擦阻力(两面)为

$$F = 2 \times C_F \times \frac{1}{2}\rho V^2 S = 1\,014.44 \text{ N}$$

6.30 在风洞中以 10 m/s 的风速垂直吹向直径为 50 cm 的圆盘,试求圆盘所受的阻力。空气温度为 20℃。

答:根据文献,对于风洞中圆盘的阻力系数有如下结论:在无干扰情况下,且 $Re \geq 10^3$ 情况下,圆盘阻力系数基本不随 Re 数变化而变化,C_D = 1.12。空气的密度为 1.21 kg/m³。因此圆盘的阻力为

$$F = \frac{C_D}{2}\rho V_\infty^2 A = \frac{1.12}{8}\pi \rho V_\infty^2 d^2 = 13.30 \text{ N}$$

6.31 对于二维不可压缩流中顺流放置的平板,试用动量积分法求壁面摩擦应力和平板一侧的摩擦阻力 F(平板宽 b、长 L),建议假设边界层内的速度分布为 0 ~ 90°的正弦曲线。试将所得结果与 Blasius 解进行比较。

答:顺流放置平板,流动为零压力梯度,即 $\dfrac{\partial u_\delta}{\partial x} = 0$。因此,根据边界层动量积分方程可知

$$\frac{\tau_0}{\rho} = \frac{\mathrm{d}}{\mathrm{d}x}(u_\delta^2 \delta_2)$$

边界层内速度分布为

$$\frac{u}{u_\delta} = \sin\left(\frac{\pi}{2} \times \frac{y}{\delta}\right)$$

壁面摩擦应力为

$$\tau_0 = \mu \left.\frac{\partial u}{\partial y}\right|_{y=0} = \frac{\pi \mu u_\delta}{2\delta}$$

动量损失厚度为

$$\delta_2 = \delta \int_0^1 \frac{u}{u_e}\left(1 - \frac{u}{u_e}\right) \mathrm{d}\frac{y}{\delta} = \frac{4-\pi}{2\pi}\delta$$

代入壁面摩擦应力与动量损失厚度，考虑到 $\delta\big|_{x=0} = 0$，积分得边界层厚度为

$$\delta = \sqrt{\frac{2\pi^2}{4-\pi}} \frac{x}{\sqrt{Re_x}} = \frac{4.79x}{\sqrt{Re_x}}$$

因此，壁面摩擦力为

$$\tau_0 = \frac{\pi \mu u_\delta}{2\delta} = \frac{\pi \mu u_\delta \sqrt{Re_x}}{9.58x} = \frac{0.328\rho u_\delta^2}{\sqrt{Re_x}}$$

平板一侧的摩擦阻力为

$$F = b\int_0^l \tau_0 \mathrm{d}x = \int_0^l \frac{0.328\rho u_\delta^2}{\sqrt{Re_x}} \mathrm{d}x = 0.656\rho u_\delta^2 \frac{bl}{\sqrt{Re_l}}$$

Blasius 解：

$$\tau_0 = \frac{0.3651\rho u_\delta^2}{\sqrt{Re_x}}, \quad F = \tau_0 bl = 0.664\rho u_\delta^2 \frac{bl}{\sqrt{Re_x}}$$

动量积分方程解的误差为 1.2%。

6.32 如果对速度剖面采用 $\frac{1}{7}$ 的指数规律：

$$\frac{u}{u_\delta} = \left(\frac{y}{\delta}\right)^{\frac{1}{7}}$$

试证明边界层的位移厚度与动量损失厚度分别是 $\delta_1 = \frac{\delta}{8}$，$\delta_2 = \frac{7}{72}\delta$。因此，平板的

$$H = \frac{\delta_1}{\delta_2} \approx 1.3_\circ$$

答：位移厚度：

$$\delta_1 = \delta \int_0^1 \left(1 - \frac{u}{u_e}\right) d\frac{y}{\delta} = \delta \int_0^1 (1 - \eta^{\frac{1}{n}}) d\eta = \left(1 - \frac{n}{n+1}\right)\delta = \frac{1}{n+1}\delta$$

动量损失厚度：

$$\delta_2 = \delta \int_0^1 \frac{u}{u_\delta}\left(1 - \frac{u}{u_\delta}\right) d\frac{y}{\delta} = \delta \int_0^1 \eta^{\frac{1}{n}}\left(1 - \eta^{\frac{1}{n}}\right) d\eta = \frac{n}{(n+1)(n+2)}\delta$$

形状因子：

$$H = \frac{\delta_1}{\delta_2} = \frac{n+2}{n}$$

当 $n = 7$ 时，$\delta_1 = \frac{1}{8}\delta$，$\delta_2 = \frac{7}{72}\delta$，$H = \frac{\delta_1}{\delta_2} = 1.29_\circ$

第7章
可压缩空气动力学基础

7.1 内容要点

7.1.1 热力学基础知识

高速流中遇到的情况绝大多数属于隔绝体系和封闭体系。经典热力学所处理的都是处于平衡状态下的物系。但在分析时我们也常用开口体系(控制体)。

气体分子直径远小于分子的平均自由程,且分子间不存在引力仅为完全弹性碰撞的气体称为完全气体,空气可被假设为完全气体。任何气体的压强、密度、绝对温度三者之间存在一定的关系,称为状态方程。完全气体的状态方程为

$$p = \rho R T$$

其中,R 称为气体常数,空气的 $R = 287.053 \text{ N·m}/(\text{kg·K})$。

一个物系的压强、密度、温度都是点函数,彼此之间存在一定的函数关系,但和变化过程无关,代表一个热力学状态。

气体内能是指分子微观热运动(与温度有关)所包含的动能与分子之间存在引力而形成的位能之和。对于完全气体而言,分子之间无引力,单位质量气体的内能 e 仅仅决定于分子间的热运动,是温度的函数。

单位质量流体所具有的压能为 p/ρ。

在热力学中,常常引入另外一个代表热含量的参数 h(焓)。焓是指单位质量流体所具有的内能和压能之和,即 $h = e + p/\rho$。

对于焓的微分量是

$$dh = de + pd\left(\frac{1}{\rho}\right) + \frac{1}{\rho}dp$$

表示气体焓的增量等于内能增量、气体膨胀功与压强差所做的功之和。

热力学第一定律是能量守恒定律。静止物系满足的单位质量能量方程:

$$dq = de + pd\left(\frac{1}{\rho}\right)$$

其中,密度的倒数是单位质量的体积,即比容 $v = 1/\rho$。上式表示外界传给单位质量流体

的热量 dq 等于单位质量流体内能增量与压强所做的单位质量流体的膨胀功。

单位质量介质温度每升高一摄氏度所需要的热量称为比热（比热容）。比热数值的大小与具体热力学过程有关。在热力学过程中，如果在变化过程中，单位质量气体的容积保持不变，这样的过程称为等容过程。在等容过程中，比热称为定容比热，用 C_v 表示。此时气体的膨胀功为零。外界加入的热量全部用来增加介质的内能。因此，

$$e = C_v T$$

在等压过程中，单位质量介质的温度每升高一摄氏度，所需要的热量，称为定压比热，用 C_p 表示。此时气体的膨胀功不等于零。外界加入的热量全部用来增加介质的焓。即一部分用来增加介质的内能，另一部分用于气体的膨胀功。因此，

$$h = C_p T$$

定压比热与定容比热的比值，称为气体的比热比。即

$$\gamma = \frac{C_p}{C_v}$$

在空气动力学中，在温度小于 300℃，压强不高的情况下，一般 C_p、C_v、γ 等于常数。

$$C_p = 1\,004.7 \text{ N} \cdot \text{m}/(\text{kg} \cdot \text{K})$$

$$C_v = 717.6 \text{ N} \cdot \text{m}/(\text{kg} \cdot \text{K})$$

$$\gamma = C_p/C_v = 1.4$$

由完全气体状态方程，可得迈耶尔公式

$$C_p = C_v + R \qquad C_p = \frac{\gamma}{\gamma - 1}R \qquad C_v = \frac{1}{\gamma - 1}R$$

在热力学变化过程中，绝热过程与外界完全没有热量交换。静止气体在绝热过程中，压强与密度的关系式为

$$p = C\rho^\gamma$$

在热力学第一定律中，并没有提及热功的不等价性。实际上，不同类能量的转化是有方向性，并不能可逆转换。例如：

（1）热总是从高温物体流向低温物体，反向不成立；

（2）两种气体混合后不会自发分离出来；

（3）摩擦机械功可以转化成热，但热不能100%转化成功；

（4）不可能制造出一种连续运行的机器，使该机器只从单一热源中吸取热量，并将其转换成等量的功。

为了指明能量转化的不等价性，热力学第二定律规定了能量转化的方向性，即如果某一方向的变化过程可以实现，而逆方向的变化过程或者不能实现或者只能在特定条件下实现。热力学第二定律的表示方法很多，譬如：

（1）克劳修斯说法：不可能制造出一种循环工作热机，将热量从温度较低的物体传至温度较高的物体。

（2）开尔文-普朗克说法：不可能制造出一种循环工作热机，从单一热源中取出热量并使之全部变为有用功而不产生任何其他作用。

通过引入熵状态参数，在不可逆过程中的变化来描述热力学第二定律。熵是一个热能可利用部分的指标。其定义如下：

$$ds = \frac{dq}{T} = \frac{de + pd(1/\rho)}{T} = C_v \frac{dT}{T} + R\rho d\left(\frac{1}{\rho}\right) = d\left(C_v \ln T + R\ln\frac{1}{\rho}\right)$$

其中，dq 与 dq/T 是不同的两个量。dq 是与积分路径有关的；而 dq/T 是一个与积分路径无关的量，可以表示成某一函数的全微分。

热力学第二定律指出：对于孤立系统而言，在绝热变化过程中，如果过程是可逆，则熵值保持不变，$\Delta s=0$，称为等熵过程；如果过程不可逆，熵值必增加，$\Delta s>0$。

因此，热力学第二定律也称为熵增原理。引入熵的概念，就提供了判断过程是否可逆的标准和衡量不可逆程度的尺度。

在高速气体的流动过程中，不可逆是因气体的黏性摩擦、激波的出现及因温度梯度存在而引起的热传导。

一般在绕流场的绝大部分区域速度梯度和温度梯度都不大，流场可近似视为绝热可逆的，熵值不变，称为等熵流动。

一条流线熵值不变称为沿流线等熵，在全流场中熵值不变，称为均熵流场。在等熵流动中，有

$$\frac{p}{T^{\frac{\gamma}{\gamma-1}}} = C \qquad \frac{\rho}{T^{\frac{1}{\gamma-1}}} = C_1 \qquad \frac{p}{\rho^\gamma} = C_2$$

称为等熵关系，γ 为等熵指数。在边界层及其后的尾迹区，激波经过的流动，气体的黏性和热传导不能忽视区，流动是熵增不可逆过程，等熵关系式不能用。

因此，在热力学中，绝热过程和等熵过程是两回事。对于理想流体的绝热流动，必然是等熵的；如是黏性流体，当流层之间存在摩擦时，尽管是绝热的，但摩擦使机械能转换为热能，使气流的熵增，绝热必不等熵。在绝热流动中，黏性摩擦的作用并不能改变气体的动能和焓之和，但其中部分动能转换为焓而已。

总结一下，p、T、ρ、e、h、s 代表热力学状态参数，两个热力学参数可以确定一个热力状态。各状态变量的增量用微分表达如下。

内能增量：

$$de = C_v dT$$

压能增量：

$$d\left(\frac{p}{\rho}\right) = RdT$$

焓增量：

$$\mathrm{d}h = C_p \mathrm{d}T$$

熵增量：

$$\mathrm{d}s = -R\mathrm{d}\left(\ln \frac{p}{T^{\frac{\gamma}{\gamma-1}}}\right) = -R\mathrm{d}\left(\ln \frac{\rho}{T^{\frac{1}{\gamma-1}}}\right) = C_v \mathrm{d}\left(\ln \frac{p}{\rho^\gamma}\right)$$

7.1.2 能量方程

能量方程有不同的表达形式。能量守恒：系统单位时间内总能量的变化率应等于单位时间作用于系统上所有作用力的功与外界传给系统的热量之和。

$$\rho \frac{\mathrm{d}}{\mathrm{d}t}\left(e + \frac{V^2}{2}\right) = \rho \boldsymbol{f} \cdot \boldsymbol{V} + \nabla \cdot ([\tau] \cdot \boldsymbol{V}) + \rho q + \nabla \cdot (k \nabla T)$$

$$\rho \frac{\mathrm{d}}{\mathrm{d}t}\left(e + \frac{u_i u_i}{2}\right) = \rho f_i u_i + \frac{\partial \tau_{ij} u_j}{\partial x_i} + \rho q + \frac{\partial}{\partial x_i}\left(k \frac{\partial T}{\partial x_i}\right)$$

以内能的变化：

$$\rho \frac{\mathrm{d}e}{\mathrm{d}t} = -p \nabla \cdot \boldsymbol{V} + \Phi + \rho q + \nabla \cdot (k \nabla T)$$

$$\rho \frac{\mathrm{d}e}{\mathrm{d}t} = -p \frac{\partial u_i}{\partial x_i} + \Phi + \rho q + \frac{\partial}{\partial x_i}\left(k \frac{\partial T}{\partial x_i}\right)$$

其中，耗散函数（剪切力作功）$\Phi = 2\mu \varepsilon_{ij} \varepsilon_{ij} - \frac{2}{3}\mu \left(\frac{\partial u_i}{\partial x_i}\right)^2$。上式表明：在单位时间内，单位体积流体内能的变化率等于流体变形时表面力做功与外部传入热量之和。其中，表面力做功包括压力做功和剪切力做功，压力做功表示流体变形时法向力做膨胀功，剪切力做功表示流体运动是克服摩擦力做功，这部分是由于流体黏性引起的，将流体部分机械能不可逆转化为热能而消耗掉。

以焓的变化：

$$\rho \frac{\mathrm{d}h}{\mathrm{d}t} = \Phi + \rho q + \nabla \cdot (k \nabla T) + \frac{\mathrm{d}p}{\mathrm{d}t}$$

$$\rho \frac{\mathrm{d}h}{\mathrm{d}t} = \Phi + \rho q + \frac{\partial}{\partial x_i}\left(k \frac{\partial T}{\partial x_i}\right) + \frac{\mathrm{d}p}{\mathrm{d}t}$$

由动量方程可得

$$\rho \frac{\mathrm{d}}{\mathrm{d}t}\left(\frac{V^2}{2}\right) = \rho \boldsymbol{f} \cdot \boldsymbol{V} + \nabla \cdot ([\tau] \cdot \boldsymbol{V}) - [\tau]:[\varepsilon]$$

$$\rho \frac{\mathrm{d}}{\mathrm{d}t}\left(\frac{u_i u_i}{2}\right) = \rho f_i u_i + \frac{\partial(\tau_{ij} u_j)}{\partial x_i} - \tau_{ji}\varepsilon_{ji}$$

7.1.3 高速一维绝热定常流

在一维流动中,不可压缩流动的未知变量是 p、V,而对于可压缩流动的未知变量除 p、V 外,还有流体密度 ρ 和温度 T。共有 4 个未知量,需要 4 个方程。除了 3 个守恒律方程(1 个连续方程,1 个动量方程,1 个能量方程)外,需补充 1 个状态方程。对于理想流体的一维绝热定常管道流动:

连续方程微分形式:

$$\frac{\mathrm{d}\rho}{\rho} + \frac{\mathrm{d}V}{V} + \frac{\mathrm{d}A}{A} = 0$$

动量方程微分形式:

$$V\mathrm{d}V + \frac{\mathrm{d}p}{\rho} = 0$$

能量方程:

$$\frac{\mathrm{d}q}{\mathrm{d}t} = \frac{\mathrm{d}h}{\mathrm{d}t} - \frac{1}{\rho}\frac{\mathrm{d}p}{\mathrm{d}t} = \frac{\mathrm{d}}{\mathrm{d}t}\left(h + \frac{V^2}{2}\right) - \frac{V\mathrm{d}V + \mathrm{d}p/\rho}{\mathrm{d}t} = \frac{\mathrm{d}}{\mathrm{d}t}\left(h + \frac{V^2}{2}\right) = 0$$

即在绝热流动情况下,沿着流线能量守恒:

$$h + \frac{V^2}{2} = C$$

考虑到焓的不同表达形式,能量方程可写成

$$h + \frac{V^2}{2} = C_p T + \frac{V^2}{2} = \frac{\gamma RT}{\gamma - 1} + \frac{V^2}{2} = \frac{a^2}{\gamma - 1} + \frac{V^2}{2} = \frac{\gamma}{\gamma - 1}\frac{P}{\rho} + \frac{V^2}{2} = C$$

对于理想流体的一维绝热定常流动,也是等熵流动。在不计质量力的情况下,利用等熵关系,能量方程也可由欧拉方程沿流线积分得到。

$$\frac{V^2}{2} + \int \frac{\mathrm{d}p}{\rho} = C, \quad p = C\rho^\gamma, \quad \frac{V^2}{2} + \frac{\gamma}{\gamma - 1}\frac{p}{\rho} = C$$

因此,一维定常绝热流动,确定流动参数沿流线积分的关系式,常需要参考点的参数值,所用的参考点是驻点(下标标 0)或临界点(下标标 *)。

驻点是指流动速度或动能为零的点,可以在流场中存在,也可以是一个虚拟的参考值。由一维绝热流动的能量方程可知,在驻点处流体的焓达到最大,代表了一维绝热流动的总能量,称为总焓 h_0,相应的温度称为总温 T_0,压强为总压 p_0。对于流场中 $V \neq 0$ 点处的温度 T,称为静温。由能量方程可得

$$\frac{T_0}{T} = 1 + \frac{\gamma - 1}{2}Ma^2$$

在一维绝热黏性流动中,定义流线上任意一点处的总压 p_0,是该处流速等熵降为零达到的压强。在流线上 1、2 点之间的熵增为

$$\Delta s = \int_1^2 \mathrm{d}s = -C_v(\gamma - 1)\ln\frac{p_{02}}{p_{01}}$$

由热力学第二定律可知,沿流动方向 $\Delta s>0$,则有 $p_{02} < p_{01}$,说明沿着流动方向,虽然总温 T_0 不变,但总压 p_0 下降。

对于一维等熵流动,在流线上任意点处的总温和总压均相等,引入等熵关系式,能量方程可写成为

$$\frac{p_0}{p} = \left(\frac{T_0}{T}\right)^{\frac{\gamma}{\gamma-1}} = \left(1 + \frac{\gamma - 1}{2}Ma^2\right)^{\frac{\gamma}{\gamma-1}}$$

$$\frac{\rho_0}{\rho} = \left(\frac{p_0}{p}\right)^{\frac{1}{\gamma}} = \left(1 + \frac{\gamma - 1}{2}Ma^2\right)^{\frac{1}{\gamma-1}}$$

上述能量方程的参数关系式也可使用临界点作为参考量。在一维绝热流动中,沿流线某点处的流速正好等于当地声速($Ma = 1$),该点称为临界点或临界断面。由于临界声速 a_* 正比于滞止声速 a_0,即正比于 $\sqrt{\gamma R T_0}$,故它也可代表一维绝热流的总能量,同时可以作为一个参考量。

定义速度系数为

$$\lambda = \frac{V}{a_*}$$

马赫数和速度系数的关系:

$$\lambda^2 = \frac{\frac{\gamma+1}{2}Ma^2}{1 + \frac{\gamma-1}{2}Ma^2} \qquad Ma^2 = \frac{\frac{2}{\gamma+1}\lambda^2}{1 - \frac{\gamma-1}{\gamma+1}\lambda^2}$$

在 $Ma<1$,速度系数$>Ma$;在 $Ma>1$,速度系数$<Ma$。速度系数的最大值为

$$T \to 0,\ Ma \to \infty,\ \lambda_{\max} = \sqrt{\frac{\gamma+1}{\gamma-1}} = \sqrt{6}$$

一维等熵关系式可用速度系数来表达:

$$\frac{T}{T_0} = 1 - \frac{\gamma-1}{\gamma+1}\lambda^2 = \tau(\lambda)$$

$$\frac{p}{p_0} = \left(1 - \frac{\gamma-1}{\gamma+1}\lambda^2\right)^{\frac{\gamma}{\gamma-1}} = \pi(\lambda)$$

$$\frac{\rho}{\rho_0} = \left(1 - \frac{\gamma-1}{\gamma+1}\lambda^2\right)^{\frac{1}{\gamma-1}} = \varepsilon(\lambda)$$

可见随速度系数增加,温度、压强和密度都是下降的。这些关系都做成了表格方便查阅。

等熵管流中速度变化与截面积变化的关系式：

$$(Ma^2 - 1)\frac{dV}{V} = \frac{dA}{A}$$

由此可得：亚声速(包括低速)时如果管截面收缩则流速增加,面积扩大则流速下降;超声速时情形则刚好相反。这是由于亚声速时密度变化较速度变化慢,而超声速时密度变化比流速变化快。

对一维等熵管流,如想让气流沿管轴线连续地从亚声速加速到超声速,即始终保持 $dV>0$,则管道应先收缩后扩张,中间为最小截面,即喉道。即使气流在喉道之前收缩膨胀加速,在喉道处达到声速,之后继续膨胀加速,达到超声速。

喷管是各工业技术领域中用以产生高速气流的主要装置,是航空航天飞行器动力装置及有关实验设备(校准风洞和叶栅风洞等)生产装置中的重要部件。收缩喷管的流道截面积是逐渐缩小的,在喷管进出口压强差的作用下,高温气体的内能转变成动能,产生很大的推力。气流速度达到声速后便不能再增大了。

一个喷管在出口截面产生 $Ma>1$ 的超声速气流的条件是：① 管道形状应成为拉瓦尔管形状;② 在喷管上下游配合足够大的压强比。

拉瓦尔喷管即是缩放式喷管,其流道先缩小再扩大,允许气流在喉道处达到声速后进一步加速成超声速流。

一个出口接大气的喷管,当喷管出口达到设计马赫数而出口压强恰等于外界大气压强时,则喷管处于设计状态。如果上游压强过高或过低,喷管出口内外将出现激波或膨胀波。

喷管截面积与马赫数的关系可由如下的流量公式与面积比关系计算。

流量公式：

$$\dot{m} = C\frac{P_0 A}{\sqrt{T_0}}q(\lambda)$$

其中,常数 $C = \sqrt{\dfrac{\gamma}{R}\left(\dfrac{2}{\lambda+1}\right)^{\frac{\gamma+1}{\gamma-1}}} \xrightarrow[R=287]{\text{空气}\atop \gamma=1.4} 0.0404$；流量函数 $q(\lambda) = \left(\dfrac{\gamma+1}{2}\right)^{\frac{1}{\gamma-1}}\lambda\varepsilon(\lambda)$。

喷管中任一截面与喉道的面积比关系：

$$\frac{A_*}{A} = q(\lambda)$$

7.1.4 声速与马赫数

凡是弹性介质，给它一个任意的扰动，这个扰动都会自动地向四周传播开来，而且只要扰动不是太强，其传播速度是一定的，不因为扰动的具体形式而改变。声速实质上是微小扰动在弹性介质中的传播速度，声速大小只与介质物理属性、状态、波传播过程的热力学性质有关，而同产生扰动的具体原因无关。

气体扰动的传播速度决定于变化过程中气体的 dp 和 dρ 的比值，即

$$a^2 = \frac{\mathrm{d}p}{\mathrm{d}\rho}$$

由于扰动变化微小、速度很快，气体既无热量交换，也无摩擦产生，可认为是一种绝热等熵过程，此时压力密度关系为

$$p = c\rho^\gamma \qquad p = \rho RT \qquad a = \sqrt{\gamma RT}$$

对于海平面标准大气，$R = 287.053$ N·m/(kg·K)，$T = 288.15$ K，$\gamma = 1.4$，得

$$a = \sqrt{1.4 \times 287.053 \times 288.15} = 340.3 \text{ m/s}$$

对于水而言：

$$T = 288.15 \text{ K} \quad E = 2.1 \times 10^9 \text{ N/m}^2 \quad \rho = 999.1 \text{ kg/m}^2 \quad a = 1\,445 \text{ m/s}$$

由第 2 章体积弹性模量 E 的定义，可知

$$E = \rho \frac{\mathrm{d}p}{\mathrm{d}\rho} = \rho a^2$$

微小扰动在弹性介质中的传递以压力波的形式传播，其传播速度（声速）的大小与介质的弹性存在密切的关系。因此，声速是研究可压缩流场的一个重要的物理量。

马赫数即气流运动速度 V 与当地声速 a 之比：$Ma = V/a$。马赫数是一个表征流场压缩性大小的无量纲参数，是高速空气动力学中的一个重要基本物理参数，反映流场压缩性大小的相似准则。

衡量气体压缩程度大小的可用相对密度变化来表示，而这个相对密度变化量又与马赫数的大小存在密切的关系。

$$a^2 = \frac{\mathrm{d}p}{\mathrm{d}\rho} \propto \frac{\Delta p}{\Delta \rho} \propto \frac{\rho V^2}{\Delta \rho} = \frac{V^2}{\Delta \rho / \rho} \qquad \frac{\Delta \rho}{\rho} \propto \frac{V^2}{a^2} = Ma^2$$

说明马赫数越大气体的压缩性越大。当 $Ma < 0.3$ 时，这时气体密度变化很小，可将其

看作不可压缩流体处理。

事实上即使是液体也不可能绝对不可压。我们将低速气体看成不可压流体的原因在于,流动时引起密度的变化很小,因此不可压仍然是一种理想化的假设模型,而这种模型具有一定程度的合理性。

另外,马赫数还代表单位质量气体的动能和内能之比。即

$$\frac{V^2/2}{C_v T} = \frac{V^2/2}{\dfrac{\gamma RT}{\gamma(\gamma-1)}} = \frac{\gamma(\gamma-1)}{2} \frac{V^2}{a^2} = \frac{\gamma(\gamma-1)}{2} Ma^2$$

马赫数很小,说明单位质量气体的动能相对于内能而言很小,速度的变化不会引起气体温度即内能的显著变化,因此对于不可压流体其内能不变或温度不变,不考虑其热力关系。

对不可压流体来说,如果温度有变化,那一定是传热引起的,但加热只能使温度升高或内能增加,不能使流体膨胀做功。

对于高速气体(马赫较大)来说,即使是在绝热情况下,速度的变化会引起热力关系(p、r、T)变化,内能将参与能量转换。

7.1.5 马赫波

亚声速流场中小扰动可遍及全流场,气流没有到达扰源之前已感受到它的扰动,逐渐改变流向和气流参数以适应扰源的要求。超声速气流受到微小扰动后,将以声速向四周传播出去,把扰动球面波包络面称为扰动界面,也称为马赫波阵面,简称马赫波。在马赫波上游,气流未受影响;在马赫波的下游,气流受到扰动影响。

马赫角大小为

$$\mu = \arcsin \frac{a}{V} = \arcsin \frac{1}{Ma}$$

对于高速气流,密度的变化是不能忽视的。对于压强和密度存在升高的变化过程,称为压缩过程;对于压强与密度存在下降的过程,称为膨胀过程。在高亚声速流动中,虽然存在压缩和膨胀过程,但是不存在扰界,扰动过程可遍及全流场。在超声速流动中,压缩和膨胀过程都是有扰界的,称为波阵面。

超声速平行流动中,若 O 点处壁面向外转一个微小的角度 $\mathrm{d}\delta$,使流动区域扩大。则 O 点是一个微小扰动源,扰动的传播范围是在 O 点发出的马赫波 OL 的下游,扰动影响的结果是,使气流也外折一个 $\mathrm{d}\delta$ 同样大小的角度。壁面外折,相当于放宽气流的通道。对超声速气流来说,加大通道截面积必使气流速度增加,压力和密度下降,气流发生膨胀。此时,马赫波线 OL 的作用是使超声速气流加速减压,气流发生绝热加速膨胀过程,于是把马赫波 OL 称为膨胀波。

其中,折角与流速之间的函数关系为

$$\mathrm{d}\delta = \sqrt{Ma^2 - 1} \, \frac{\mathrm{d}V}{V}$$

表明超声速时外折微小角度 dδ 将使流动加速,反之内折微小角度将使流动减速。

对于多个微小外偏角情况,会形成一个连续的膨胀区域。由于变化是连续的,流场不会有很大的线变形率和角变形率,黏性作用可以忽略,同时也没有很大的温度梯度,气体微团间也没有显著的热传导发生,流动可视为等熵的。引入等熵关系,将上述速度变化与折角的关系式代入可得经折角 dδ 后的压强、密度和温度变化关系:

$$\begin{cases} \dfrac{\mathrm{d}p}{p} = -\dfrac{\gamma Ma^2}{\sqrt{Ma^2-1}}\mathrm{d}\delta \\ \dfrac{\mathrm{d}\rho}{\rho} = -\dfrac{Ma^2}{\sqrt{Ma^2-1}}\mathrm{d}\delta \\ \dfrac{\mathrm{d}T}{T} = -\dfrac{(\gamma-1)Ma^2}{\sqrt{Ma^2-1}}\mathrm{d}\delta \end{cases}$$

可见超声速经微小外折角后,伴随着气流速度增大,压强、密度和温度均减小,气流膨胀,故称为膨胀马赫波,简称膨胀波;反之当壁面内折一个负的微小角度,则伴随着流速减小,压强、密度和温度增加,气流发生压缩,故称为压缩马赫波,简称压缩波。

经过马赫波(包括膨胀波与压缩波)后壁面上压强系数为(dδ 为小量)

$$C_p = \frac{(p+\mathrm{d}p)-p}{\dfrac{1}{2}\rho V^2} = -\frac{2\mathrm{d}\delta}{\sqrt{Ma^2-1}}$$

7.1.6 膨胀波

在超声速气流中,存在两个基本物理现象:膨胀波和激波。膨胀波是使气流发生膨胀的扰动波,而激波是以一定强度使气流发生突然压缩的波。

超声速壁面外折绕流(普朗特-迈耶尔,Prandtl-Meyer 流动):壁面外折角不是微小量,而是有限值,可将其划分为无数微小角度,曲线可以看作是无数条微元折线的极限,各道膨胀波是连成一片的连续膨胀带。

微小折角与流速之间的关系用速度系数表达为

$$\mathrm{d}\delta = \sqrt{\frac{\lambda^2-1}{1-\dfrac{\gamma-1}{\gamma+1}\lambda^2}} \cdot \frac{\mathrm{d}\lambda}{\lambda}$$

对于原始气流速度为声速($\lambda=1$)的情况而言,膨胀波中任何地方的当地速度系数 λ 与当地的气流折角 δ(从 $\lambda=1$ 算起)之间的函数关系,可由上式积分得到

$$\delta = \sqrt{\frac{\gamma+1}{\gamma-1}}\arctan\sqrt{\frac{\gamma-1}{\gamma+1}\frac{\lambda^2-1}{1-\dfrac{\gamma-1}{\gamma+1}\lambda^2}} - \arctan\sqrt{\frac{\lambda^2-1}{1-\dfrac{\gamma-1}{\gamma+1}\lambda^2}}$$

根据能量方程,气流的总能量等于动能加焓组成。二者可以相互转换,流速增大,焓值下降,当全部能量转换为动能时,流速达到 V_{max},这时对应的速度系数达到最大。

7.1.7 激波

激波是以一定强度使气流发生突然压缩的波,最简单的为正激波。正激波的波阵面与气流方向垂直。波阵面与来流方向斜交的激波称为斜激波。

由于经过激波时参数发生剧烈改变,黏性不能忽略,流动不等熵。因此,当壁面在 O 点直接内折一个非微小量的角度 δ 时,形成从 O 点发出的始终具有一定强度的斜激波。

普朗特激波公式描述了正激波前后流速系数之间的关系:

$$\lambda_1 \lambda_2 = 1$$

说明正激波后气流速度系数 λ_2 恰好是波前气流速度系数 λ_1 的倒数。因波前必为超声声流,$\lambda_1>1$,所以波后的速度系数 $\lambda_2<1$,就是说,超声速气流经过正激波后必为亚声速流。

利用速度系数和马赫数关系,可得到正激波前后其他流体物理量的变化规律。

正激波前后马赫数关系:

$$Ma_2^2 = \frac{Ma_1^2 + \dfrac{2}{\gamma - 1}}{\dfrac{2\gamma}{\gamma - 1} Ma_1^2 - 1}$$

密度比关系:

$$\frac{\rho_2}{\rho_1} = \frac{V_1}{V_2} = \frac{\lambda_1}{\lambda_2} = \lambda_1^2 = \frac{\dfrac{\gamma+1}{2} Ma_1^2}{1 + \dfrac{\gamma-1}{2} Ma_1^2}$$

静温比关系:

$$\frac{T_2}{T_1} = \frac{1}{\lambda_1^2} \frac{1 - \dfrac{\gamma-1}{\gamma+1}\lambda_1^2}{\lambda_1^2 - \dfrac{\gamma-1}{\gamma+1}} = \frac{2+(\gamma-1)Ma_1^2}{(\gamma+1)Ma_1^2}\left(\frac{2\gamma}{\gamma+1}Ma_1^2 - \frac{\gamma-1}{\gamma+1}\right)$$

压强比关系:

$$\frac{p_2}{p_1} = \frac{1 - \dfrac{\gamma-1}{\gamma+1}\lambda_1^2}{\lambda_1^2 - \dfrac{\gamma-1}{\gamma+1}} = \frac{2\gamma}{\gamma+1}Ma_1^2 - \frac{\gamma-1}{\gamma+1}$$

总温关系：
$$T_{01} = T_{02}$$

总压比：
$$\sigma = \frac{p_{02}}{p_{01}} = \frac{p_2}{\pi(\lambda_2)} \frac{\pi(\lambda_1)}{p_1} = \lambda_1^2 \left[\frac{1 - \frac{\gamma-1}{\gamma+1}\lambda_1^2}{1 - \frac{\gamma-1}{\gamma+1}\frac{1}{\lambda_1^2}} \right]^{\frac{1}{\gamma-1}}$$

$$= \left(\frac{2\gamma}{\gamma+1}Ma_1^2 - \frac{\gamma-1}{\gamma+1} \right)^{-\frac{1}{\gamma-1}} \left[\frac{(\gamma+1)Ma_1^2}{(\gamma-1)Ma_1^2 + 2} \right]^{\frac{\gamma}{\gamma-1}}$$

熵增量：
$$\frac{\Delta S}{C_v} = -(\gamma-1)\ln\frac{p_{02}}{p_{01}} = -(\gamma-1)\ln\sigma$$

$$= \ln\left(\frac{2\gamma}{\gamma+1}Ma_1^2 - \frac{\gamma-1}{\gamma+1} \right) \left[\frac{(\gamma-1)Ma_1^2 + 2}{(\gamma+1)Ma_1^2} \right]^{-\gamma}$$

经过激波，总温不变，总压下降，熵增大。这与热力学第二定律所述隔绝系统中的熵只能增加的结论是一致的。

斜激波前后的参数关系在形式上与正激波十分相似，不过是用波前法向马赫数 $Ma_1\sin\beta$ 代替了正激波的 Ma_1。

压强比：
$$\frac{p_2}{p_1} = \frac{2\gamma}{\gamma+1}Ma_1^2 \cdot \sin^2\beta - \frac{\gamma-1}{\gamma+1}$$

密度比：
$$\frac{\rho_2}{\rho_1} = \frac{(\gamma+1)Ma_1^2\sin^2\beta}{(\gamma-1)Ma_1^2\sin^2\beta + 2}$$

温度比：
$$\frac{T_2}{T_1} = \left(\frac{\gamma-1}{\gamma+1} \right)^2 \cdot \left(\frac{2\gamma}{\gamma-1}Ma_1^2 \cdot \sin^2\beta - 1 \right) \cdot \left(\frac{2}{\gamma-1} \cdot \frac{1}{Ma_1^2 \cdot \sin^2\beta} + 1 \right)$$

上述公式都可把正激波作为一个特例（$\beta=\pi/2$）包含进去。

定义激波强度为：$P = \frac{p_2}{p_1} - 1$。由压强比关系可知，当来流 Ma_1 不变时，激波角 β 愈大时，斜激波的强度愈大，当 $\beta = 90°$ 时（正激波），激波强度达到同一 Ma_1 下的最大。因此,正激波是最强的激波。

当 $P \to 0$ 时,$\dfrac{p_2}{p_1} = 1$,得

$$\beta = \arcsin \dfrac{1}{Ma_1} = \mu_1$$

可见最弱的激波就是马赫波,而斜激波则是介于马赫波与正激波之间的一定强度的激波。

激波前后密度变化与压强变化的关系式称为兰金-雨贡尼关系式(Rankine-Hugoniot),它规定了激波的密度比由压强比决定,也称为突跃绝热关系。

$$\dfrac{\rho_2}{\rho_1} = \dfrac{\dfrac{\gamma+1}{\gamma-1}\dfrac{p_2}{p_1} + 1}{\dfrac{\gamma+1}{\gamma-1} + \dfrac{p_2}{p_1}}$$

可知:

(1)当压强比不大,即激波强度不大时,突跃绝热线与等熵线几乎是重合的,这表明跨过弱激波的过程非常接近于等熵过程;

(2)压强比越大,即激波越强时,突跃绝热过程与等熵过程的差别越大;

(3)在突跃绝热过程中,即使 $p_2/p_1 \to \infty$,密度比也只能趋于有限值,但等熵过程密度比趋于无限大。

7.2 习题解答

一、思考题

7.1 请说明完全气体状态方程的物理意义。

答:完全气体状态方程:$p = \rho RT$。其中,p 是指气体压强,ρ 为气体密度,T 表示气体的热力学温度,R 称为气体特性常数,$R = 287.053 \text{ N} \cdot \text{m}/(\text{kg} \cdot \text{K})$。完全气体状态方程表示理想气体压强、密度与温度的对应关系。

7.2 什么是一个系统的内能、压能、动能、焓?

答:内能:e 是气体内分子微观热运动所包含的动能与分子之间存在作用力而形成分子相互作用的内部位能之和。

压能:$\dfrac{p}{\rho}$ 表示单位质量流体所具有的压能。

动能:$\dfrac{V^2}{2}$ 表示单位质量流体所具有的动能。

焓:$h = e + \dfrac{p}{\rho}$ 表示单位质量流体所具有的内能和压能之和。

7.3 请写出在静止状态下的热力学第一定律的数学表达式和物理意义。

答：表达式如下所示：

$$dQ = dE + pdV$$

物理意义：外界传给一个封闭物质系统的热量 dQ 等于该封闭系统内能 E 的增量与系统对外界所做机械功之和。V 为物系的体积。

上式两端同除以物系的质量可得静止物系满足的单位质量能量方程：

$$dq = de + pd\left(\frac{1}{\rho}\right)$$

物理意义是：外界传给单位质量气体的热量 dq 等于单位质量气体的内能增量 de 与单位质量气体所做的膨胀功之和。密度的倒数 $\frac{1}{\rho}$ 为单位质量气体的体积。

7.4 请说明在运动状态下的热力学第一定律的数学表达式和物理意义。指出与不可压缩流体定常流动能量方程（不计质量力）的差别。

答：

$$dq = de + pd\left(\frac{1}{\rho}\right) + \frac{dp}{\rho} + VdV = dh + d\left(\frac{V^2}{2}\right)$$

物理意义：外界传给一个封闭物质系统的热量等于该封闭系统焓的增量与系统动能增量之和。外界传给单位质量气体的热量等于单位质量气体焓的增量与单位质量气体宏观运动的动能增量之和。其中，单位质量气体焓的增量等于内能增量、气体膨胀功与压强差所做的功之和。

与不可压缩流体定常流动能量方程（不计质量力）的差别：在不计质量力的情况下（都不考虑宏观位能变化），不可压缩流体定常流动能量方程，即伯努利方程是绝热方程，$dq = 0$。

7.5 写出单位质量系统在等容、等压、等温过程中对外界所做的功。

答：

等容：$W_p = 0$。

等压：$W_p = \dfrac{p}{\rho_2} - \dfrac{p}{\rho_1}$。

等温：$W_p = RT\ln\dfrac{\rho_1}{\rho_2}$。

7.6 说明绝热过程、可逆过程、不可逆过程的物理意义。

答：绝热过程：体系与外界环境没有热量交换的状态变化过程称为绝热过程。

可逆过程：某一系统经过某一过程，由一种状态变成另一种状态之后，如果存在另一过程能使系统和环境都完全复原，则原来的过程就称为可逆过程。

不可逆过程：某一系统经过某一过程，由一种状态变成另一种状态之后，如果用任何方法都不能使系统和环境完全复原,则称为不可逆过程。

7.7 写出绝热过程中压强与密度的关系。

答:

$$P = C\rho^\gamma$$

7.8 什么是熵的概念？为什么 $\mathrm{d}q/T$ 是状态的函数？

答：单位质量气体的熵定义为

$$\mathrm{d}s = \frac{\mathrm{d}q}{T}$$

由 $\mathrm{d}q = \mathrm{d}e + p\mathrm{d}\left(\frac{1}{\rho}\right)$，且其中，

$$\mathrm{d}e = C_v \mathrm{d}T, \quad p = \rho R T$$

因此 $\dfrac{\mathrm{d}q}{T}$ 可以写成全微分形式：

$$\frac{\mathrm{d}q}{T} = \frac{C_v \mathrm{d}T}{T} + \rho R \mathrm{d}\left(\frac{1}{\rho}\right) = \mathrm{d}\left(C_v \ln T + R \ln \frac{1}{\rho}\right)$$

其积分与路径无关,为状态函数。

7.9 对于定常绝热流动(非等熵),请写出沿着流线任意两点静压强之比与马赫数的关系。

答：定常绝热非等熵流动中,流线上任意两点(1 点到 2 点)静压强之比存在以下不等式关系：

$$\frac{p_1}{p_2} \neq \left(\frac{1 + \dfrac{\gamma - 1}{2}Ma_2^2}{1 + \dfrac{\gamma - 1}{2}Ma_1^2}\right)^{\frac{\gamma}{\gamma-1}}$$

在一维绝热黏性流动中,可定义流线上任意一点处的总压为 p_0,是该处流速等熵降为零达到的压强。因此,对于从 1 到 2 点,有

$$\frac{p_1}{p_2} = \frac{p_{0,1}}{p_{0,2}}\left(\frac{1 + \dfrac{\gamma - 1}{2}Ma_2^2}{1 + \dfrac{\gamma - 1}{2}Ma_1^2}\right)^{\frac{\gamma}{\gamma-1}}$$

那么,如果熵增,则根据总压降低：

$$\frac{p_1}{p_2} > \left(\frac{1 + \frac{\gamma-1}{2}Ma_2^2}{1 + \frac{\gamma-1}{2}Ma_1^2} \right)^{\frac{\gamma}{\gamma-1}}$$

如果熵减，则根据总压升高：

$$\frac{p_1}{p_2} < \left(\frac{1 + \frac{\gamma-1}{2}Ma_2^2}{1 + \frac{\gamma-1}{2}Ma_1^2} \right)^{\frac{\gamma}{\gamma-1}}$$

7.10 对于定常绝热流动(等熵)，请写出沿着流线任意两点静压强之比与马赫数的关系。

答：

$$\frac{p_1}{p_2} = \left(\frac{1 + \frac{\gamma-1}{2}Ma_2^2}{1 + \frac{\gamma-1}{2}Ma_1^2} \right)^{\frac{\gamma}{\gamma-1}}$$

7.11 什么是驻点参数？为什么在定常绝热摩擦管道流动中，总焓不变，总压减少？

答：驻点是指流动速度或动能为零的点，可以在流场中存在，也可以是一个虚拟的参考值。定常绝热摩擦管道内，总能量为总焓，不会因为摩擦作用而改变，故总焓不变。摩擦使一部分机械能不可逆地转变成热，使熵增加，因为 $\Delta s = -R\ln\frac{p_{02}}{p_{01}}$，沿着流线，$\Delta s > 0$，故 $p_{02} < p_{01}$，即总压减小。

7.12 说明一个总温不变、总压减少系统的物理现象。说明一个系统总温不变、总压不变的物理现象。

答：经过激波后，总温不变，总压减小。绝热等熵流动，总温不变，总压不变。

7.13 一个绝热定常突扩管道流动，请说明不等熵流动、等熵流动、不可压缩突扩截面处的速度大小关系，为什么？

答：不等熵流动机械能转化为内能，突扩截面处速度比等熵流动小。来流 $Ma > 1$ 时，可压缩流动在截面扩张时速度增大，必然高于不可压流动的速度。$Ma < 1$ 时，扩张截面流体速度减小，可压缩流动的压强和密度增加，不可压流动密度不变，根据连续性定理，不可压缩流动的速度更大。

7.14 请推导变截面管道中，定常流动速度相对增量与面积相对增量的关系。

答：一维定常等熵流连续方程为

$$\frac{d\rho}{\rho} + \frac{dV}{V} + \frac{dA}{A} = 0$$

动量方程(欧拉方程)为

$$-\frac{\mathrm{d}p}{\mathrm{d}\rho} = V\mathrm{d}V$$

将声速关系 $a^2 = \dfrac{\mathrm{d}p}{\mathrm{d}\rho}$ 代入,得

$$\frac{\mathrm{d}\rho}{\rho} = -Ma^2 \frac{\mathrm{d}V}{V}$$

代入连续方程得到

$$(Ma^2 - 1)\frac{\mathrm{d}V}{V} = \frac{\mathrm{d}A}{A}$$

7.15 请推导变截面管道中,定常流动最小截面积与任意断面截面积之比与马赫数的关系。

答:定常流动速度与面积相对增量关系为

$$(Ma^2 - 1)\frac{\mathrm{d}V}{V} = \frac{\mathrm{d}A}{A}$$

将马赫数与速度系数的关系 $Ma^2 - 1 = \dfrac{\lambda^2 - 1}{1 - \dfrac{\gamma - 1}{\gamma + 1}\lambda^2}$ 代入上式,则有

$$\int_1^\lambda \frac{\lambda^2 - 1}{1 - \dfrac{\gamma - 1}{\gamma + 1}\lambda^2} \frac{\mathrm{d}\lambda}{\lambda} = \int_{A_*}^A \frac{\mathrm{d}A}{A}$$

积分可得

$$\frac{A}{A_*} = \frac{1}{\lambda}\left(\frac{\dfrac{2}{\gamma + 1}}{1 - \dfrac{\gamma - 1}{\gamma + 1}\lambda^2}\right)^{\frac{1}{\gamma - 1}}$$

再将马赫数与速度系数的关系代入,即可得

$$\frac{A}{A_*} = \frac{1}{Ma}\left[\left(\frac{2}{\gamma + 1}\right)\left(1 + \frac{\gamma - 1}{2}Ma^2\right)\right]^{\frac{\gamma + 1}{2(\gamma - 1)}}$$

7.16 什么是马赫波?说明马赫波的特点。写出通过马赫波压强系数。

答:超声速气流受到微小扰动后,将以声速向四周传播出去,把扰动球面波包络面,称为扰动界面,也称为马赫波阵面,简称马赫波。在马赫波上游,气流未受影

响,在马赫波的下游气流受到扰动影响。微小折角下马赫波的压强系数为

$$C_p = \frac{(p+\mathrm{d}p)-p}{\frac{1}{2}\rho V^2} = \frac{2\mathrm{d}p}{\gamma p \frac{\rho V^2}{\gamma p}} = \frac{2\left(\frac{\mathrm{d}p}{p}\right)}{\gamma Ma^2} = -\frac{2\mathrm{d}\delta}{\sqrt{Ma^2-1}}$$

7.17 写出通过马赫波线的连续方程、切向动量方程、法向动量方程。

答：连续方程：$m = \rho V_n = (\rho + \mathrm{d}\rho)(V_n + \mathrm{d}V_n)$

切向动量方程：$V_t m - V_t' m = 0$

法向动量方程：$m \mathrm{d}V_n = -\mathrm{d}p$

7.18 为什么通过膨胀角时马赫波线是从扰源发出的射线？马赫波是什么波？

答：因为超声速气流扰动局限在以扰源为顶点的所有扰动球面包络面圆锥面之内，马赫波上游气流没有受到扰动，而在马赫波下游，扰动将以声速向四周传播出去，因此马赫波线是从扰源发出的射线。

超声速气流受到微小扰动后，将以声速向四周传播出去，把扰动球面波包络面，称为扰动界面，也称马赫波阵面，简称马赫波。

7.19 通过压缩角时马赫波是什么波？为什么马赫波线会汇聚？

答：通过压缩角时马赫波是压缩马赫波。对于超声速绕多个微小内折直线段或凹曲面流动时必然进行压缩变化。这个连续的曲面也可以看成是无限个微小直线段连成的折线壁面，每一线段转折一个微小角度，产生一道微小压缩波，这些微小压缩波对当地气流而言其波角都是马赫角，但由于气流经每一道压缩波后马赫数都下降一次，再加上波后气流沿壁向内转折，两种因素都使压缩波在一定距离处聚拢，末端形成一道具有一定强度的突跃的压缩波即斜激波，其波角不能用马赫角计算。

7.20 请说明激波产生的物理机制。激波推进速度为什么大于激波前气体的波速？

答：参照主教材 7.9.2 小节。

气流不断被压缩，压缩处不断传来扰动使得后面的波阵面快于前面的波阵面，当所有波阵面追上第一个波阵面时，无数道压缩波重合，形成了激波。

因为 $V_s = a_1\sqrt{1+\frac{\gamma+1}{2\gamma}\left(\frac{p_2}{p_1}-1\right)}$，而经过激波后减速增压，

$\sqrt{1+\frac{\gamma+1}{2\gamma}\left(\frac{p_2}{p_1}-1\right)} > 1$，故激波相对于波前气流是超声速的，即激波推进速度大于激波前气体的波速。

7.21 激波推进速度为什么小于激波后气体的波速？

答：参照主教材 7.9.2 小节。

因为 $V_s - V_g = a_2\sqrt{1-\frac{\gamma+1}{2\gamma}\left(\frac{p_2-p_1}{p_2}\right)}$，而 $\sqrt{1-\frac{\gamma+1}{2\gamma}\left(\frac{p_2-p_1}{p_2}\right)} < 1$，故

激波相对于波后气流是亚声速的,即激波推进速度小于激波后的气体的波速。

7.22 写出通过激波的控制方程(连续方程、动量方程、能量方程)。

答:选择跟随激波波阵面一起运动的坐标系。

连续方程:$\rho_1 V_1 = \rho_2 V_2$。

动量方程:$-\rho_1 V_1^2 + \rho_2 V_2^2 = p_1 - p_2$。

绝热能量方程:$V_1^2 + \dfrac{2}{\gamma-1} a_1^2 = V_2^2 + \dfrac{2}{\gamma-1} a_2^2 = \dfrac{\gamma+1}{\gamma-1} a_*^2$。

7.23 请写出通过正激波的熵增表达式。为什么会出现熵增?

答:通过正激波的熵增量为

$$\Delta S = -R\ln\dfrac{p_{02}}{p_{01}} = C_v \ln\left(\dfrac{2\gamma}{\gamma+1} Ma_1^2 - \dfrac{\gamma-1}{\gamma+1}\right)\left[\dfrac{(\gamma-1)Ma_1^2+2}{(\gamma+1)Ma_1^2}\right]^\gamma$$

该式称为兰金-雨贡尼关系式。考虑到波前马赫数大于1,由上式可知 $\Delta S > 0$。因此经过激波,总温不变,总压下降,熵增大。

7.24 什么是斜激波?请指出斜激波与正激波的差别。

答:波阵面与来流方向斜交的激波称为斜激波。

与正激波的区别是其波面和运动方向成一定的斜角。斜激波后的气流方向也不与激波面垂直,与波前气流方向也不平行,而是与尖劈面平行。

7.25 请说明在超声速气流中如何产生激波。

答:(1) 由气流折转所确定的激波。

在超声速气流中,放置一块尖劈,尖劈的斜面把气流通道挤小了,气流受到压缩,发生激波。这时的激波是被斜面的角度所确定。

(2) 由压强条件确定的激波。

在自由边界上由压强条件所确定的激波。例如超声速喷管出口的压强当低于外界大气压强时,气流将会产生激波来提高压强。

(3) 壅塞激波。

在管道中(如超声速风洞和喷气发动机的管道中),可能发生严重的壅塞现象。那是管道某个截面限制了流量的通过,使上游的部分来流通不过去。这时会迫使上游的超声速气流发生激波,调整气流。这种激波既不是由方向所规定,也不是由反压所规定。

二、计算题

7.26 考虑一个有 5 m×7 m 的矩形地板和 3.3 m 高天花板的房间,室内空气压力和温度分别为 101 325 Pa 和 25℃,计算室内空气的内能和焓。

答:由题可知,$p = 101\ 325$ Pa,$T = 298.15$ K。

根据理想气体状态方程,并代入 $R = 287.053$ J/(kg·K)。可知空气密度为

$$\rho = \dfrac{p}{RT} = 1.184 \text{ kg/m}^3$$

单位质量空气的内能为

$$e = C_v T$$

单位质量空气的焓为

$$h = e + \frac{p}{\rho}$$

其中，

$$C_v = 717.6 \text{ J}/(\text{kg} \cdot \text{K})$$

那么，

$$e = 2.14 \times 10^5 \text{ J/kg}$$

$$h = 3.00 \times 10^5 \text{ J/kg}$$

对于室内空气，计算其总质量：

$$m = \rho S H = 1.184 \times 5 \times 7 \times 3.3 = 136.72 \text{ kg}$$

那么室内空气的内能为

$$E = 2.93 \times 10^7 \text{ J}$$

室内空气的焓为

$$H = 4.10 \times 10^7 \text{ J}$$

7.27 假设有一架波音 747 飞机在 10 972 m 的标准高度飞行，机翼上某一点压强为 19 125 Pa。假设机翼上有等熵流，计算此时的温度。

答：根据等熵流压强与温度关系式[主教材式(7.117)]可知，流线上两点静压与静温关系式：

$$\frac{p_1}{p} = \left(\frac{T_1}{T}\right)^{\frac{\gamma}{\gamma-1}} = \left(\frac{T_1}{T}\right)^{\frac{7}{2}}$$

对于 $h = 10\,972$ m 的标准高度，按照标准大气表可以查得远场静压为

$$p_1 = 22\,626 \text{ Pa}$$

远场静温为

$$T_1 = 216.7 \text{ K}$$

那么此时机翼某点的温度为

$$T = T_1 \times \left(\frac{p}{p_1}\right)^{\frac{2}{7}} = 206.5 \text{ K}$$

7.28 气流中某一点的压力、温度和速度为 101 325 Pa、46.85℃和 1 000 m/s。计算该点的总温和总压。

答：绝热流动中，能量方程为

$$\frac{T_0}{T} = 1 + \frac{\gamma - 1}{2}Ma^2$$

其中，

$$Ma = \frac{V}{a} = \frac{V}{\sqrt{\gamma RT}} = 2.789$$

由此，算得总温为

$$T_0 = 817.83 \text{ K}$$

总压为该处流速等熵降为零达到的压强：

$$\frac{p_0}{p} = \left(\frac{T_0}{T}\right)^{\frac{\gamma}{\gamma-1}} = \left(1 + \frac{\gamma-1}{2}Ma^2\right)^{\frac{\gamma}{\gamma-1}}$$

从而得到总压：

$$p_0 = 2.704 \times 10^6 \text{ Pa}$$

7.29 一架飞机在 3 048 m 的标准高度飞行，安装在机头的皮托管测量 105 336 Pa 的压力，这架飞机正以高于 483 km/h 的亚声速飞行，认为流动是可压缩的，计算飞机的速度。

答：对于 $h = 3 048$ m 的标准高度，此时按照标准大气表可以得到远场静压为

$$p_1 = 69\ 693 \text{ Pa}$$

远场静温为

$$T_1 = 268.3 \text{ K}$$

远场密度为

$$\rho_1 = \frac{p_1}{RT_1} = 0.905 \text{ kg/m}^3$$

由于皮托管是对于速度为 0 处得到测量当地的总压为

$$p_0 = 105\ 336 \text{ Pa}$$

对于绝热等熵流动有能量方程：

$$\frac{\gamma}{\gamma-1}\frac{p_0}{\rho_0} = \frac{1}{2}U_1^2 + \frac{\gamma}{\gamma-1}\frac{p_1}{\rho_1}$$

以及

$$\frac{p_0}{\rho_0^\gamma} = \frac{p_1}{\rho_1^\gamma}$$

$$R = 287.053 \text{ N} \cdot \text{m}/(\text{kg} \cdot \text{K})$$

$$\rho_0 = \rho_1 \left(\frac{p_0}{p_1}\right)^{\frac{1}{\gamma}} = 1.2156 \text{ kg/m}^3$$

那么飞机的速度,即相对于空气速度:

$$U_1 = \sqrt{\frac{2\gamma}{\gamma-1}\left(\frac{p_0}{\rho_0} - \frac{p_1}{\rho_1}\right)}$$

$$U_1 = 259.8 \text{ m/s}$$

7.30 考虑空气中的正常冲击波,其上游流动特性为 $u_1 = 680$ m/s、$T_1 = 288$ K、$p_1 = 101\,325$ Pa,计算冲击波下游的速度、温度和压力。

答:上游马赫数为

$$Ma_1 = \frac{u_1}{\sqrt{\gamma RT_1}} = 1.9988$$

参考主教材中正激波前后气流参数关系式[式(7.215)~式(7.221)],可得静温比关系式为

$$\frac{T_2}{T_1} = \frac{2 + (\gamma-1)Ma_1^2}{(\gamma+1)Ma_1^2}\left(\frac{2\gamma}{\gamma+1}Ma_1^2 - \frac{\gamma-1}{\gamma+1}\right) = 1.6865$$

下游温度为

$$T_2 = 485.71 \text{ K}$$

下游声速为

$$a_2 = \sqrt{\gamma R T_2} = 441.81 \text{ m/s}$$

马赫数:

$$Ma_2^2 = \frac{Ma_1^2 + \dfrac{2}{\gamma-1}}{\dfrac{2\gamma}{\gamma-1}Ma_1^2 - 1} = 0.3336$$

下游速度:

$$u_2 = 147.39 \text{ m/s}$$

压强比关系式：

$$\frac{p_2}{p_1} = \frac{2\gamma}{\gamma+1}Ma_1^2 - \frac{\gamma-1}{\gamma+1} = 4.4944$$

下游压强：

$$p_2 = 4.554 \times 10^5 \text{ Pa}$$

7.31 计算气流中某一点的动能与内能之比，其中马赫数：

(1) $Ma = 2$；

(2) $Ma = 20$。

答：利用下式可估算动能与内能之比：

$$\frac{V^2/2}{C_v T} = \frac{V^2/2}{\dfrac{\gamma RT}{\gamma(\gamma-1)}} = \frac{\gamma(\gamma-1)}{2}\frac{V^2}{a^2} = \frac{\gamma(\gamma-1)}{2}Ma^2$$

(1) $Ma = 2$ 时，动能与内能之比为 1.12；

(2) $Ma = 20$ 时，动能与内能之比为 112。

7.32 一架飞行在 3 048 m 的标准高度飞行。安装在机头的皮托管测量 106 294 Pa 的压力，这架飞机正以高于 482 km/h 的亚声速飞行，计算飞机的速度。

答：对于 $h = 3\ 048$ m 的标准高度，此时按照标准大气表可以得到远场静压为

$$p_1 = p_{11} \times e^{-\frac{h-11\,000}{6\,341.62}} = 79\,228 \text{ Pa}$$

远场静温为

$$T_1 = 288.15 - 0.006\,5h = 268.338 \text{ K}$$

远场密度为

$$\rho_1 = \frac{p_1}{RT_1} = 1.028\,6 \text{ kg/m}^3$$

由于皮托管是对于速度为 0 处得到测量当地的总压为

$$p_0' = 106\,924 \text{ Pa}$$

对于绝热等熵流动满足

$$\frac{\gamma}{\gamma-1}\frac{p_0}{\rho_0} = \frac{1}{2}U_1^2 + \frac{\gamma}{\gamma-1}\frac{p_1}{\rho_1}$$

$$R = 287.053 \text{ N}\cdot\text{m}/(\text{kg}\cdot\text{K})$$

即

$$\frac{p_0}{\rho_0^\gamma} = \frac{p_1}{\rho_1^\gamma}$$

那么有

$$\rho_0 = \rho_1 \left(\frac{p_0}{p_1}\right)^{\frac{1}{\gamma}} = 1.2742 \text{ kg/m}^3$$

那么飞机的速度，即相对于空气速度：

$$U_1 = \sqrt{\frac{2\gamma}{\gamma-1}\left(\frac{p_0}{\rho_0} - \frac{p_1}{\rho_1}\right)}$$

$$U_1 = 219.6 \text{ m/s}$$

7.33 高速导弹驻点的温度和压力分别为245℃和790 335 Pa。计算在这个位置密度。

答：驻点位置有

$$T_1 = 518.15 \text{ K}$$

$$p_1 = 790\ 335 \text{ Pa}$$

其气体密度为

$$\rho_1 = \frac{p_1}{RT_1} = 5.314 \text{ kg/m}^3$$

7.34 在冲击波的上游，空气温度和压强分别为14.85℃和101 325 Pa；在冲击波的下游，空气温度和压强分别为417℃和877 069.2 Pa，计算波的焓、内能和熵的变化。

答：冲击波，上、下游气流参数：

$$T_1 = 14.85 + 273.15 = 288 \text{ K}$$

$$p_1 = 101\ 325 \text{ Pa}$$

$$T_2 = 417 + 273.15 = 690.15 \text{ K}$$

$$p_2 = 877\ 069.2 \text{ Pa}$$

另外，

$$R = 287.053 \text{ N} \cdot \text{m}/(\text{kg} \cdot \text{K})$$

那么上、下游密度比：

$$\frac{\rho_2}{\rho_1} = \frac{p_2/T_2}{p_1/T_1} = 3.612$$

冲击波，上、下游焓的变化：

$$\Delta h = C_p(T_2 - T_1) = 4.04 \times 10^5 \text{ J/kg}$$

内能的变化：

$$\Delta e = C_v(T_2 - T_1) = 2.89 \times 10^5 \text{ J/kg}$$

熵变化：

$$\Delta s = C_v \ln \frac{p_2}{p_1} - C_p \ln \frac{\rho_2}{\rho_1} = 258.55 \text{ J/(kg·K)}$$

7.35 考虑翼型上的等熵流。自由流条件为 $T_\infty = -28.15$℃，$P_\infty = 4.35 \times 10^4$ N/m²。在翼型上的某一点，压强为 3.6×10^4 N/m²。计算这一点的密度。

答：已知自由流：

$$T_\infty = -28.15 + 273.15 = 245 \text{ K}$$
$$p_\infty = 4.35 \times 10^4 \text{ Pa}$$

可得自由流密度：

$$\rho_\infty = \frac{p_\infty}{RT_\infty} = 0.6185 \text{ kg/m}^3$$

已知流动是等熵流动，

$$\frac{p}{\rho^\gamma} = \frac{p_\infty}{\rho_\infty^\gamma}$$

该点密度为

$$\rho = \rho_\infty \times \left(\frac{p}{p_\infty}\right)^{1/\gamma} = 0.5403 \text{ kg/m}^3$$

7.36 考虑通过超声速风洞喷嘴的等熵流。$T_0 = 227$℃，$P_0 = 1013250$ Pa。如果喷嘴出口处的 $P = 101325$ Pa，计算出口温度和密度。

答：等熵流中总密度：

$$\rho_0 = \frac{P_0}{RT_0} = 7.0576 \text{ kg/m}^3$$

已知流动是等熵流动，

$$\frac{p}{\rho^\gamma} = \frac{p_0}{\rho_0^\gamma}$$

出口密度：

$$\rho = \rho_0 \times \left(\frac{p}{p_0}\right)^{1/\gamma} = 1.3626 \text{ kg/m}^3$$

出口温度：

$$T = \frac{P}{\rho R} = 259.05 \text{ K}$$

折合成摄氏温度则为

$$t = -14.1\text{℃}$$

7.37 考虑流速和温度分别为 396 m/s 和 -6℃ 的空气质点，计算此时的总焓。

答：空气质量定容比热容 $C_v = 715.8$ J/(kg·K)，总焓：

$$h_0 = h + \frac{1}{2}V^2 = C_p T + \frac{1}{2}V^2 = (C_V + R)T + \frac{1}{2}V^2 = 346\,320.179 \text{ J/kg}$$

7.38 在超声速风洞中，速度可以忽略不计，温度为 727℃，喷嘴出口温度为 327℃。假设通过喷嘴的为绝热流，计算出口速度。

答：由绝热流动能量方程式：

$$\frac{T_0}{T} = 1 + \frac{\gamma - 1}{2}Ma^2$$

可知出口马赫数：

$$Ma = 1.826$$

由温度，可知出口声速：

$$a = \sqrt{\gamma R T} = 491.06 \text{ m/s}$$

出口速度：

$$V = 896.7 \text{ m/s}$$

7.39 翼型处于自由流中，其中 $p_\infty = 61\,808.25$ Pa，$\rho_\infty = 0.819$ kg/m³，$V_\infty = 300$ m/s，在翼型表面的某一点上，压强为 50 662.5 Pa，假设为等熵流，计算该点的速度。

答：对于等熵流，根据等熵关系式：

$$\frac{p_\infty}{p} = \left(\frac{\rho_\infty}{\rho}\right)^\gamma$$

可得该点密度：

$$\rho = \rho_\infty \left(\frac{p}{p_\infty}\right)^{\frac{1}{\gamma}} = 0.710\,6 \text{ kg/m}^3$$

等熵流动能量方程式：

$$\frac{\gamma}{\gamma - 1}\frac{p_\infty}{\rho_\infty} + \frac{1}{2}V_\infty^2 = \frac{\gamma}{\gamma - 1}\frac{p}{\rho} + \frac{1}{2}V^2$$

可得该点速度 V 为

$$V = \sqrt{V_\infty^2 + \frac{2\gamma}{\gamma-1}\left(\frac{p_\infty}{\rho_\infty} - \frac{p}{\rho}\right)}$$

$$V = 345.2 \text{ m/s}$$

7.40 （1）假设一根长 300 m 的管子,在 47℃的温度下充满空气,管子的一端产生声波。声波到达另一端要多长时间?

（2）如果管子在 320 K 的温度下充满氦气,并且在管子的一端产生声波,声波到达另一端需要多长时间?对于单原子气体,如氦,$\gamma = 1.67$。注:氦 $R = 2\,078.5$ J/(kg·K)。

答：(1) $\gamma = 1.4$,此时声速为 $a = \sqrt{\gamma RT} = 358.7$ m/s,声波传播 300 m,需用时:

$$t = 0.836 \text{ s}$$

(2) $\gamma = 1.67$,此时声速为 $a = \sqrt{\gamma RT} = 1\,053.9$ m/s,声波传播 300 m,需用时:

$$t = 0.285 \text{ s}$$

7.41 假设一架飞机以 250 m/s 的速度飞行,如果它在（1）海平面、（2）5 km、（3）10 km 的标准高度飞行,计算其马赫数。

答：

$$U = 250 \text{ m/s}$$

查表得到各个高度下声速。

（1）海平面：

$$a = 340 \text{ m/s}$$

$$Ma = \frac{U}{a} = 0.735\,3$$

（2）5 km 标准高度：

$$a = 320 \text{ m/s}$$

$$Ma = \frac{U}{a} = 0.781\,25$$

（3）10 km 标准高度：

$$a = 299 \text{ m/s}$$

$$Ma = \frac{U}{a} = 0.836\,1$$

7.42 假设气流中的一个点,压强和密度分别为 70 927.5 Pa 和 0.98 kg/m³。

（1）计算等熵压缩系数的相应值；
（2）根据等熵压缩系数的值，计算流动中某点的声速。

答：等熵压缩系数为

$$\beta_s = -\frac{1}{V}\left(\frac{\partial V}{\partial p}\right)_s = \frac{1}{\rho}\left(\frac{\partial \rho}{\partial p}\right)_s$$

对于声速则有

$$c^2 = \left(\frac{\partial p}{\partial \rho}\right)_s$$

则有

$$\beta_s = \frac{1}{\rho c^2}$$

（1）对于气流中的一个点，

$$\rho = \frac{p}{RT}$$

那么有

$$\beta_s = 1/p = 1.4099 \times 10^{-5}/\text{Pa}$$

（2）对应地可以计算声速为

$$c = 269.03 \text{ m/s}$$

7.43 如习题 7.43 图所示，考虑一个在马赫数为 5 的气流中具有 15°半角的楔块，计算此楔块的阻力系数（假设基底上的压力等于自由流静压）。

答：对于半角 $\theta = 15°$；马赫数为 5 情况下的压缩波：

$$Ma_1 = 5$$

查表可得对应的气流偏转角 $\beta = 25°$。那么有

$$\frac{p_2}{p_{\text{波前}}} = \frac{p_2}{p_1} = \frac{2\gamma}{\gamma+1}Ma_1^2\sin^2\beta - \frac{\gamma-1}{\gamma+1} = 5.0427$$

楔块的阻力系数 C_D 满足

$$2p_2 l\sin\theta - p_1 l\sin\theta = \frac{1}{2}\rho_1 U^2 C_D l\cos\theta$$

其中，

$$Ma_1^2 = \frac{U^2}{\gamma RT_1} = \frac{U^2}{\gamma p_1/\rho_1}$$

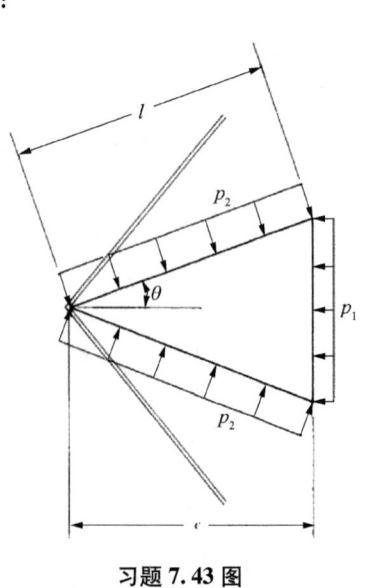

习题 7.43 图

那么有

$$\frac{1}{2}\rho_1 U^2 C_D l\cos\theta = C_D \frac{1}{2}\gamma p_1 Ma_1^2 l\cos\theta$$

所以有

$$C_D = \frac{(2p_2 - p_1)\sin\theta}{\frac{1}{2}\gamma p_1 Ma_1^2 \cos\theta} = 0.1391$$

7.44 考虑习题 7.44 图所示的二维抛物面钝体前方的分离弯曲弓形激波。自由流速度是马赫数 8。考虑在图所示的 a 点和 b 点通过冲击的两条流线。a 点的波浪角为 90°，b 点的波浪角为 60°。计算并比较冲击后气流中流线 a 和 b 的熵值(相对于自由流)。

答：a 点为正激波，波前马赫数 $Ma_1 = 8$，通过正激波后的熵增量为

$$\Delta S = -R\ln\frac{p_{02}}{p_{01}}$$

$$= C_v \ln\left(\frac{2\gamma}{\gamma+1}Ma_1^2 - \frac{\gamma-1}{\gamma+1}\right)\left[\frac{(\gamma-1)Ma_1^2 + 2}{(\gamma+1)Ma_1^2}\right]^\gamma$$

b 点为斜激波，气流折角 $\delta = 30°$，由激波斜角 β 与气流折角 δ 的关系式：

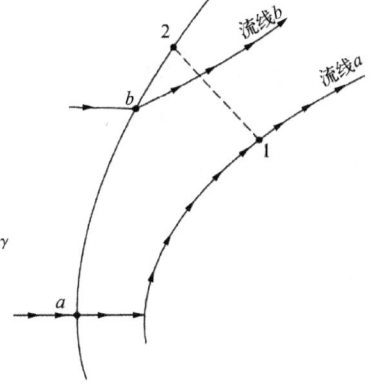

习题 7.44 图

$$\tan\delta = \frac{Ma_1^2\sin^2\beta - 1}{\left[Ma_1^2\left(\frac{\gamma+1}{2} - \sin^2\beta\right) + 1\right]\cdot\tan\beta}$$

或查表可得激波角 β 约 40°

波后马赫数[主教材式(7.245)]：

$$Ma_2^2 = \frac{Ma_1^2 + \frac{2}{\gamma-1}}{\frac{2\gamma}{\gamma-1}Ma_1^2\cdot\sin^2\beta - 1} + \frac{\frac{2}{\gamma-1}Ma_1^2\cos^2\beta}{Ma_1^2\cdot\sin^2\beta + \frac{2}{\gamma-1}}$$

波后熵增量[主教材式(7.244)]：

$$\Delta S = -R\ln\frac{p_{02}}{p_{01}} = C_v \ln\left(\frac{2\gamma}{\gamma+1}Ma_1^2\sin^2\beta - \frac{\gamma-1}{\gamma+1}\right)\left[\frac{(\gamma-1)Ma_1^2\sin^2\beta + 2}{(\gamma+1)Ma_1^2\sin^2\beta}\right]^\gamma$$

7.45 $Ma_1 = 1.5$，$p_1 = 101\,325$ Pa，$T_1 = 14.8$℃ 的超声速气流在尖角处（习题 7.45 图）以 15°的偏转角扩展，计算 Ma_2、p_2、T_2、$p_{0,2}$、$T_{0,2}$，以及前后马赫线相对于上游流向的角度。

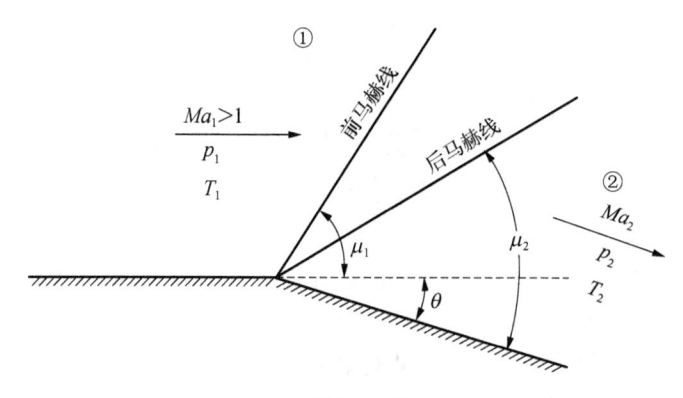

习题 7.45 图

答：此为普朗特-迈耶尔（Prandtl-Meyer）流动，马赫数 $Ma_1 = 1.5$，对应的速度系数为 $\lambda_1 = 1.346\,6$，查表或计算出从 $\lambda_1 = 1$ 转折角度 11.91°，这样，λ_2 相当于气流从 $\lambda_1 = 1$ 转折角度 26.91°，再次计算得 $\lambda_2 = 1.642$，$Ma_2 = 2.02$。

$$\frac{p_2}{p_1} = \left(\frac{1+\frac{\gamma-1}{2}Ma_1^2}{1+\frac{\gamma-1}{2}Ma_2^2}\right)^{\frac{\gamma}{\gamma-1}} = 0.454\,8$$

$$\frac{T_2}{T_1} = \frac{1+\frac{\gamma-1}{2}Ma_1^2}{1+\frac{\gamma-1}{2}Ma_2^2} = 0.798\,4$$

$$\frac{p_{0,2}}{p_2} = \left(1+\frac{\gamma-1}{2}Ma_2^2\right)^{\frac{\gamma}{\gamma-1}} = 8.071\,8$$

$$\frac{T_{0,2}}{T_2} = 1+\frac{\gamma-1}{2}Ma_2^2 = 1.816\,08$$

所以有

$$p_2 = 460\,82.6 \text{ Pa}$$

$$T_2 = 229.9 \text{ K}$$

$$p_{0,2} = 371\,969.6 \text{ Pa}$$

$$T_{0,2} = 417.5 \text{ K}$$

前马赫线相对于上游转向的角度：

$$\mu_1 = \arcsin \frac{1}{Ma_1} = 41.81°$$

后马赫线相对于上游转向的角度：

$$\mu_2 - \theta = \arcsin \frac{1}{Ma_2} - \theta = 15°$$

7.46 考虑习题 7.46 图所示的等熵压缩面，波的马赫数和上游压力分别为 $Ma_1 = 10$ 和 $p_1 = 1$ atm(1 atm = 101 325 Pa)。气流通过 15°的斜坡，计算压缩波后②区的马赫数和压强。

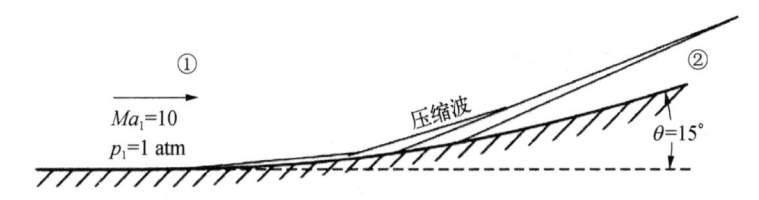

习题 7.46 图

答：气流折角 $\theta = 15°$，波前马赫数为 10，即 $Ma_1 = 10$。

查表(主教材图 7.35)可得对应的激波角为 $\beta = 20°$。

那么有波后：

$$Ma_2^2 = \frac{Ma_1^2 + \dfrac{2}{\gamma - 1}}{\dfrac{2\gamma}{\gamma - 1}Ma_1^2\sin^2\beta - 1} + \frac{\dfrac{2}{\gamma - 1}Ma_1^2\cos^2\beta}{Ma_1^2\sin^2\beta + \dfrac{2}{\gamma - 1}} = 27.7395$$

波后②区马赫数：

$$Ma_2 = 5.2668$$

经过斜激波后，压强比关系式为

$$\frac{p_2}{p_1} = \frac{2\gamma}{\gamma + 1}Ma_1^2\sin^2\beta - \frac{\gamma - 1}{\gamma + 1} = 13.4807$$

波后②区压强：

$$p_2 = 1\,365\,931.928 \text{ Pa}$$

第8章
低速翼型绕流与气动特性

8.1 内容要点

8.1.1 翼型的空气动力系数

翼型无量纲空气动力系数定义为

$$C_L = \frac{L}{\frac{1}{2}\rho V_\infty^2 b}, \quad C_D = \frac{D}{\frac{1}{2}\rho V_\infty^2 b}, \quad m_z = \frac{M_z}{\frac{1}{2}\rho V_\infty^2 b^2}$$

其中,$q_\infty = \frac{1}{2}\rho V_\infty^2$ 为来流动压。

空气动力实验表明,对于给定的翼型,升力是下列变量的函数:

$$L = f(V_\infty, \rho, b, \mu, \alpha)$$

根据量纲分析,可得

$$C_L = f_L(Re, Ma, \alpha), \quad C_D = f_D(Re, Ma, \alpha), \quad m_z = f_m(Re, Ma, \alpha)$$

对于低速翼型绕流,空气的压缩性可忽略不计,但必须考虑空气的黏性。因此,气动系数实际上是来流迎角和雷诺数的函数。至于函数的具体形式可通过实验或理论分析给出。对于高速流动,压缩性的影响必须计入,因此马赫数也是其中的主要影响变量。

8.1.2 低速翼型的低速气动特性

低速圆头翼型在小迎角时,流动总体特点如下:

（1）整个绕翼型的流动是无分离的附着流动,在物面上的边界层和翼型后缘的尾迹区很薄;

（2）前驻点位于下翼面距前缘点不远处,流经驻点的流线分成两部分,一部分从驻点起绕过前缘点经上翼面顺壁面流去,另一部分从驻点起经下翼面顺壁面流去,在后缘处流动平滑地汇合后下向流去;

（3）在上翼面近区的流体质点速度从前驻点的零值很快加速到最大值,然后逐渐减速,根据伯努利方程,压力分布是在驻点处压力最大,在最大速度点处压力最小,然后压力逐渐增大(过了最小压力点为逆压梯度区);而在下翼面流体质点速度从驻点开始一直加速到后缘,但不是均加速的;

(4) 随着迎角的增大,驻点逐渐后移,最大速度点越靠近前缘,最大速度值越大,上下翼面的压差越大,因而升力越大;

(5) 气流到后缘处,从上下翼面平顺流出,因此后缘点不一定是后驻点。

在小迎角下,薄翼型上的升力主要来自上下翼面的压强差。

$$C_L = \int_0^1 (C_{pl} - C_{pu}) \cos \alpha \mathrm{d}x \quad C_{pu} = \frac{p_u - p_\infty}{\frac{1}{2}\rho V_\infty^2}, \ C_{pl} = \frac{p_l - p_\infty}{\frac{1}{2}\rho V_\infty^2}$$

一个翼型的气动特性通常用曲线表示,以迎角 α 为自变数的曲线 3 条:C_L 对 α 曲线,C_D 对 α 曲线,C_m 对 α 曲线;以 C_L 为自变数的曲线有 2 条:C_D 对 C_L 曲线,C_m 对 C_L 曲线。其中,C_D 对 C_L 的曲线称为极曲线。

翼型的气动特性曲线有以下特点。

(1) 在升力系数随迎角的变化曲线中,C_L 在一定迎角范围内是直线,这条直线的斜率记为 $C_L^\alpha = \dfrac{\mathrm{d}C_L}{\mathrm{d}\alpha}$。

(2) 薄翼的升力系数理论值等于 2π/弧度,即 0.109 65/(°),实验值略小。NACA 23012 的升力系数是 0.105/(°),NACA 631-212 的是 0.106/(°)。实验值略小的原因在于实际气流的黏性作用。有正迎角时,上下翼面的边界层位移厚度不一样厚,其效果等于改变了翼型的中弧线及后缘位置,从而改小了有效的迎角。升力线斜率这个数据很重要,作飞机的性能计算时,往往要按迎角去计算升力系数。

对于有弯度的翼型升力系数曲线是不通过原点的,通常把升力系数为零的迎角定义为零升迎角 α_0,而过后缘点与几何弦线成 α_0 的直线称为零升力线。一般弯度越大,α_0 越大。

当迎角大过一定的值之后,就开始弯曲,再大一些,就达到了它的最大值,此值即为最大升力系数,这是翼型用增大迎角的办法所能获得的最大升力系数,相对应的迎角称为临界迎角。过此再增大迎角,升力系数反而开始下降,这一现象称为翼型的失速。这个临界迎角也称为失速迎角。

翼型失速:随着迎角增大,翼型升力系数将出现最大,然后减小。这是气流绕过翼型时发生分离的结果。翼型的失速特性是指在最大升力系数附近的气动性能。翼型分离现象与翼型背风面上的流动情况和压力分布密切相关。

阻力系数曲线,存在一个最小阻力系数,以后随着迎角的变化阻力系数逐渐增大,与迎角大致成二次曲线关系。对于对称翼型,最小阻力系数对应的升力系数为零,主要贡献是摩擦阻力;对于存在弯度的翼型,最小阻力系数对应的升力系数是一个不大的正值,也有压差的贡献。但应指出的是无论摩擦阻力,还是压差阻力,都与黏性有关。因此,阻力系数与雷诺数存在密切关系。

$C_{m_{1/4}}$（对 1/4 弦点取矩的力矩系数）力矩系数曲线，在失速迎角以下，基本是直线。如改成对实际的气动中心取矩，那么就是一条平线。但当迎角超过失速迎角，翼型上有很显著的分离之后，低头力矩大增，力矩曲线也变弯曲。对气动中心取矩，力矩系数不变的原因是，随迎角增大，升力增大，压力中心前移，压力中心至气动中心的距离缩短，结果力乘力臂的积（即俯仰力矩）保持不变。

根据大量实验，大雷诺数下翼型分离可根据其厚度不同分为：① 后缘分离（湍流分离）；② 前缘分离（前缘短气泡分离）；③ 薄翼分离（前缘长气泡分离）。除上述三种分离外，还可能存在混合分离形式，气流绕翼型是同时在前缘和后缘发生分离。

后缘分离对应的翼型厚度大于 12%～15%，翼型头部的负压不是特别大，分离从翼型上翼面后缘近区开始，随着迎角的增加，分离点逐渐向前缘发展，起初升力线斜率偏直线，当迎角达到一定数值时，分离点发展到上翼面某一位置时（大约翼面的一半），升力系数达到最大，以后升力系数下降。后缘分离的发展是比较缓慢的，流谱的变化是连续的，失速区的升力曲线也变化缓慢，失速特性好。

前缘分离对应中等厚度的翼型（厚度为 6%～9%），前缘半径较小，气流绕前缘时负压很大，从而产生很大的逆压梯度，即使在不大迎角下，前缘附近发生流动分离，分离后的边界层转捩成湍流，从外流中获取能量，然后再附到翼面上，形成分离气泡。起初这种短气泡很短，只有弦长的 0.5%～1%，当迎角达到失速角时，短气泡突然打开，气流不能再附，导致上翼面突然完全分离，使升力和力矩突然变化。

薄翼分离对应薄的翼型（厚度为 4%～6%），前缘半径更小，气流绕前缘时负压更大，从而产生很大的逆压梯度，即使在不大迎角下，前缘附近引起流动分离，分离后的边界层转捩成湍流，从外流中获取能量，流动一段较长距离后再附到翼面上，形成长分离气泡。起初这种气泡不长，只有弦长的 2%～3%；随着迎角增加，再附点不断向下游移动；当达到失速迎角时，气泡不再附着，上翼面完全分离之后，升力达到最大值；迎角继续增加，升力逐渐下降。

8.1.3 库塔-茹科夫斯基后缘条件及环量的确定

库塔-茹科夫斯基后缘条件表达如下：
（1）对于给定的翼型和迎角，绕翼型的环量值应正好使流动平滑地流过后缘；
（2）若翼型后缘角>0，后缘点是后驻点，即 $V_1 = V_2 = 0$；
（3）若翼型后缘角=0，后缘点的速度为有限值，即 $V_1 = V_2 = V \neq 0$；
（4）真实翼型的后缘并不是尖角，往往是一个小圆弧。实际流动气流在上下翼面靠后很近的两点发生分离，分离区很小，所提的条件是：$p_1 = p_2$，$V_1 = V_2$。

对于一定形状的翼型，只要给定绕流速度和迎角，就有一个固定的速度环量与之对应，确定的条件是库塔条件。如果速度和迎角发生变化，将重新调整速度环量，以保证气流绕过翼型时从后缘平滑汇合流出。

8.1.4 薄翼理论

对于理想定常不可压缩流体的翼型绕流，如果气流绕翼型的迎角、翼型厚度、翼型弯度都很小,则绕流场是一个小扰动的势流场。这时,翼面上的边界条件和压强系数可以线化,厚度、弯度、迎角三者的影响可以分开考虑,这种方法称为薄翼理论。

由第4章知识可知,理想定常不可压缩流体的翼型绕流,存在绕翼型的速度势函数 Φ,满足二维拉普拉斯方程,势函数的叠加原理成立。

$$\Phi = \phi_\infty + \phi$$

即 Φ 为直匀流势函数 ϕ_∞ 和翼型存在引起的扰动势函数 ϕ 之和。扰动势函数 ϕ 也满足拉普拉斯方程:

$$\frac{\partial^2 \phi}{\partial x^2} + \frac{\partial^2 \phi}{\partial y^2} = 0$$

设翼面上的扰动速度分别为 u'_w、v'_w,则在小迎角下速度分量为

$$u_w = V_\infty \cos \alpha + u'_w \approx V_\infty + u'_w$$

$$v_w = V_\infty \sin \alpha + v'_w \approx V_\infty \alpha + v'_w$$

对于薄翼型,翼型的厚度和弯度很小,由翼面流线的边界条件,保留一阶小量,得到

$$v'_w = V_\infty \frac{\mathrm{d}y_w}{\mathrm{d}x} - V_\infty \alpha$$

由于翼型的构造为 $y_w \big|_{ul} = y_f \pm y_c$,则有

$$v'_w \big|_{ul} = V_\infty \frac{\mathrm{d}y_f}{\mathrm{d}x} \pm V_\infty \frac{\mathrm{d}y_c}{\mathrm{d}x} - V_\infty \alpha$$

说明:在小扰动下,翼面上的 y 方向速度可近似表示为弯度、厚度、迎角三部分贡献的线性和。

在弯度、厚度、迎角均为小量的假设下,压强系数如只保留一阶小量,可得

$$C_p = -\frac{2u'}{V_\infty} = -2\frac{u'_f + u'_c + u'_\alpha}{V_\infty} = C_{pf} + C_{pc} + C_{p\alpha}$$

可见,在小扰动下,扰动速度势方程、物面边界条件、翼面压强系数均可进行线化处理。

$$\phi = \phi_f + \phi_t + \phi_\alpha$$

$$\begin{aligned} v'_w &= \left(\frac{\partial \phi_f}{\partial y}\right)_w + \left(\frac{\partial \phi_c}{\partial y}\right)_w + \left(\frac{\partial \phi_\alpha}{\partial y}\right)_w \\ &= v'_{wf} + v'_{wc} + v'_{w\alpha} \\ &= V_\infty \frac{\mathrm{d}y_f}{\mathrm{d}x} \pm V_\infty \frac{\mathrm{d}y_c}{\mathrm{d}x} - V_\infty \alpha \end{aligned}$$

$$C_{pw} = C_{pfw} + C_{pcw} + C_{p\alpha w}$$

在小迎角下,对于薄翼型不可压缩绕流,扰动速度势、物面边界条件、压强系数均可进行线性叠加,作用在薄翼型上的升力、力矩可以视为弯度、厚度、迎角作用之和,因此绕薄翼型的流动可用三个简单流动叠加。即

薄翼型绕流 = 弯度问题(中弧线弯板零迎角绕流)
 + 厚度问题(厚度分布 y_c 对称翼型零迎角绕流)
 + 迎角问题(迎角不为零的平板绕流)

对于厚度问题,因翼型对称,翼面压强分布上下对称,不产生升力和力矩。弯度和迎角问题产生的流动上下不对称,压差作用得到升力和力矩。把弯度和迎角作用合起来处理,称为迎角弯度问题,因此对于小迎角的薄翼型绕流,升力和力矩可用小迎角中弧线弯板的绕流确定。

迎角弯度问题的关键是确定涡强的分布。要求在中弧面上满足库塔条件。

$$v'_w = V_\infty \left(\frac{dy_f}{dx} - \alpha \right)$$

因为翼型弯度一般很小,中弧线和弦线差别不大,因而在中弧线上布涡可近似用在弦线上布涡来代替,$v'(x, y_f) = v'(x, 0)$。在一级近似条件下,求解薄翼型的升力和力矩的问题,可归纳为在满足下列条件下,面涡强度沿弦线的分布。

(1) 无穷远边界条件:$u'_\infty = 0, v'_\infty = 0$;
(2) 物面边界条件:$v'_w = V_\infty \left(\frac{dy_f}{dx} - \alpha \right)$;
(3) 库塔条件:$\gamma(b) = 0$。

在弦线上,某点的面涡强度为 $\gamma(\xi)$,在 $d\xi$ 段上的涡强为 $\gamma(\xi)d\xi$,其在弦线上 x 点产生的诱导速度为

$$dv'(x, 0) = \frac{\gamma(\xi)d\xi}{2\pi(\xi - x)}$$

整个涡面的诱导速度为

$$v'(x, 0) = \int_0^b \frac{\gamma(\xi)d\xi}{2\pi(\xi - x)}$$

$$\int_0^b \frac{\gamma(\xi)d\xi}{2\pi(\xi - x)} = V_\infty \left(\frac{dy_f}{dx} - \alpha \right)$$

即关于涡强的积分方程。

涡强的三角级数求解做变量置换,令

$$\xi = \frac{b}{2}(1 - \cos\theta), \quad x = \frac{b}{2}(1 - \cos\theta_1)$$

$$\mathrm{d}\xi = \frac{b}{2}\sin\theta\mathrm{d}\theta, \quad \xi = 0, \quad \theta = 0, \quad \xi = b, \quad \theta = \pi$$

$$-\int_0^\pi \frac{\gamma(\theta)\sin\theta\mathrm{d}\theta}{2\pi(\cos\theta - \cos\theta_1)} = V_\infty\left(\frac{\mathrm{d}y_f}{\mathrm{d}x} - \alpha\right)$$

然后，令

$$\gamma(\theta) = 2V_\infty\left(A_0\cot\frac{\theta}{2} + \sum_{n=1}^\infty A_n\sin n\theta\right)$$

这个级数有两点要说明：① 第一项是为了表达前缘处无限大的负压（即无限大的流速）所必需的（如果有负无限大压强的话）；② 在后缘处，这个级数等于零。后缘处载荷应该降为零，这是库塔条件所要求的。

$$\begin{cases} A_0 = \alpha - \dfrac{1}{\pi}\int_0^\pi \dfrac{\mathrm{d}y_f}{\mathrm{d}x}\mathrm{d}\theta_1 \\ A_n = \dfrac{2}{\pi}\int_0^\pi \dfrac{\mathrm{d}y_f}{\mathrm{d}x}\cos n\theta_1\mathrm{d}\theta_1 \end{cases}$$

$$C_p = -2\frac{u'(x,\ \pm 0)}{V_\infty} = \mp\frac{\gamma(x)}{V_\infty}$$

$$\Gamma = \int_0^b \gamma(x)\mathrm{d}x = \pi V_\infty b\left(A_0 + \frac{1}{2}A_1\right)$$

$$L = \rho V_\infty \Gamma = \pi\rho V_\infty^2 b\left(A_0 + \frac{1}{2}A_1\right)$$

$$C_L = \frac{L}{\dfrac{\rho}{2}V_\infty^2 b} = \pi(2A_0 + A_1)$$

$$C_L = 2\pi\left[\alpha + \frac{1}{\pi}\int_0^\pi \frac{\mathrm{d}y}{\mathrm{d}x}(\cos\theta_1 - 1)\mathrm{d}\theta_1\right]$$

升力线的斜率为

$$\frac{\mathrm{d}C_L}{\mathrm{d}\alpha} = 2\pi$$

上式说明，对于薄翼而言，升力线的斜率与翼型的形状无关。如果写成通常的表达形式：

$$C_L = \frac{dC_L}{d\alpha}(\alpha - \alpha_0) = 2\pi(\alpha - \alpha_0)$$

$$\alpha_0 = -\frac{1}{\pi}\int_0^\pi \frac{dy}{dx}(\cos\theta_1 - 1)d\theta_1$$

对前缘取矩,得俯仰力矩为

$$M_z = -\int_0^b x dL = -\int_0^b \rho V_\infty \gamma x dx = -\frac{\pi}{4}\rho V_\infty^2 b^2\left(A_0 + A_1 - \frac{A_2}{2}\right)$$

$$m_z = \frac{M_z}{\frac{\rho}{2}V_\infty^2 b^2} = \frac{\pi}{4}(A_2 - A_1) - \frac{C_L}{4} = m_{z0} - \frac{C_L}{4}$$

其中,m_{z0} 为零升力矩系数。

$$m_{z0} = \frac{\pi}{4}(A_2 - A_1) = \frac{1}{2}\int_0^\pi \frac{dy_f}{dx}(\cos 2\theta_1 - \cos\theta_1)d\theta_1$$

对 $b/4$ 点取距,得

$$M_{\frac{1}{4}} = M_z + \frac{b}{4}L = -\frac{\pi}{4}\rho V_\infty^2 b^2\left(A_0 + A_1 - \frac{A_2}{2}\right) + \pi\rho V_\infty^2 b\left(A_0 + \frac{1}{2}A_1\right)\frac{b}{4} = \frac{\pi}{4}\rho V_\infty^2 b^2 \frac{A_2 - A_1}{2}$$

$$m_{1/4} = \frac{M_{1/4}}{\frac{\rho}{2}V_\infty^2 b^2} = \frac{\pi}{4}(A_2 - A_1) = m_z + \frac{C_L}{4} = m_{z0}$$

这个式子里没有迎角,说明这个力矩是常数(不随迎角变),即使升力为零仍有此力矩,可以称为剩余力矩。只要对1/4弦点取矩,力矩都等于这个零升力矩。这说明1/4弦点就是气动中心的位置。另外,还有个特殊的点,称为压力中心,表示气动合力作用的位置,通过该点的力矩为零。

平板翼型上的压强总是垂直于板面的,压强合力必定也是垂直板面的,它在来流方向有一个分力,似应有阻力存在,但根据理想流理论,翼型阻力应为零。问题在于上面分析没有考虑前缘的绕流效应,或者说漏算了一个名为前缘吸力的力。

$$C_f = -\frac{\int_0^b \rho v' \gamma(\xi) d\xi}{\frac{1}{2}\rho V_\infty^2 b}$$

$$v' = V_\infty\left(\frac{dy_f}{dx} - \alpha\right)$$

8.2 习题解答

一、思考题

8.1 请简述翼型的厚度、弯度和迎角的定义。指出 NACA 4412、NACA 23012 翼型的厚度、弯度、弯度最大的 x 值。

答：翼型厚度是上下表面最大距离与弦长的比值。

如果中弧线是曲线，就说此翼型有弯度，弯度的大小用中弧线上最高点的 y 向坐标相对弦长表示。

迎角是来流与翼弦线之间的夹角。

NACA 4412：厚度 12%，弯度 4%，弯度最大值弦向位置 40%。

NACA 23012：厚度 12%，设计升力系数 0.30，弯度最大值弦向位置 15%。

8.2 已知影响翼型的升力是来流速度 V_∞、密度 ρ_∞、弦长 b、声速 a_∞、厚度 $\bar{c}$、弯度 $\bar{f}$、迎角 α、侧滑角 β 和重力加速度 g，请利用量纲分析方法，给出升力系数的无量纲表达式。

答：由升力 L 的量纲组成为 $MLT^{-2} = \rho_\infty b^3 \cdot b \cdot \left(\dfrac{b}{V_\infty}\right)^{-2} = \rho_\infty V_\infty^2 b^2$，得

$$C_L = \frac{L}{\rho_\infty V_\infty^2 b^2}$$

为了与 C_p 表达式统一，分母多乘以 $\dfrac{1}{2}$ 得

$$C_L = \frac{L}{\dfrac{1}{2}\rho_\infty V_\infty^2 b^2}$$

8.3 说明低速翼型定常绕流现象，指出什么是后缘条件。

答：翼型绕流现象：

（1）整个绕翼型的流动是无分离的附着流动，在物面上的边界层和翼型后缘的尾迹区很薄。

（2）前驻点位于下翼面距前缘点不远处，流经驻点的流线分成两部分，一部分从驻点起绕过前缘点经上翼面顺壁面流去，另一部分从驻点起经下翼面顺壁面流去，在后缘处流动平滑地汇合后向下流去。

（3）在上翼面近区的流体质点速度从前驻点的零值很快加速到最大值，然后逐渐减速。根据伯努利方程，压力分布是在驻点处压力最大，在最大速度点处压力最小，然后压力逐渐增大（过了最小压力点为逆压梯度区）。而在下翼面流体质点速度从驻点开始一直加速到后缘，但不是均加速的。

（4）随着迎角的增大，驻点逐渐后移，最大速度点越靠近前缘，最大速度值越大，上下翼面的压差越大，因而升力越大。

(5) 气流到后缘处,从上下翼面平顺流出,因此后缘点不一定是后驻点。

后缘条件：

(1) 对于给定的翼型和迎角,绕翼型的环量值应正好使流动平顺流过后缘。

(2) 若翼型后缘角>0,后缘点是后驻点,即 $V_1 = V_2 = 0$。

(3) 若翼型后缘角=0,后缘点的速度为有限值,即 $V_1 = V_2 = V \neq 0$。

(4) 真实翼型的后缘并不是尖角,往往是一个小圆弧。实际流动气流在上下翼面后缘处靠很近的两点发生分离,分离区很小。所提的条件是 $p_1 = p_2$，$V_1 = V_2$。

8.4 说明起动涡和附着涡的形成过程。

答：当翼型在刚开始启动时,因黏性边界层尚未在翼面上形成,绕翼型的速度环量为零,后驻点不在后缘处,而在上翼面某点,气流将绕过后缘流向上翼面。随时间的发展,翼面上边界层形成,下翼面气流绕过后缘时将形成很大的速度,压力很低,从而后缘点到后驻点存在很大的逆压梯度,造成边界层分离,由此产生一个逆时针的涡,称为起动涡。

起动涡离开翼缘随气流流向下游,封闭流体线也随气流运动,但始终包围翼型和起动涡,根据涡量保持定律,必然绕翼型存在一个反时针的涡,使得绕封闭流体线的总环量为零。这样,翼型后驻点的位置必向后移动。只要后驻点尚未移动到后缘点,翼型后缘不断有逆时针旋涡脱落,因而绕翼型的环量不断增大,直到气流从后缘点平顺流出(后驻点移到后缘为止)为止。代表绕翼型环量的旋涡始终附着在翼面上,称为附着涡。

8.5 说明库塔-茹科夫斯基升力环量定律。

答：对于定常,理想,不可压流动,在有势力的作用下,直匀流绕过任意截面形状的有环量绕流,翼型所受的升力为

$$L = \rho V_\infty \Gamma$$

升力的方向是顺气流反环量旋转90°的方向。

8.6 指出影响定常翼型绕流附着涡强度的因素,并说明理由。

答：根据升力环量定律,直匀流加上一定强度的附着涡所产生的升力,与直匀流加一个有环量的翼型绕流完全一样。因此,影响附着涡的因素有绕流速度、弦长、迎角、翼型几何形状、流体黏性和声速等。

8.7 建立附着涡强度与升力系数之间的关系是什么？

答：

$$L = \rho_\infty V_\infty \Gamma$$

$$L = \frac{1}{2}\rho_\infty V_\infty^2 b C_L$$

$$\Gamma = \frac{1}{2} b V_\infty C_L$$

8.8 什么是定常翼型绕流的势流叠加法？

答：对于在一定迎角下，任意形状、任意厚度的翼型绕流，将翼面分成若干面元，在每个面元上布置点源和点涡，在选定控制点上满足不穿透条件和后缘条件从而确定分布函数，最后由分布函数计算物面压强分布、升力和力矩特性。

8.9 简述面源和面涡的基本特性。

答：面源：整个面源产生的速度势函数和面源强度为

$$\varphi = \int_a^b d\varphi = \int_a^b \frac{q ds}{2\pi} \ln r, \ Q = \int_a^b q ds$$

面源法向速度是间断的，切向速度是连续的。对曲面的面源布置也是如此。

面涡：整个面涡产生的速度势函数和面涡强度为

$$\varphi = \int_a^b d\varphi = -\int_a^b \frac{\gamma ds}{2\pi} \theta, \ \Gamma = \int_a^b \gamma ds$$

面涡上下流体切向速度是间断的，法向速度是连续的。

8.10 在薄翼型定常绕流中，如何处理厚度、弯度、迎角问题？

答：在小扰动下，利用薄翼型理论，将厚度、弯度、迎角的影响分开考虑，对扰动速度势方程、物面边界条件、翼面压强系数进行线化处理。

8.11 如何求解薄翼理论的升力问题？指出面涡强度沿着弦线的变化趋势？

答：根据薄翼理论，将厚度、弯度和迎角的影响分开考虑。因翼型对称，不产生升力，故不需考虑厚度的影响，仅需考虑弯度和迎角问题产生的流动，升力由小迎角中弧线弯板的绕流确定。

面涡强度沿着弦线的变化趋势：前缘处面涡强度无限大；后缘处面涡强度为零；中间段单调减小。

8.12 指出薄翼型绕流的升力线斜率、零升迎角和零升力矩系数大小。

答：

升力线斜率：

$$\frac{dC_L}{d\alpha} = 2\pi$$

零升迎角：

$$\alpha_0 = -\frac{1}{\pi}\int_0^\pi \frac{dy}{dx}(\cos\theta - 1)d\theta$$

零升力矩系数：

$$m_{z0} = \frac{\pi}{4}(A_2 - A_1) = \frac{1}{2}\int_0^\pi \frac{dy_f}{dx}(\cos 2\theta - \cos\theta)d\theta$$

8.13 指出前缘吸力的物理原因。

答：气流绕过机翼前缘，迅速加速，在没有离体时，能形成很大的负压，由此产生向前的气动力分量。

8.14 简单描述翼型厚度问题的求解思路。

答：对于二维不可压缩对称无升力的绕流，用面源法进行数值模拟。也可以在对称轴上布置平面偶极子与来流叠加的方法求解。

8.15 什么是压力中心和气动中心？二者的关系是什么？

答：压力中心：表示气动合力作用的位置，通过该点的力矩为零。

气动中心：力矩始终等于常数零升力矩的点。

压力中心位于气动中心之后。

8.16 随着迎角的增大，为什么绕气动中心的力矩不变？

答：翼面气动力对 1/4 弦点取矩得：

$$m_{\frac{1}{4}} = \frac{\pi}{4}(A_2 - A_1) = m_{z_0}$$

可见，对气动中心的取矩式中无迎角，因此该力矩与迎角无关。相当于升力增量的作用点。

8.17 随着迎角增大，翼型的升力系数如何变化？为什么会出现翼型最大升力系数？

答：随着迎角增大，升力系数和迎角呈线性增长，达到失速迎角时，升力系数达到最大值，随后随着迎角增大，升力系数减小。

出现翼型升力系数最大值的原因：随着迎角增大，气体绕流的逆压梯度增大，边界层分离，产生旋涡区。当分离区的升力损失量与附着区的升力增加量相等时，升力系数达到最大。

8.18 雷诺数影响翼型绕流的哪些物理参数？为什么？

答：阻力系数、速度环量、最大升力系数等。

因为这些物理参数与黏性有关，因此与雷诺数密切相关。

8.19 对于小迎角无厚度平板翼型定常绕流，证明在 1/4 弦点布置集中涡，在 3/4 弦点满足边界条件。

答：物面边界条件为

$$-\frac{\Gamma}{2\pi d} + V_\infty \sin \alpha = 0$$

在 1/4 弦放置集中涡，有

$$\Gamma = \pi V_\infty b \alpha$$

则解出

$$d = \frac{\Gamma}{2\pi V_\infty \sin \alpha} = \frac{\pi V_\infty b \alpha}{2\pi V_\infty \alpha} = \frac{b}{2}$$

所以 3/4 弦处满足边界条件。

8.20 指出影响翼型定常绕流阻力系数的主要参数。

答：空气黏性、迎角、翼型形状是影响定常绕流阻力系数的主要因素。

8.21 说明定常翼型绕流黏性压差阻力产生的物理原因。

答：当气流绕过上下翼面时形成边界层流动，在边界层后缘形成尾迹区，因此导致绕流物体的压差阻力。

8.22 说明影响翼型升阻比的主要因素。

答：影响翼型升阻比的主要因素包括：雷诺数、马赫数、迎角、厚度、弯度、粗糙度等。

8.23 指出翼型绕流分离的物理现象。什么是后缘分离、前缘分离？

答：随着迎角的增加，前驻点向后移动，气流绕前缘近区的吸力峰在增大，造成峰值点后的气流顶着逆压梯度向后流动越困难，气流的减速越严重。这不仅促使边界层增厚，变成湍流，而且迎角大到一定程度以后，逆压梯度达到一定数值后，气流就无力顶着逆压减速了，而发生分离。

后缘分离：这种分离对应的翼型厚度大于12%~15%，翼型头部的负压不是特别大，分离从翼型上翼面后缘近区开始，随着迎角的增加，分离点逐渐向前缘发展，起初升力线斜率偏离直线，当迎角达到一定数值时，分离点发展到上翼面某一位置时（大约翼面的一半），升力系数达到最大，以后升力系数下降。后缘分离的发展是比较缓慢的，流谱的变化是连续的，失速区的升力曲线也变化缓慢，失速特性好。

前缘分离：对于中等厚度的翼型（厚度6%~9%），前缘半径较小，气流绕前缘时负压很大，从而产生很大的逆压梯度，即使在不大迎角下，前缘附近发生流动分离，分离后的边界层转捩成湍流，从外流中获取能量，然后再附到翼面上，形成分离气泡。起初这种短气泡很短，只有弦长的0.5%~1%，当迎角达到失速角时，短气泡突然打开，气流不能再附，导致上翼面突然完全分离，使升力和力矩突然变化。

8.24 简述分离对翼型升力和阻力系数的影响。

答：上翼面的主流从最低压强点往后走，减速增压，分离区的压强基本等于分离点处主流的压强，此时迎角很大，必然出现很大的压差阻力，即在失速迎角附近，阻力系数增加。

分离会影响到整个流场，环量比不分离时减小，前面的吸力和峰值都减小了，升力系数减小。

二、计算题

8.25 考虑在标准海平面条件下，气流中弦长为0.64 m 的NACA 2412翼型，自由流速度为70 m/s，单位跨距升力为1 254 N/m，计算攻角和单位跨距阻力。

答：根据NACA 2412翼型的中弧线方程有

$$y_{f前} = \frac{1}{8}(0.80x - x^2) \qquad 0 \leq x \leq 0.4$$

$$y_{f后} = 0.0555(0.20 + 0.80x - x^2) \qquad 0.4 \leq x \leq 1.0$$

那么对于单位弦长翼型有弦长 $b = 1$。

对应变量替换有

$$x = \frac{b}{2}(1 - \cos\theta)$$

那么有

$$\frac{\mathrm{d}y_{f前}}{\mathrm{d}x} = \frac{1}{8}(0.80 - 2x) = \frac{1}{8}(\cos\theta - 0.2)$$

$$\frac{\mathrm{d}y_{f后}}{\mathrm{d}x} = 0.0555(0.80 - 2x) = 0.0555(\cos\theta - 0.2)$$

所以有

$$A_0 = \alpha - \frac{1}{\pi}\int_0^\pi \frac{\mathrm{d}y_f}{\mathrm{d}x}\mathrm{d}\theta \approx \alpha - 0.004517$$

$$A_1 = \frac{2}{\pi}\int_0^\pi \frac{\mathrm{d}y_f}{\mathrm{d}x}\cos\theta\mathrm{d}\theta \approx 0.08146$$

$$A_2 = \frac{2}{\pi}\int_0^\pi \frac{\mathrm{d}y_f}{\mathrm{d}x}\cos 2\theta\mathrm{d}\theta \approx 0.01387$$

对于薄翼型有

$$C_L^\alpha = 2\pi$$

那么零升迎角为

$$\alpha_0 = \alpha - \left(A_0 + \frac{A_1}{2}\right) \approx -2.075°$$

标准海平面条件下查表可知

$$\rho_\infty = 1.225\ \mathrm{kg/m^3}$$

$$a_\infty = 340\ \mathrm{m/s}$$

$$\mu = 1.78 \times 10^{-5}/(\mathrm{Pa \cdot s})$$

升力系数：

$$C_L = \frac{L}{\frac{1}{2}\rho_\infty V_\infty^2 b} = \frac{1254}{\frac{1}{2} \times 1.225 \times 70^2 \times 0.64} = 0.6529$$

此时来流迎角为

$$\alpha = \frac{C_L}{C_L^\alpha} + \alpha_0 = 3.88°$$

查询 NACA 2412 (http://airfoiltools.com/airfoil/details? airfoil = naca2412-il)的升阻比随来流迎角变化(习题 8.25 图)。

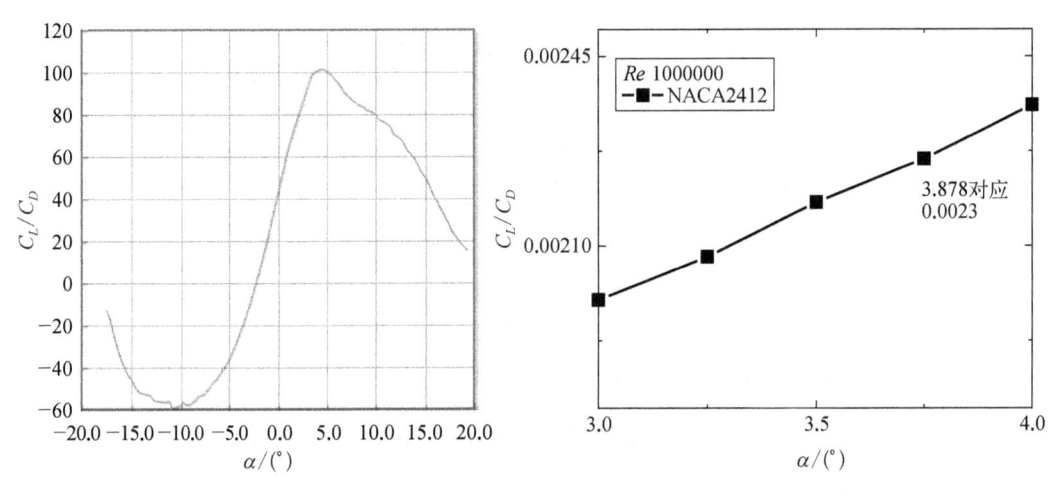

习题 8.25 图(右图为左图放大图)

单位跨距阻力为

$$D = \frac{1}{2}\rho_\infty V_\infty^2 b C_D = L \times 0.0023 = 2.884 \text{ N/m}$$

8.26 一架低速飞机的平直机翼采用 NACA 2415 翼型,问此翼型的 $\bar{f}$、$\bar{x}_f$ 和 $\bar{c}$ 各等于多少?

答:NACA 2415:厚度15%,弯度2%,弯度最大值弦向位置40%。

相对弯度:

$$\bar{f} = 2\%$$

最大弯度弦向位置:

$$\bar{x}_f = 40\%$$

相对厚度:

$$\bar{c} = 15\%$$

8.27 有一个小 α 下的平板翼型,作为近似将其上分布的涡集中在 1/4 弦点上,如习题 8.27 图所示,试证明若取 3/4 弦点处满足边界条件,则 $C_L^\alpha = 2\pi \text{ rad}^{-1}$。

答:3/4 弦点处满足物面边界条件,则

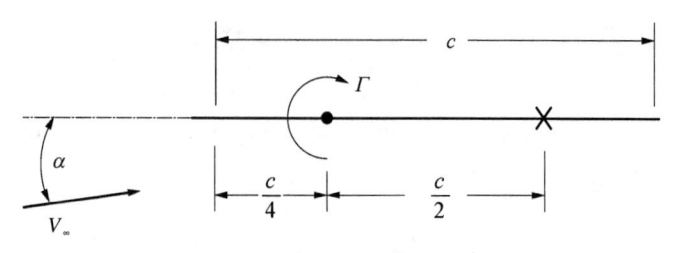

习题 8.27 图

$$V_\infty \sin\alpha - \frac{\Gamma}{2\pi\left(\frac{c}{2}\right)} = 0$$

解得

$$\Gamma = \pi b V_\infty \sin\alpha$$

根据库塔-茹科夫斯基升力环量定理：

$$L = \rho V_\infty \Gamma = \rho \pi c V_\infty^2 \sin\alpha$$

可得升力系数：

$$C_L = \frac{L}{\frac{1}{2}\rho V_\infty^2 b} = 2\pi\sin\alpha$$

由于小迎角绕流，有

$$\sin\alpha \approx \alpha$$

所以升力线斜率为

$$\frac{dC_L}{d\alpha} = 2\pi$$

8.28 考虑 5°攻角的薄平板。计算：(1) 升力系数；(2) 关于前缘的力矩系数；(3) 关于 1/4 弦点的力矩系数；(4) 关于后缘的力矩系数。

答：根据薄翼型理论：

(1) $C_L = 2\pi\alpha = 2\pi \cdot \frac{5\pi}{180} = 0.5483$

(2) $C_{m,前} = -\frac{C_L}{4} = -\frac{0.5483}{4} = -0.1371$

(3) $C_{m,\frac{1}{4}} = C_{m0} = 0$

(4) $C_{m,后} = \frac{3C_L}{4} = \frac{3 \times 0.5483}{4} = 0.4112$

8.29 小迎角下平板翼型的绕流问题,试证明 $\gamma(\theta)$ 可以有以下两种形式的解:

(1) $\gamma(\theta) = \dfrac{\cos\theta}{\sin\theta} 2V_\infty \alpha$;

(2) $\gamma(\theta) = \dfrac{1+\cos\theta}{\sin\theta} 2V_\infty \alpha$。

而解(1)不满足后缘条件,解(2)则满足后缘条件。

答:布置在中弧线上的面涡强度分布函数 $\gamma(\theta)$ 需要满足流线条件和库塔-茹科夫斯基后缘条件,对于小迎角下平板翼型绕流问题,中弧线即弦线。若 θ 表征的是从翼型前缘到尾缘的角度,则从 0 到 π 对应:

$$x = \frac{b}{2}(1-\cos\theta)$$

对于流线条件有

$$-\int_0^\pi \frac{\gamma(\theta)\sin\theta\,\mathrm{d}\theta}{2\pi(\cos\theta-\cos\theta_1)} = V_\infty\left(\frac{\mathrm{d}y_f}{\mathrm{d}x}-\alpha\right)\bigg|_{x=x_1} = -V_\infty\alpha$$

根据广义积分公式:

$$I_n = \int_0^\pi \frac{\cos n\theta\,\mathrm{d}\theta}{\cos\theta-\cos\theta_1} = \pi\frac{\sin n\theta_1}{\sin\theta_1}$$

(1) 积分,得

$$-\int_0^\pi \frac{2V_\infty\alpha\cos\theta\,\mathrm{d}\theta}{2\pi(\cos\theta-\cos\theta_1)} = -V_\infty\alpha$$

(2) 积分,得

$$-\int_0^\pi \frac{2V_\infty\alpha(1+\cos\theta)\,\mathrm{d}\theta}{2\pi(\cos\theta-\cos\theta_1)} = -V_\infty\alpha$$

均满足流线条件。

对于后缘条件有

$$\gamma(\pi) = 0$$

(1)中,$\gamma(\theta) = \dfrac{\cos\theta}{\sin\theta} 2V_\infty \alpha$ 趋近于无穷,不符合后缘条件。

(2)中,$\gamma(\theta) = \dfrac{1+\cos\theta}{\sin\theta} 2V_\infty \alpha = \dfrac{2\cos\dfrac{\theta}{2}}{\sin\dfrac{\theta}{2}} V_\infty \alpha$,$\gamma(\pi) = 0$ 符合后缘条件。

8.30 NACA 2412 翼型中弧线方程是

$$y_{f\text{前}} = \frac{1}{8}(0.80x - x^2) \qquad 0 \leqslant x \leqslant 0.4$$

$$y_{f\text{后}} = 0.0555(0.20 + 0.80x - x^2) \qquad 0.4 \leqslant x \leqslant 1.0$$

如习题 8.30 图所示,根据薄翼型理论求 C_L^α、α_0、$\bar{x}_f$、C_{m0}。

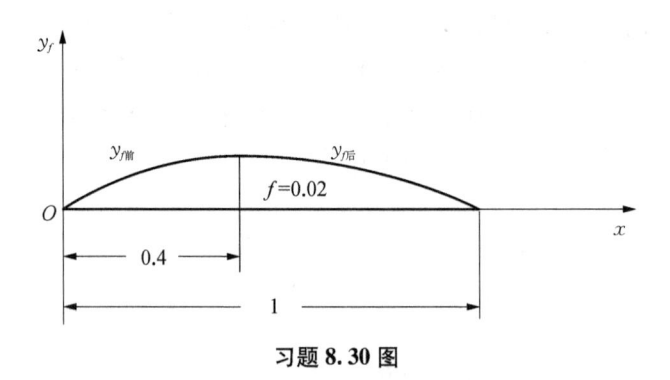

习题 8.30 图

答:根据中弧线方程求导计算或者根据翼型编号 NACA 2412 可以知道最大弯度位置在 0.4 倍弦长处,根据薄翼型理论(对于相对厚度不大于 12%翼型):

$$\gamma(\theta) = 2V_\infty \left[A_0 \cot\frac{\theta}{2} + \sum_{i=1}^\infty A_n \sin(n\theta) \right]$$

$$x_1 = \frac{b}{2}(1 - \cos\theta_1)$$

其中,

$$A_0 = \alpha - \frac{1}{\pi}\int_0^\pi \frac{\mathrm{d}y_f}{\mathrm{d}x}\mathrm{d}\theta_1$$

$$A_m = \frac{2}{\pi}\int_0^\pi \frac{\mathrm{d}y_f}{\mathrm{d}x}\cos(m\theta_1)\mathrm{d}\theta_1$$

$$b = 1$$

那么有

$$\frac{\mathrm{d}y_f}{\mathrm{d}x} = 0.1 - 0.25x \qquad 0 \leqslant x \leqslant 0.4$$

$$\frac{\mathrm{d}y_f}{\mathrm{d}x} = 0.0444 - 0.111x \qquad 0.4 \leqslant x \leqslant 1.0$$

即

$$\frac{\mathrm{d}y_f}{\mathrm{d}x} = 0.1 - 0.25\left(\frac{1}{2} - \frac{1}{2}\cos\theta_1\right) \qquad 0 \leqslant \theta_1 \leqslant \pi - \arccos 0.2$$

$$\frac{\mathrm{d}y_f}{\mathrm{d}x} = 0.0444 - 0.111\left(\frac{1}{2} - \frac{1}{2}\cos\theta_1\right) \qquad \pi - \arccos 0.2 \leqslant \theta_1 \leqslant \pi$$

那么有

$$A_0 = \alpha - \frac{1}{\pi}\int_0^\pi \frac{\mathrm{d}y_f}{\mathrm{d}x}\mathrm{d}\theta_1$$

$$A_1 = \frac{2}{\pi}\int_0^\pi \frac{\mathrm{d}y_f}{\mathrm{d}x}\cos\theta_1 \mathrm{d}\theta_1$$

$$A_2 = \frac{2}{\pi}\int_0^\pi \frac{\mathrm{d}y_f}{\mathrm{d}x}\cos(2\theta_1)\mathrm{d}\theta_1$$

升力：

$$L = \rho\pi b V_\infty^2 \left(A_0 + \frac{A_1}{2}\right)$$

升力系数：

$$C_L = 2\pi\left(A_0 + \frac{A_1}{2}\right) = 2\pi\left[\alpha + \frac{1}{\pi}\int_0^\pi \frac{\mathrm{d}y_f}{\mathrm{d}x}(\cos\theta_1 - 1)\mathrm{d}\theta_1\right]$$

升力线斜率：

$$C_L^\alpha = \frac{\mathrm{d}C_L}{\mathrm{d}\alpha} = 2\pi$$

零升迎角：

$$\begin{aligned}\alpha_0 &= \frac{1}{\pi}\int_0^\pi \frac{\mathrm{d}y_f}{\mathrm{d}x}(1-\cos\theta_1)\mathrm{d}\theta_1 \\ &= \frac{1}{\pi}\left\{\int_0^{\pi-\arccos 0.2}\left[0.1 - 0.125(1-\cos\theta_1)\right](1-\cos\theta_1)\mathrm{d}\theta_1\right. \\ &\quad + \left.\int_{\pi-\arccos 0.2}^\pi\left[0.0444 - 0.0555(1-\cos\theta_1)\right](1-\cos\theta_1)\mathrm{d}\theta_1\right\} \\ &= -2.095°\end{aligned}$$

最大弯度弦向相对位置：

$$\bar{x}_f = 40\%$$

升力中心力矩系数：

$$C_{m0} = \frac{\pi}{4}(A_2 - A_1) = \frac{1}{2}\int_0^\pi \frac{\mathrm{d}y_f}{\mathrm{d}x}\left[\cos(2\theta_1) - \cos\theta_1\right]\mathrm{d}\theta_1 = -0.053$$

8.31 考虑所研究的 NACA 23012 翼型，在 $\alpha = 4°$ 时，$C_L = 0.55$ 和 $C_{m,c/4} = -0.005$。零升力迎角为 $-1.1°$，此外，在 $\alpha = -4°$ 时，$C_{m,c/4} = -0.0125$。根据给定的信息，计算 NACA 23012 翼型的气动中心位置。

答：设定气动中心位置为 x_L，NACA 23012 翼型的升力系数曲线假定在题目所给条件下为线型变化，可以根据零升迎角和 $4°$ 位置的升力系数求解得到。

升力线斜率为

$$C_L^\alpha = \frac{0.55}{\frac{4+1.1}{180} \times \pi} = 1.97\pi/\text{rad} = 0.1078/(°)$$

$-4°$ 位置的升力系数为

$$C_L = 0.1078 \times [-4-(-1.1)] = -0.33$$

另外有气动中心定义公式：

$$C_{mF} = C_{m,\frac{1}{4}} - C_L \Delta x_F = \text{const}$$

从而计算出 $\Delta x_F = \dfrac{153}{17600}$，$x_F = \dfrac{1}{4} - \Delta x_F \approx 0.2413$。

8.32 考虑 $1.5°$ 攻角的薄对称翼型。根据薄翼型理论的计算结果，计算前缘的升力系数和力矩系数。

答：对称翼型，零升力距为零。

根据薄翼型理论：

$$C_L = 2\pi\alpha = 2\pi \cdot \frac{1.5\pi}{180} = 0.1645$$

$$C_{m,\text{前}} = -\frac{C_L}{4} = -\frac{0.1645}{4} = -0.0411$$

8.33 一个弯板翼型，$c = 1$，$y_f = kx(x-1)(x-2)$，k 为常数，$\bar{f} = 2\%$。试求 $\alpha = 3°$ 时的 C_L 和 C_m。

答：

$$\alpha_0 = \frac{1}{\pi}\int_0^\pi \frac{dy_f}{dx}(1-\cos\theta_1)d\theta_1$$

$$= \frac{1}{\pi}\int_0^\pi k(3x^2 - 6x + 2)(1-\cos\theta_1)d\theta_1$$

$$= \frac{1}{\pi}\int_0^\pi k\left[3\frac{c^2}{4}(1-\cos\theta_1)^2 - 6\frac{c}{2}(1-\cos\theta_1) + 2\right](1-\cos\theta_1)d\theta_1$$

$$= \frac{1}{\pi}\int_0^\pi k\left(\frac{3}{4}\cos^2\theta_1 + \frac{3}{2}\cos\theta_1 - \frac{1}{4}\right)(1-\cos\theta_1)d\theta_1 = -\frac{5}{8}k$$

$$C_{m0} = \frac{1}{2}\int_0^\pi \frac{dy_f}{dx}[\cos(2\theta_1) - \cos\theta_1]d\theta_1 = -\frac{9}{32}k\pi$$

由 $x = \frac{2\sqrt{3}}{3}$ 时，$y = y_{max} = \frac{2k}{3\sqrt{3}} = 0.02$，得 $k = 0.03\sqrt{3}$。

$$C_L = 2\pi(\alpha - \alpha_0) = 2\pi\left(\frac{3\pi}{180} + \frac{5}{8} \times 0.03\sqrt{3}\right) = 0.5330$$

$$C_m = C_{m0} - \frac{C_l}{4} = -\frac{9}{32}\pi \times 0.03\sqrt{3} - \frac{0.5330}{4} = -0.1792$$

8.34 人们常问这样一个问题：机翼能倒飞吗？要回答这个问题，请进行以下计算。考虑零升力角为-3°的翼型。升力斜率为0.1/(°)。

(1) 计算攻角为5°时的升力系数；

(2) 现在想象同样的机翼上下颠倒，但在相同的5°攻角作为(1)部分。计算其升力系数；

(3) 在什么攻角下，上下颠倒的翼型必须设置为产生与在5°攻角下右侧朝上时相同的升力？

答：

(1) $C_L = C_L^\alpha(\alpha_1 - \alpha_0) = 0.1 \cdot (5 + 3) = 0.8$。

(2) $C_L' = -C_L^\alpha(-\alpha_1 - \alpha_0) = -0.1 \cdot (-5 + 3) = 0.2$。

(3) $-C_L^\alpha(-\alpha_2 - \alpha_0) = 0.8$，解得 $\alpha_2 = 11°$。

8.35 一个翼型前段是一平板，后段为下偏15°的平板襟翼，如习题8.35图所示，试求当 $\alpha = 5°$ 的 C_L 值。

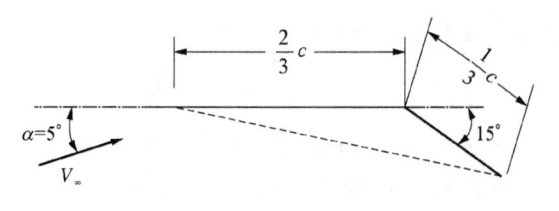

习题8.35图

答：薄翼型可以分解为小迎角和小弯度，无量纲有

$$\frac{dy_f}{dx} = 0 \qquad 0 \leq x \leq \frac{2}{2 + \cos 15°}$$

$$\frac{dy_f}{dx} = -\tan 15° \qquad \frac{2}{2 + \cos 15°} \leq x \leq 1$$

令

$$x_1 = \frac{1}{2}(1 - \cos\theta_1)$$

那么有

$$A_0 = \alpha - \frac{1}{\pi}\int_0^\pi \frac{\mathrm{d}y_f}{\mathrm{d}x}\mathrm{d}\theta_1$$

$$A_1 = \frac{2}{\pi}\int_0^\pi \frac{\mathrm{d}y_f}{\mathrm{d}x}\cos\theta_1 \mathrm{d}\theta_1$$

对应升力系数：

$$C_L = 2\pi\left(A_0 + \frac{A_1}{2}\right) = 2\pi\left[\alpha + \frac{1}{\pi}\int_0^\pi \frac{\mathrm{d}y_f}{\mathrm{d}x}(\cos\theta_1 - 1)\mathrm{d}\theta_1\right] = 2\pi(\alpha - \alpha_0)$$

$$\alpha_0 = \frac{1}{\pi}\int_0^\pi \frac{\mathrm{d}y_f}{\mathrm{d}x}(1 - \cos\theta_1)\mathrm{d}\theta_1 = -0.198\ \mathrm{rad} = -11.32°$$

那么对于 $\alpha = 5°$ 时，升力系数：

$$C_L = 1.79$$

另一种解法为：

可以将翼型看成习题 8.35 图中虚线方向作为弦长的中弧线，分别求解 $\frac{2}{3}c$ 前段后 $\frac{1}{3}c$ 后段的斜率对应角度为 $5°$ 和 $10°$，然后求解得到此时的零升迎角：

$$\alpha_0 = -0.0939\ \mathrm{rad} = -5.38°$$

此时来流迎角为 $10°$，对应升力系数：

$$C_L = 1.69$$

8.36 $\alpha = 0°$ 的气流流过一个 $\bar{f} \ll 1$ 抛物线弯板翼型，$\bar{y}_f = 4\bar{f}\bar{x}(1-\bar{x})$。现将弯板上分布的涡集中在 $\bar{x} = 1/8$ 和 $\bar{x} = 5/8$ 两点，涡强分别为 Γ_1 和 Γ_2，见习题 8.36 图。现取前控制点 $\bar{x} = 3/8$、后控制点 $\bar{x} = 7/8$ 来满足翼面边界条件。试用此简化模型证明 $C_{L0} = 4\pi\bar{f}$。

答：由 $\bar{y}_f = 4\bar{f}\bar{x}(1-\bar{x})$ 得

$$\frac{\mathrm{d}y_f}{\mathrm{d}x} = \frac{\mathrm{d}\bar{y}_f}{\mathrm{d}\bar{x}} = 4\bar{f} - 8\bar{f}\bar{x}$$

此时来流迎角 $\alpha = 0$ rad。

选取前控制点 $\bar{x} = 3/8$、后控制点 $\bar{x} = 7/8$ 满足物面边界条件。

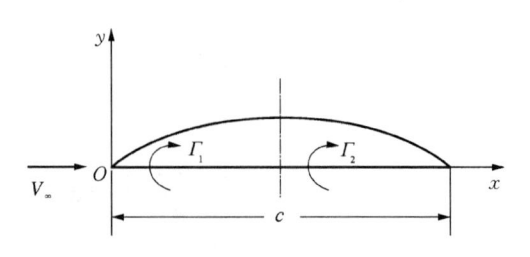

习题 8.36 图

（按照 y 正向为速度方向正方向，物面应当满足相对来流的 v 速度为 0，即集中涡诱导 v 速度和来流与壁面切向速度下 y 方向 v 速度分量相等，即二者不存在速度差）

则有前控制点 $\bar{x} = 3/8$ 相对速度：

$$\Delta v_{y\text{前}}\bigg|_{\bar{x}=\frac{3}{8}} = -\frac{\Gamma_1}{2\pi\left(\frac{3}{8}-\frac{1}{8}\right)} + \frac{\Gamma_2}{2\pi\left(\frac{5}{8}-\frac{3}{8}\right)} - V_\infty\left(\frac{\mathrm{d}y_f}{\mathrm{d}x}-\alpha\right)$$

$$= \frac{2(\Gamma_2 - \Gamma_1)}{\pi} - \bar{f}V_\infty = 0$$

有

$$\Gamma_1 - \Gamma_2 = -\frac{\pi \bar{f} V_\infty}{2}$$

后控制点 $\bar{x} = 7/8$ 相对速度：

$$\Delta v_{y\text{后}}\bigg|_{\bar{x}=\frac{7}{8}} = -\frac{\Gamma_1}{2\pi\left(\frac{7}{8}-\frac{1}{8}\right)} - \frac{\Gamma_2}{2\pi\left(\frac{7}{8}-\frac{5}{8}\right)} - V_\infty\left(\frac{\mathrm{d}y_f}{\mathrm{d}x}-\alpha\right)$$

$$= \frac{-2(\Gamma_1 + 3\Gamma_1)}{3\pi} + 3\bar{f}V_\infty = 0$$

有

$$\Gamma_1 + 3\Gamma_1 = \frac{9\pi \bar{f} V_\infty}{2}$$

那么有

$$\Gamma_1 = \frac{3\pi \bar{f} V_\infty}{4}$$

$$\Gamma_2 = \frac{5\pi \bar{f} V_\infty}{4}$$

对于翼型在 0° 来流攻角下结果有

$$C_{L0} = \frac{\rho V_\infty \Gamma}{1/(2\rho V_\infty^2 S)} = \frac{\rho V_\infty(\Gamma_1 + \Gamma_2)}{1/(2\rho V_\infty^2 b) \times 1} = 4\pi \bar{f}$$

得证。

8.37 有一个扁椭圆翼型，$c = 1$，$t \ll 1$，$y_t = \frac{t}{2}\sqrt{1-(2x-1)^2}$，见习题 8.37 图。试应用薄翼型理论的厚度问题求弦中点处最低压强系数 $C_{point} = C_{p(x=1/2)}$ 值。

答：厚度问题：

$$C_{p_c} = -\frac{2}{\pi}\int_0^1 \frac{\left(\dfrac{\mathrm{d}y_t}{\mathrm{d}x}\right)_{x=\xi}}{x-\xi}\mathrm{d}\xi$$

$$= -\frac{2}{\pi}\int_0^1 \frac{\left[-\dfrac{t(2x-1)}{\sqrt{1-(2x-1)^2}}\right]_{x=\xi}}{x-\xi}\mathrm{d}\xi$$

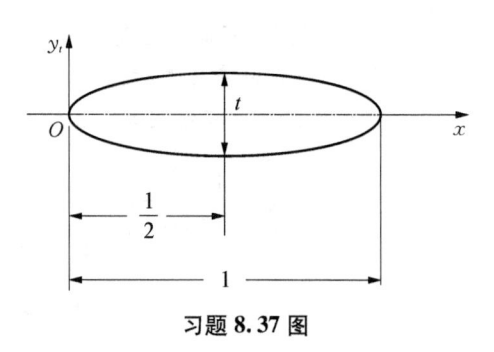

习题 8.37 图

得

$$C_{p(x=1/2)} = -2t$$

8.38 对于 NACA 2412 翼型，$-6°$迎角下 1/4 弦的升力系数和力矩系数分别为-0.39 和 -0.045。在 $4°$攻角下，这些系数分别为 0.65 和 -0.037。计算气动中心的位置。

答：

$$C_{mF} = C_{m,\frac{1}{4}} - C_L \Delta x_F = \mathrm{const}$$

将两种迎角下的值代入得

$$\Delta x_F = 0.0077,\quad x_F = \frac{1}{4} - \Delta x_F = 0.2423$$

8.39 有一弯板翼型 $c=1$，$y_f = 8.28\bar{f}\left(x^3 - \dfrac{15}{8}x^2 + \dfrac{7}{8}x\right)$，见习题 8.39 图。

证明 $C_{m0}=0$ 和 $\alpha_0 = -2.07\bar{f}$ rad。

答：

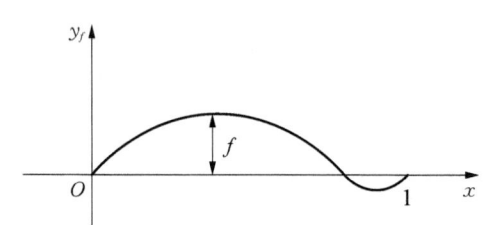

习题 8.39 图

$$C_{m0} = \frac{1}{2}\int_0^\pi \frac{\mathrm{d}y_f}{\mathrm{d}x}[\cos(2\theta_1)-\cos\theta_1]\mathrm{d}\theta_1$$

$$= \frac{1}{2}\int_0^\pi \left[8.28\bar{f}\left(3x^2 - \frac{15}{4}x + \frac{7}{8}\right)\right][\cos(2\theta_1)-\cos\theta_1]\mathrm{d}\theta_1$$

$$= \frac{1}{2}\int_0^\pi \left\{8.28\bar{f}\left[\frac{3}{4}(1-\cos\theta_1)^2 - \frac{15}{8}(1-\cos\theta_1) + \frac{7}{8}\right]\right\}[\cos(2\theta_1)-\cos\theta_1]\mathrm{d}\theta_1$$

$$= \frac{1}{2}\int_0^\pi \left[8.28\bar{f}\left(\frac{3}{4}\cos^2\theta_1 + \frac{3}{8}\cos\theta_1 - \frac{1}{4}\right)\right][\cos(2\theta_1)-\cos\theta_1]\mathrm{d}\theta_1 = 0$$

$$\alpha_0 = \frac{1}{\pi}\int_0^\pi \frac{\mathrm{d}y_f}{\mathrm{d}x}(1-\cos\theta_1)\mathrm{d}\theta_1$$

$$= \frac{1}{\pi}\int_0^\pi \left[8.28\bar{f}\left(\frac{3}{4}\cos^2\theta_1 + \frac{3}{8}\cos\theta_1 - \frac{1}{4}\right)\right](1-\cos\theta_1)\mathrm{d}\theta_1$$

$$= \frac{1}{\pi}\int_0^\pi -\frac{8.28}{4}\bar{f}\mathrm{d}\theta_1 = -2.07\bar{f}\ \mathrm{rad}$$

8.40 低速气流 V_∞ 以小 α 流过一个薄对称翼型，见习题 8.40 图，$\bar{y}_t = 4\left(\dfrac{\bar{t}}{2}\right)\bar{x}(1-\bar{x})$，试用迎角问题和厚度问题求：

(1) 表面 C_p 和 $\bar{x}$ 的函数关系表达式；

(2) $C_{p(\bar{x}=1/2)}$ 值。

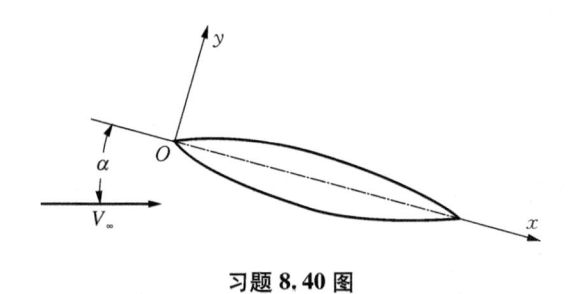

习题 8.40 图

答：应用薄翼理论，将该问题分解为迎角问题和厚度问题。

迎角问题：

$$C_{p_\alpha} = \mp 2\alpha\sqrt{\frac{1-\bar{x}}{\bar{x}}}$$

厚度问题：

$$C_{p_c} = -\frac{2}{\pi}\int_0^1 \frac{\left(\dfrac{\mathrm{d}\bar{y}_t}{\mathrm{d}x}\right)_{\bar{x}=\bar{\xi}}\mathrm{d}\bar{\xi}}{\bar{x}-\bar{\xi}} = -\frac{2}{\pi}\int_0^1 \frac{2\bar{t}(1-2\bar{\xi})\mathrm{d}\bar{\xi}}{\bar{x}-\bar{\xi}}$$

$$= -\frac{4\bar{t}}{\pi}[2\bar{\xi}+(2\bar{x}-1)\ln|\bar{\xi}-\bar{x}|]\Big|_0^1 = -\frac{4\bar{t}}{\pi}\left[2+(2\bar{x}-1)\frac{\ln(1-\bar{x})}{\bar{x}}\right]$$

则

$$C_p = C_{p_\alpha} + C_{p_c} = \mp 2\alpha\sqrt{\frac{1-\bar{x}}{\bar{x}}} - \frac{4\bar{t}}{\pi}\left[2+(2\bar{x}-1)\frac{\ln(1-\bar{x})}{\bar{x}}\right]$$

$$C_{p(\bar{x}=1/2)} = \mp 2\alpha - \frac{8\bar{t}}{\pi}$$

8.41 考虑 NACA 23012 翼型，翼型的平均弧线由下式给出：

$$\frac{z}{c} = 2.6595\left[\left(\frac{x}{c}\right)^3 - 0.6075\left(\frac{x}{c}\right)^2 + 0.1147\left(\frac{x}{c}\right)\right] \qquad 0 \leqslant \frac{x}{c} \leqslant 0.2025$$

$$\frac{z}{c} = 0.02208\left(1 - \frac{x}{c}\right) \qquad 0.2025 \leq \frac{x}{c} \leq 1.0$$

计算:
(1) 0°攻角升力;
(2) $\alpha = 4°$ 时的升力系数;
(3) 1/4 弦长的力矩系数;
(4) 压力中心的位置,以 x_{cp}/c 表示。

答: 有

$$x_1 = \frac{1}{2}(1 - \cos\theta_1)$$

$$\frac{dy_f}{dx} = 2.6595\left[3\left(\frac{x}{c}\right)^2 - 1.215\left(\frac{x}{c}\right) + 0.1147\right] \qquad 0 \leq \frac{x}{c} \leq 0.2025$$

$$\frac{dy_f}{dx} = -0.02208 \qquad 0.2025 \leq \frac{x}{c} \leq 1.0$$

那么有

$$\frac{dy_f}{dx} = 2.6595\left\{3\left[\frac{1}{2}(1-\cos\theta_1)\right]^2 - 1.215\left[\frac{1}{2}(1-\cos\theta_1)\right] + 0.1147\right\}$$

$$0 \leq \frac{1}{2}(1-\cos\theta_1) \leq 0.2025$$

$$\frac{dy_f}{dx} = -0.02208 \qquad 0.2025 \leq \frac{1}{2}(1-\cos\theta_1) \leq 1.0$$

而有

$$A_0 = \alpha - \frac{1}{\pi}\int_0^\pi \frac{dy_f}{dx}d\theta_1$$

$$A_1 = \frac{2}{\pi}\int_0^\pi \frac{dy_f}{dx}\cos\theta_1 d\theta_1 = 0.0954$$

$$A_2 = \frac{2}{\pi}\int_0^\pi \frac{dy_f}{dx}\cos(2\theta_1)d\theta_1 = 0.0792$$

那么有

$$C_L = 2\pi\left[\alpha + \frac{1}{\pi}\int_0^\pi \frac{dy_f}{dx}(\cos\theta_1 - 1)d\theta_1\right]$$

零升迎角:

$$\alpha_0 = \frac{1}{\pi}\int_0^\pi \frac{\mathrm{d}y_f}{\mathrm{d}x}(1-\cos\theta_1)\mathrm{d}\theta_1 = -1.09°$$

(1) 0°攻角的升力：

$$C_L = -2\pi\alpha_0 = 0.1195318755$$

(2) $\alpha = 4°$ 时的升力系数：

$$C_L = 0.55818096$$

(3) 1/4弦长的力矩系数，即零升力矩系数：

$$C_{m0} = \frac{\pi}{4}(A_2 - A_1) = -0.0127$$

(4) 压力中心的位置，以 x_{cp}/c 表示：

$$\frac{x_{cp}}{c} = \frac{1}{4} + \frac{C_{m0}}{C_L(\alpha=4°)} = 0.273$$

第 9 章
低速机翼绕流气动特性

9.1 内 容 要 点

9.1.1 大展弦比直机翼的气动特性

对于无限翼展机翼,由于无翼端存在,上下翼面的压差不会引起展向的流动,展向任一剖面均保持二维翼型的特性。对于有限翼展机翼,由于翼端的存在,在正升力时机翼下表面压强较高的气流将从机翼翼尖翻向上翼面,使得上翼面的流线向对称面偏斜,下翼面的流线向翼尖偏斜,而且这种偏斜程度从机翼的对称面到翼尖逐渐增大。

由于上下翼面气流流线的偏斜,上下翼面气流在机翼后缘汇合时尽管压强一样,但展向分速是相反的,所以在后缘处要拖出轴线几乎与来流方向平行的旋涡组成的涡面,这涡面称为自由涡面。

按薄翼型理论,翼型(无限翼展机翼)的升力是迎角和弯度的贡献,对于翼型可在翼型的中弧面(或近似分布在弦线)上分布其轴线与展向平行的旋涡来代替翼型的作用,这涡面称为附着涡面。

由于存在展向流动,机翼的压力和升力的分布是:沿展向由翼根向翼梢减小。其中翼剖面的升力在翼梢处为零(上下翼面压力相等),在翼根处为最大。由此可见,附着涡的强度沿展向是变化的,与剖面升力分布相同,在翼梢处为零,在翼根处最大。

因此,有限展弦比直机翼与无限展长机翼的主要差别,或者说三维效应是以下两点:首先是 Γ 沿展向是变化的,$\Gamma_{z=0}=\Gamma_{\max}$,$\Gamma_{z=\pm\frac{l}{2}}=0$;其次是机翼后出一个从后缘拖出的自由尾涡面。

对大展弦比机翼,自由涡面的卷起和弯曲主要发生在远离机翼的地方(大约距机翼后缘一倍展长)。为了简化,假设自由涡面既不卷起也不耗散,顺着来流方向延伸到无穷远处。又由于弦长比展长小得多,因此可以近似将机翼上的附着涡系合并成一条展向变强度的附着涡线,各剖面的升力就作用在该线上,称为升力线假设。此时气动模型简化为:直匀流+附着涡线+自由涡面。因为低速翼型的升力增量在焦点处,约在 1/4 弦点,因此附着涡线可放在展向各剖面的 1/4 弦点的连线上,此线即为升力线。

基于升力线模型建立起来的机翼理论称为升力线理论。有限翼展机翼上的翼剖面与二维翼型特性不同,其差别反映出绕机翼的三维效应。对大展弦直机翼小迎角下的绕流来说,各剖面上的展向速度分量及各流动参数沿展向的变化,比其他两个方向上的速度分量及各流动参数变化小得多,因此可近似地把每个剖面上的流动看作是二维的,而在展向不同剖面上的二维流动,由于自由涡的影响彼此又是不相同的。这种从局部剖面看是二维流动,从整个机翼全体剖面看又是三维流动,称为剖面假设。

大展弦比直机翼展向剖面和二维翼剖面的主要差别在于自由涡系在展向剖面处引起一个向下(正升力时)的诱导速度,称为下洗速度。由于机翼已用一条展向变强度$\Gamma(z)$的附着涡线——升力线所代替,所以自由涡在机翼上的诱导下洗速度,可认为是在附着涡线上的诱导下洗速度。

附着涡线在展向位置ζ处的强度为$\Gamma(\zeta)$,在$\zeta+\mathrm{d}\zeta$处涡强为$\Gamma(\zeta)+\dfrac{\mathrm{d}\Gamma}{\mathrm{d}\zeta}\mathrm{d}\zeta$,根据旋涡定理,$\mathrm{d}\zeta$微段拖出的自由涡强为$\dfrac{\mathrm{d}\Gamma}{\mathrm{d}\zeta}\mathrm{d}\zeta$。此自由涡线在附着涡线上任一点$z$处的下洗速度为

$$\mathrm{d}v_i(z)=\frac{|\mathrm{d}\Gamma|}{4\pi(\zeta-z)}=\frac{-\dfrac{\mathrm{d}\Gamma}{\mathrm{d}\zeta}\mathrm{d}\zeta}{4\pi(\zeta-z)}$$

整个涡系在z点产生的下洗速度为

$$v_i(z)=\frac{1}{4\pi}\int_{-\frac{l}{2}}^{\frac{l}{2}}\frac{-\dfrac{\mathrm{d}\Gamma}{\mathrm{d}\zeta}\mathrm{d}\zeta}{\zeta-z}$$

由于下洗速度的存在,机翼展向每个剖面上的实际有效速度V_e为无限远处来流速度V_∞与下洗速度的矢量和,有效迎角α_e也比几何迎角α减小了$\Delta\alpha_i$,$\Delta\alpha_i$称为下洗角。

在求作用在机翼微段上升力之前,我们先引入"剖面流动"的假设,假设有限翼展的机翼各剖面所受的气动力与以有效速度V_e流过形状与该剖面相同、迎角为α_e的二维翼剖面所受的气动力相同。因此,由库塔-茹科夫斯基升力定理可知,整个机翼的升力和阻力为

$$L=\rho V_\infty\int_{-\frac{l}{2}}^{\frac{l}{2}}\Gamma(z)\mathrm{d}z$$

$$D_i=\rho V_\infty\int_{-\frac{l}{2}}^{\frac{l}{2}}\Gamma(z)\Delta\alpha_i(z)\mathrm{d}z$$

D_i这个阻力在理想二维翼上是不存在的,它是由于有限翼展机翼后面存在自由涡而产生的,或者说,是因下洗角的出现使剖面有效迎角减小而在来流方向形成的阻力,故称为诱导阻力。此诱导阻力与流体的黏性无关。是有限翼展机翼产生升力必须付出的阻力代价。从能量的观点看,机翼后方自由涡面上的流体微团旋转所需的能量,必须由飞机提供一个附加的推力来克服诱导阻力才能维持有升力的飞行。由推进系统所付出的附加功

率为

$$\Delta P_w = D_i V_\infty = \rho V_\infty^2 \int_{-\frac{l}{2}}^{\frac{l}{2}} \Gamma(z) \Delta \alpha_i \mathrm{d}z$$

大展弦比直机翼的升力和阻力问题,归结为确定环量沿展向的分布 $\Gamma(z)$。推导可得,给定迎角和机翼几何形状(翼型)条件下确定环量 $\Gamma(z)$ 的微分-积分方程,即

$$\Gamma(z) = \frac{1}{2} V_\infty C_{L\infty}^\alpha b(z) \left[\alpha_a(z) + \frac{1}{4\pi V_\infty} \int_{-\frac{l}{2}}^{\frac{l}{2}} \frac{\frac{\mathrm{d}\Gamma}{\mathrm{d}\zeta} \mathrm{d}\zeta}{\zeta - z} \right]$$

式中, $C_{L\infty}^\alpha(z)$、$\alpha_a(z)$ 为二维翼剖面的升力线斜率和绝对迎角。这个方程只有在少数特殊情况下才能得到精确的解,椭圆形环量分布是其中最重要的一种。

如果机翼的环量分布 $\Gamma(z)$ 是椭圆形分布,则

$$\frac{\Gamma(z)}{\Gamma_0} = \sqrt{1 - \left(\frac{2z}{l}\right)^2}$$

Γ_0 为机翼对称面上的最大环量值。

由环量分布函数可以求得在 z 点处的下洗速度和下洗角为

$$v_i(z) = \frac{1}{4\pi} \int_{-\frac{l}{2}}^{\frac{l}{2}} \frac{-\frac{\mathrm{d}\Gamma}{\mathrm{d}\zeta} \mathrm{d}\zeta}{\zeta - z} = \frac{\Gamma_0}{2l}$$

$$\Delta \alpha_i(z) = \arctan \frac{v_i(z)}{V_\infty} \approx \frac{v_i(z)}{V_\infty} = \frac{\Gamma_0}{2lV_\infty}$$

上两式说明:椭圆形环量分布的机翼,其下洗速度和下洗角沿展向是不变的常量。如果机翼是无扭转的,既无几何扭转也无气动扭转,则几何迎角 α、零升迎角 $\alpha_{0\infty}$、剖面升力线斜率 $C_{y\infty}^\alpha$ 沿展向也是不变的。因此,椭圆形环量分布无扭转平直机翼的升力系数和诱导阻力系数就等于剖面的升力系数和诱导阻力系数。推导,可得

升力系数:

$$C_L = \frac{C_{L\infty}^\alpha}{1 + \frac{C_{L\infty}^\alpha}{\pi \lambda}} \cdot \alpha_a \qquad C_L^\alpha = \frac{C_{L\infty}^\alpha}{1 + \frac{C_{L\infty}^\alpha}{\pi \lambda}} < C_{L\infty}^\alpha$$

诱导阻力系数:

$$C_{di} = C_L \cdot \Delta \alpha_i = \frac{C_L^2}{\pi \lambda}$$

上两式说明椭圆环量分布的平直机翼在气动特性上与无限翼展机翼有以下两点重要

的差别：

（1）有限翼展机翼的升力线斜率小于无限翼展机翼，而且随着 λ 值的减小而减小；

（2）有限翼展机翼有诱导阻力产生，诱导阻力系数与升力系数的平方成正比，与展弦比 λ 成反比。

因此，在 C_L 值一定时，增大 λ 可减小 C_{di} 值，要增大机翼的升力线斜率值应尽量采用大 λ 值。

具有椭圆形环量分布的机翼展向弦长分布也是椭圆形的，称为椭圆形机翼。椭圆形机翼的环量分布是椭圆形的，这是升力线理论中最简单的解析解。虽然升力线理论可以证明椭圆翼是相同展弦比下具有最佳升阻特性的平面形状，但因结构和工艺上的复杂性现已极少采用，目前广泛采用矩形翼和梯形翼。

使用升力线理论在给定迎角下求解这些非椭圆的 $\Gamma(z)$ 可使用三角级数法。

$$\Gamma(z) = \frac{1}{2} V_\infty C_{L\infty}^\alpha b(z) \left[\alpha_a(z) + \frac{1}{4\pi V_\infty} \int_{-\frac{l}{2}}^{\frac{l}{2}} \frac{\frac{d\Gamma}{d\zeta} d\zeta}{\zeta - z} \right]$$

先进行变量置换，令

$$z = -\frac{l}{2} \cos\theta, \quad \zeta = -\frac{l}{2} \cos\theta_1$$

则

$$\Gamma(\theta) = \frac{1}{2} V_\infty C_{L\infty}^\alpha b(\theta) \left[\alpha_a(\theta) + \frac{1}{2\pi V_\infty l} \int_{-\frac{l}{2}}^{\frac{l}{2}} \frac{\frac{d\Gamma}{d\theta_1} d\theta_1}{\cos\theta - \cos\theta_1} \right]$$

再将上式展成如下的三角级数：

$$\Gamma(\theta) = 2lV_\infty \sum_{n=1}^{\infty} A_n \sin(n\theta)$$

由于翼尖环量为零，$\Gamma(0) = \Gamma(\pi) = 0$，所以上式只能取正弦项。

此外，机翼上环量分布左右对称，$\Gamma(\theta) = \Gamma(\pi - \theta)$，所以 n 为偶数时 A_n 为 0，$A_2 = A_4 = A_6 = \cdots = A_{2n} = \cdots = 0$。

由上两式可得到

$$\mu \alpha_a(\theta) \sin\theta = \sum_{n=1}^{\infty} A_n \sin(n\theta)(\mu n + \sin\theta)$$

其中，$\mu = \dfrac{C_{L\infty}^\alpha(\theta) b(\theta)}{4L}$。

只要保留足够多的项数 n 和选取相应的系数 A_n，可近似表示实际的环量分布。所以最后的求解问题变为在给定机翼弦长、翼型和绝对迎角分布的情况下,求解 A_1、A_3、A_5……

实际上只需要求解时保留前几项级数即可。取三角级数的四项已可近似表示实际的环量分布。

在 $\theta = 0 \sim \dfrac{\pi}{2}$ 取四个 θ(对应右半机翼4个剖面),例如取 $\theta_1 = 22.5°$,$\theta_2 = 45°$,$\theta_3 = 67.5°$,$\theta_4 = 90°$,代入 $\mu\alpha_a(\theta)\sin\theta = \sum\limits_{n=1}^{\infty} A_n \sin(n\theta)(\mu n + \sin\theta)$ 即可得到 A_1、A_3、A_5、A_7 的四个代数方程。

$$z = -\dfrac{l}{2}\cos\theta$$

$$z/(l/2) = -0.923\,88 \quad -0.707\,11 \quad -0.382\,68 \quad 0.0$$

椭圆形机翼的环量分布是环量三角级数表达式中的一个特例。在环量三角级数表达式中只取一项时,椭圆形机翼的环量分布是环量三角级数表达式中的一个特例。在环量三角级数表达式中只取一项时,

$$\Gamma(\theta) = 2lV_\infty A_1 \sin\theta$$

把变量 θ 还原为 z,则

$$\Gamma(z) = 2lV_\infty A_1 \sqrt{1 - \left(\dfrac{2z}{l}\right)^2}$$

在 $z = 0$ 时,$\Gamma = \Gamma_0$,可得

$$A_1 = \dfrac{\Gamma_0}{2V_\infty l}$$

所以,有

$$\dfrac{\Gamma(z)}{\Gamma_0} = \sqrt{1 - \left(\dfrac{2z}{l}\right)^2}$$

使用三角级数法可以求得不同平面形状机翼的环量沿展向分布规律。有了 $\Gamma(z)$ 后,就可求出机翼剖面升力系数沿展向的分布规律。

$$C_L = \dfrac{2}{V_\infty S}\int_{-\frac{l}{2}}^{\frac{l}{2}} \Gamma(z)\,\mathrm{d}z = \dfrac{4l}{S}\int_{-\frac{l}{2}}^{\frac{l}{2}}\sum_{n=1}^{\infty} A_n\sin(n\theta)\cdot\dfrac{l}{2}\sin\theta\,\mathrm{d}\theta = \pi\lambda A_1$$

上式表明,有限翼展机翼的升力系数仅与表示环量的三角级数展开式中的第一个系数 A_1 有关,其余的系数并不影响总升力的大小,仅影响环量沿展向的分布规律,即只影响到剖面升力系数沿展向的分布。进一步推导,可得

$$C_L = \frac{C_{L\infty}^\alpha}{1 + \frac{C_{L\infty}^\alpha}{\pi\lambda}(1+\tau)} \cdot \alpha_a \qquad C_L^\alpha = \frac{C_{L\infty}^\alpha}{1 + \frac{C_{L\infty}^\alpha}{\pi\lambda}(1+\tau)}$$

式中,τ 是一个与机翼平面形状有关的正值小量,表达式为

$$\tau = \frac{l}{2S}\int_0^\pi \frac{\sum_{n=2}^\infty nA_n\sin(n\theta)}{A_1} b(\theta)\mathrm{d}\theta$$

诱导阻力系数:

$$C_{Di} = \pi\lambda \sum_{n=1}^\infty nA_n^2 = = \pi\lambda A_1^2\left(1 + \sum_{n=2}^\infty \frac{nA_n^2}{A_1^2}\right) = \frac{C_L^2}{\pi\lambda}(1+\delta)$$

$$\delta = \sum_{n=2}^\infty \frac{nA_n^2}{A_1^2} = \frac{3A_3^2}{A_1^2} + \frac{5A_5^2}{A_1^2} + \frac{7A_7^2}{A_1^2} + \cdots$$

为与平面形状有关的另一个小正数。

因为总是正数,所以诱导阻力总是正的,这说明三维有限翼展机翼只要升力不为零,产生诱导阻力是不可避免的。从物理意义上来说,诱导阻力是与机翼后自由涡系所消耗的能量相关的。

对于椭圆机翼,因为 $A_2 = A_3 = \cdots = A_n = 0$,此时,

$$\tau = \frac{l}{2S}\int_0^\pi \frac{\sum_{n=2}^\infty nA_n\sin(n\theta)}{A_1} b(\theta)\mathrm{d}\theta = 0$$

$$\delta = \sum_{n=2}^\infty \frac{nA_n^2}{A_1^2} = \frac{3A_3^2}{A_1^2} + \frac{5A_5^2}{A_1^2} + \frac{7A_7^2}{A_1^2} + \cdots = 0$$

对于非椭圆机翼,$\tau > 0, \delta > 0$。这说明,在相同展弦比下,椭圆形机翼的升力线斜率最大,诱导阻力系数最小,升阻比最大,因此椭圆形机翼是升阻比最佳的平面形状。任意平面形状大展弦比直机翼的气动特性,均可在椭圆机翼计算公式的基础上,通过 τ 和 δ 的修正而求得。即

$$C_L^\alpha = \frac{C_{L\infty}^\alpha}{1 + \frac{C_{L\infty}^\alpha}{\pi\lambda}(1+\tau)} \qquad C_{Di} = \frac{C_L^2}{\pi\lambda}(1+\delta)$$

τ 和 δ 通常称为非椭圆机翼对椭圆机翼气动力的修正系数,表示其他平面形状机翼偏离最佳平面形状机翼的程度。τ 和 δ 主要取决于机翼的平面形状和展弦比,可通过三角级数法计算求得。

从诱导阻力系数的公式中可以看出，C_{Di} 与 C_L^2 成正比，而与 λ 成反比。在低亚声速时为了得到大的升阻比，最好采用大的展弦比 λ。但实际上由于结构上的考虑，采用的展弦比一般为 6~10。

对比不同平面形状无扭转翼的环量沿展向分布结果，可以得到下面结论：

（1）矩形机翼的剖面升力系数的最大值在翼根剖面处；

（2）根梢比较大 $\eta>2$ 的梯形机翼的最大剖面升力系数则发生在翼尖附近，而且随根梢比的增大，最大剖面升力系数越靠近翼尖；

（3）$\eta = 2 \sim 3$ 梯形机翼的环量分布和剖面升力系数分布最接近椭圆机翼。

根梢比较大的梯形机翼剖面升力系数的分布规律对失速特性是不利的，因此根梢比必须选用恰当，否则必须采取适当措施，（例如几何扭转或气动扭转）来改善失速特性。从理论上说，椭圆机翼是最佳平面形状的机翼，气动特性最好，但结构复杂，加工不方便，实际上很少采用。低速飞机的机翼广泛采用根梢比 $\eta = 2 \sim 3$ 的梯形机翼。$\eta = 2 \sim 3$ 的梯形机翼的环量分布与椭圆形机翼的环量分布很接近，气动特性也较接近。

升力线理论是求解大展弦比直机翼的近似位流理论。在知道机翼的平面形状和翼型气动数据后，就可以求出环量分布、剖面升力系数分布及整个机翼的升力系数、升力线斜率以及诱导阻力系数。其突出的优点是可以明确地给出机翼平面参数对机翼气动特性的影响。

总结普朗特的升力线理论，如下：

（1）机翼用一根升力线代表，布置于 1/4 弦点处；

（2）升力线上附着涡强度（环量）沿展向是变化的；

（3）变强度的附着涡产生向下游伸展的自由涡面；

（4）涡系引起的扰动可以认为是一种小扰动；

（5）自由涡面与飞行方向平行；

（6）围绕翼剖面附近的流动可以用库塔-茹科夫斯基的二维解法确定。

升力线理论为大展弦比直机翼气动设计中的参数选择和性能计算提供了良好的理论依据。但是，升力线理论的应用有一定的范围。

（1）迎角不能太大（$\alpha<10°$）。升力线理论没有考虑空气的黏性，而在大迎角下的流动出现了明显的分离。

（2）展弦比不能太小（$\lambda \geqslant 5$）。

（3）后掠角不能太大（$\chi \leqslant 20°$）。

展弦比较小或后掠角较大时，升力线模型和剖面假设已不再正确。对后掠翼和小展弦比机翼的位流气动特性，应采用升力面理论或其他理论来计算。

9.1.2 后掠翼的低速气动特性

低速飞机上广泛采用大展弦比直机翼（无扭转平直翼和带扭转直机翼）。随着飞机速度提高到跨声速和低超声速，发现 35°~65° 后掠角的后掠翼可推迟激波阻力的出现或减弱激波阻力，因此在高速飞机上已广泛采用各种展弦比和各种平面形状的后掠翼。

后掠翼飞机也有低速飞行阶段,如起飞和降落等,且后掠翼的亚声速特性可通过压缩性修正从低速特性求得,因此研究后掠翼的低速特性仍有重要意义。

后掠机翼可认为是由两个对称的斜置机翼所组成的。后掠机翼半翼展的中间部分的绕流图画与无限翼展斜置翼十分接近。无限翼展斜置翼的分析结论可用来定性地分析后掠角对机翼绕流的影响。斜置翼的压强系数、升力系数、升力线斜率和阻力系数都比相应的正置翼小。

$$C_p = (C_p)_n \cos^2\chi$$

$$C_L = (C_L)_n \cos^2\chi$$

$$C_{D_b} = (C_{D_b})_n \cos^3\chi$$

由几何关系可知:

$$\alpha_n = \frac{\alpha}{\cos\chi}$$

后掠翼由于有翼根和翼尖的存在,会引起"翼根效应"和"翼尖效应",这将使后掠翼的气动特性和无限翼展斜置翼有所不同。在翼根上表面的前段,流线偏离对称面,流管扩张变粗,而在后段流线向内偏斜,流管收缩变细。在低速或亚声速时,由于前段流管变粗,流速减慢,压强升高(吸力变小),而后段流管变细,流速加快,压强降低(吸力增大)。至于翼尖部分,情况正好相反,在翼剖面前段吸力变大,后段吸力变小。因此,在翼根和翼尖处,沿弦向的压强系数分布将与半翼展中间部分的压强系数分布不同。后掠机翼的"翼根效应"与"翼尖效应"引起翼弦的压强分布发生变化,这种变化在机翼上表面前段较为明显。由于上表面前段对升力贡献较大,所以"翼根效应"使翼根部分的升力系数减小,而"翼尖效应"使翼尖部分的升力系数增大。

9.1.3 小展弦比机翼的低速气动特性

通常把 $\lambda < 3$ 的机翼称为小展弦比机翼。由于超声速飞行时小展弦比机翼具有低波阻的特性,所以这种机翼常用于战术导弹和超声速歼击机。通常选用锐缘无弯扭对称薄翼,其基本形状有矩形、三角形、切角三角形、双三角形等。

小展弦比机翼的绕流特点对圆角的薄翼,在小迎角下绕流为附着流,在前缘存在前缘吸力。对于小展弦比机翼,只有在 3°~4° 下,才出现附着绕流而在更大迎角下,下翼面高压气流绕过侧缘流向上表面,必定会在侧缘产生分离,在上翼面形成脱体涡。这些脱体涡的出现将对上翼面产生更大的负压,从而造成更大的升力。这个升力常称为涡升力。造成小展弦比机翼的升力特性曲线为非线性的。此时,大展弦比附着流的方法不适应,可利用"前缘吸力比法"得到

$$C_L = K_p \sin\alpha\cos^2\alpha + K_v \sin^2\alpha\cos\alpha$$

$$C_{Di} = C_L \tan\alpha = K_p \sin^2\alpha\cos\alpha + K_v \sin^3\alpha$$

该方法适应于展弦比 0.5~8.0。对于锐缘三角形机翼，K_p 和 K_v 值有

$$K_p = -0.8223 - 0.0612\lambda + 2.2142\lambda^{0.5}$$

$$K_v = 3.0941 + 0.1181\lambda - 0.0069\lambda^2$$

9.2 习题解答

9.1 有一平直梯形翼，$S = 35 \text{ m}^2$，$\eta = 4$，$b_1 = 1.5 \text{ m}$，求该机翼的 λ 值。

答：已知

$$\eta = 4 = \frac{b_0}{b_1}$$

$$S = \frac{1}{2}(b_0 + b_1)l$$

可得

$$b_0 = 6 \text{ m}$$

$$l = \frac{28}{3} \text{ m}$$

那么展弦比为

$$\lambda = \frac{l^2}{S} = \frac{112}{45}$$

9.2 试从几何关系证明三角翼的 $\lambda \tan \chi_0 = 4$。

答：三角翼：

$$\frac{l}{2} \tan \chi_0 = b_0$$

$$\lambda \tan \chi_0 = \frac{l^2}{S} \tan \chi_0 = \frac{l}{\frac{1}{2}b_0 l} l \tan \chi_0 = 4$$

9.3 考虑一个展弦比为 8，锥度比为 0.8 的有限机翼。翼型截面薄且对称。求机翼在 5° 迎角时的升力和诱导阻力系数（假设 $\delta = \tau$）。

答：根据展弦比和锥度比，可以得翼根弦长 $\frac{5}{36}l$，翼梢弦长 $\frac{1}{9}l$。令 $z = -\frac{l}{2}\cos\theta$，可得弦长沿展向的分布：

$$c(\theta) = \frac{5}{36}l - \frac{1}{9}l\cos\theta = \frac{1}{36}l(5 - \cos\theta)$$

有限机翼,$\delta = \tau$,那么由于翼型对称且薄,在绝对迎角沿展向不变情况下有

$$\mu\alpha_a(\theta)\sin\theta = \sum_{n=1}^{\infty} A_n \sin(n\theta)(\mu n + \sin\theta)$$

其中,$\mu = \dfrac{C_{L\infty}^{\alpha}(\theta)b(\theta)}{4l}$。

也有

$$\delta = \sum_{n=2}^{\infty} \frac{nA_n^2}{A_1^2}$$

$$\tau = \frac{l}{2S}\int_0^{\pi} \frac{\sum_{n=2}^{\infty} nA_n \sin(n\theta)}{A_1} b(\theta)\mathrm{d}\theta$$

截断选择 n 到 8,即三角级数的四项(因为边界条件三角级数的偶数项为 0)。同时,如选择 $\theta = 30°、45°、60°$ 及 $90°$ 作为控制剖面,可得对应四个剖面弦长分别为 $c_1、c_2、c_3、c_4$,并代入,得

$$\frac{\pi c_i}{l}\alpha \sin\theta_i = A_1 \sin\theta_i\left(\frac{\pi c_i}{l} + \sin\theta_i\right) + A_3 \sin(3\theta_i)\left(\frac{3\pi c_i}{l} + \sin\theta_i\right)$$
$$+ A_5 \sin(5\theta_i)\left(\frac{5\pi c_i}{l} + \sin\theta_i\right) + A_7 \sin(7\theta_i)\left(\frac{7\pi c_i}{l} + \sin\theta_i\right)$$

$$\tau = \delta = \frac{3A_3^2}{A_1^2} + \frac{5A_5^2}{A_1^2} + \frac{7A_7^2}{A_1^2}$$

确定

$$A_1 = 0.017\,13$$

$$A_3 = 0.002\,5$$

$$A_5 = 0.001\,179$$

$$A_7 = 0.000\,177\,7$$

$$\tau = \delta = \frac{3A_3^2}{A_1^2} + \frac{5A_5^2}{A_1^2} + \frac{7A_7^2}{A_1^2} = 0.088\,44$$

对于对称薄翼型,机翼的零升迎角为 $0°$,剖面升力线斜率为 $C_{L\infty}^{\alpha} = 2\pi/\mathrm{rad}$。考虑到求解 $5°$ 时,绝对迎角:

$$\alpha_a(\theta) = \alpha = \frac{5}{180} \times \pi$$

那么有升力系数：

$$C_L = \frac{2\pi}{1 + \frac{2\pi}{\pi\lambda}(1+\delta)}\alpha = 0.4459$$

之后计算诱导阻力系数：

$$C_{Di} = \frac{C_L^2}{\pi\lambda}(1+\tau) = 0.008611$$

9.4 试从几何关系推导出梯形后掠翼：

(1) $S = b_1 \dfrac{1+\eta}{2} l$；

(2) $\lambda = \dfrac{l^2}{S}$；

(3) $\dfrac{b_1}{l} = \dfrac{2}{\lambda(1+\eta)}$；

(4) $b_0 = \dfrac{2l\eta}{\lambda(1+\eta)}$；

(5) $\tan\chi_0 - \tan\chi_1 = \dfrac{4(\eta-1)}{\lambda(\eta+1)}$；

(6) $b_A = \dfrac{2}{S}\displaystyle\int_0^{l/2} b(z)^2 \mathrm{d}z = \dfrac{4}{3}\dfrac{l}{\lambda}\left[1 - \dfrac{\eta}{(\eta+1)^2}\right]$。

答：

(1)
$$S = \frac{1}{2}(b_0 + b_1)l = \frac{1}{2}b_1(1+\eta)l = b_1\frac{1+\eta}{2}l$$

(2)
$$\lambda = \frac{l}{b_{pj}} = \frac{l}{S/l} = \frac{l^2}{S}$$

(3)
$$\frac{b_1}{l} = \frac{2S}{(1+\eta)l} \times \frac{1}{l} = \frac{2l^2/\lambda}{(1+\eta)l^2} = \frac{2}{\lambda(1+\eta)}$$

(4)
$$b_0 = \eta b_1 = \frac{2l\eta}{\lambda(1+\eta)}$$

(5) 前缘后掠角 χ_0 以及后缘后掠角 χ_1 满足

$$\frac{1}{2}l(\tan\chi_0 - \tan\chi_1) = b_0 - b_1$$

$$\frac{4(\eta-1)}{\lambda(\eta+1)} = \frac{4S}{l^2}\left(\frac{b_0-b_1}{b_0+b_1}\right) = \frac{4S(b_0-b_1)}{2lS} = \frac{2(b_0-b_1)}{l}$$

那么，

$$\tan\chi_0 - \tan\chi_1 = \frac{2(b_0-b_1)}{l} = \frac{4(\eta-1)}{\lambda(\eta+1)}$$

(6)

$$b_A = \frac{2}{S}\int_0^{l/2} b^2(z)\,\mathrm{d}z$$

那么，

$$b(z) = b_0 - \frac{2(b_0-b_1)}{l}z$$

则有左边：

$$\int_0^{l/2} b(z)^2\,\mathrm{d}z = \frac{1}{6}l(b_0^2 + b_0 b_1 + b_1^2)$$

$$\frac{2}{S} = \frac{4}{l(b_0+b_1)}$$

$$\frac{2}{S}\int_0^{l/2} b(z)^2\,\mathrm{d}z = \frac{2}{3}\frac{b_0^2 + b_0 b_1 + b_1^2}{b_0+b_1}$$

对于右边：

$$\frac{4}{3}\frac{l}{\lambda} = \frac{4}{3}\frac{l}{l^2/S} = \frac{4S}{3l} = \frac{2}{3}(b_0+b_1)$$

$$\frac{\eta}{(\eta+1)^2} = \frac{b_0 b_1}{(b_0+b_1)^2}$$

那么，

$$1 - \frac{\eta}{(\eta+1)^2} = \frac{b_0^2 + b_0 b_1 + b_1^2}{(b_0+b_1)^2}$$

所以，

$$\frac{4}{3}\frac{l}{\lambda}\left[1-\frac{\eta}{(\eta+1)^2}\right]=\frac{2}{3}\frac{b_0^2+b_0b_1+b_1^2}{b_0+b_1}$$

所以，

$$b_A=\frac{2}{S}\int_0^{l/2}b(z)^2\mathrm{d}z=\frac{4}{3}\frac{l}{\lambda}\left[1-\frac{\eta}{(\eta+1)^2}\right]$$

9.5 考虑展弦比为6、诱导阻力系数 $C_{Di}=0.055$ 和零升力迎角为$-2°$的矩形机翼。在迎角为$3.4°$时，该机翼的诱导阻力系数为0.01。计算相同迎角、展弦比为10的相似机翼（具有相同翼型截面的矩形机翼）的诱导阻力系数。假设阻力和升力线斜率的诱导因子δ和τ分别相等（即$\delta=\tau$）。

答：矩形机翼，展弦比为6、根梢比为1的情况查表有

$$\tau=0.17$$

$$\delta=0.049$$

由

$$C_{Di}=\frac{C_L^2}{\pi\lambda}(1+\delta)=0.01$$

可得，在迎角为$3.4°$时，

$$C_L=0.4239$$

又由

$$C_L=\frac{C_{L\infty}^a}{1+\frac{C_{L\infty}^a}{\pi\lambda}(1+\tau)}(3.4+2)\times\frac{\pi}{180}$$

可得该翼型：

$$C_{L\infty}^a=6.2397$$

计算相同迎角、展弦比为10的相似机翼（具有相同翼型截面的矩形机翼）的诱导阻力系数，由于假设分别相等，那么之前计算中采用的δ和τ不变：

$$C_L=\frac{C_{L\infty}^a}{1+\frac{C_{L\infty}^a}{\pi\lambda}(1+\tau)}(3.4+2)\times\frac{\pi}{180}=0.4772$$

那么诱导阻力系数：

$$C_{Di} = \frac{C_L^2}{\pi\lambda}(1+\delta) = 0.0076$$

9.6 假定一个大展弦比直机翼的展向环量分布为抛物线形，$\Gamma(z) = \Gamma_0\left[1-\left(\frac{2z}{l}\right)^2\right]$ 见习题9.6图。若其总升力与椭圆环量分布翼相等，试求在对称面上两种环量分布的 Γ_0 和 w_i 的对应关系式。

答：由于总升力与椭圆环量分布翼相等，那么根据升力公式：

$$L = \int_{-l/2}^{l/2} \rho u \Gamma(z) \mathrm{d}z$$

对于抛弧线 $\Gamma(z) = \Gamma_1\left[1-\left(\frac{2z}{l}\right)^2\right]$ 与椭圆 $\Gamma(z) = \Gamma_2\left[1-\left(\frac{2z}{l}\right)^2\right]^{1/2}$，有

习题 9.6 图

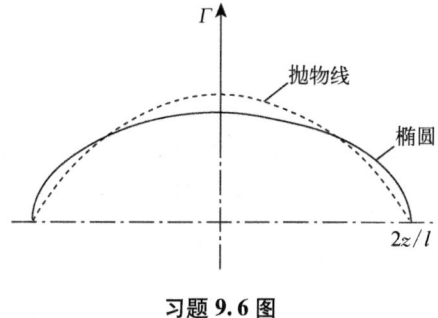

$$\Gamma_1 \int_{-l/2}^{l/2}\left[1-\left(\frac{2z}{l}\right)^2\right]\mathrm{d}z = \Gamma_2 \int_{-l/2}^{l/2}\left[1-\left(\frac{2z}{l}\right)^2\right]^{1/2}\mathrm{d}z$$

即

$$\frac{2}{3}\Gamma_1 = \frac{\pi}{4}\Gamma_2$$

所以有

$$\Gamma_1 = \frac{3\pi}{8}\Gamma_2 = \frac{3\pi}{8}\Gamma_0$$

下洗速度：

对于抛物线有

$$w(z) = \int_{-\frac{l}{2}}^{\frac{l}{2}} \frac{-\frac{\mathrm{d}\Gamma(\xi)}{\mathrm{d}\xi}}{4\pi(\xi-z)}\mathrm{d}\xi = \frac{2\Gamma_1}{\pi l^2}\left(l + z\ln\frac{\frac{l}{2}-z}{\frac{l}{2}+z}\right) = \frac{3\Gamma_0}{4l^2}\left(l + z\ln\frac{\frac{l}{2}-z}{\frac{l}{2}+z}\right)$$

对于椭圆有

$$w(z) = \int_{-\frac{l}{2}}^{\frac{l}{2}} \frac{-\frac{\mathrm{d}\Gamma(\xi)}{\mathrm{d}\xi}}{4\pi(\xi-z)}\mathrm{d}\xi = \frac{\Gamma_2}{\pi l^2}\int_{-\frac{l}{2}}^{\frac{l}{2}} \frac{\xi}{(\xi-z)\sqrt{1-\left(\frac{2\xi}{l}\right)^2}}\mathrm{d}\xi = \frac{\Gamma_2}{2l} = \frac{\Gamma_0}{2l}$$

9.7 NACA 23012 翼型的测量升力斜率为 0.108 0/(°)，$\alpha_{L=0} = -1.3°$，考虑使用该翼型的有限机翼，$\lambda = 8$，锥度比 $= 0.8$。假设 $\delta = \tau$。以几何迎角 $=7°$ 计算该机翼的升力和诱导阻力系数。

答：如果按照习题 9.3 的解法，按照梯形翼，取三角级数前 8 个。

考虑到求解 5° 的升力、阻力系数：

$$C_{L\infty}^{\alpha}(\theta) = 0.108\,0/(°) = 6.187\,9/\mathrm{rad}$$

$$\alpha_a(\theta) = \alpha = \frac{7 + 1.3}{180} \times \pi$$

截断选择 n 到 8，即三角级数的四项（因为边界条件三角级数的偶数项为 0）。

同时，如选择 $\theta = 30°$、$45°$、$60°$ 以及 $90°$ 作为控制剖面带入需要知道四个剖面的弦长。翼根弦长 $\frac{5}{28}l$，翼梢弦长 $\frac{1}{14}l$，令 $z = -\frac{l}{2}\cos\theta$。

那么各剖面弦长分布：

$$c(\theta) = \frac{5}{36}l - \frac{1}{9}l\cos\theta = \frac{1}{36}l(5 - 4\cos\theta)$$

采取习题 9.3 相同方法，那么有

$$A_1 = 0.028\,44$$
$$A_3 = 0.004\,154$$
$$A_5 = 0.001\,957$$
$$A_7 = -0.000\,294\,9$$

$$\tau = \delta = \frac{3A_3^2}{A_1^2} + \frac{5A_5^2}{A_1^2} + \frac{7A_7^2}{A_1^2} = 0.088\,45$$

那么有升力系数：

$$C_L = \frac{C_{L\infty}^{\alpha}(\theta)}{1 + \frac{C_{L\infty}^{\alpha}(\theta)}{\pi\lambda}(1+\delta)}\alpha = 0.706\,9$$

之后计算诱导阻力系数：

$$C_{Di} = \frac{C_L^2}{\pi\lambda}(1+\tau) = 0.021\,64$$

9.8 已知某大展弦比机翼展向环量分布为 $\Gamma(z) = \Gamma_0\left[1 - \left(\frac{2z}{l}\right)^2\right]^{3/2}$，试用升力线理论求解：

（1）$z = l/4$ 处的下洗速度 w_i；

（2）$z = l/2$ 处的下洗速度 w_i。

提示：利用积分式

$$\int_0^\pi \frac{\cos(n\theta)}{\cos\theta - \cos\theta_1}\mathrm{d}\theta = \pi\frac{\sin(n\theta_1)}{\sin\theta_1}$$

答：

$$\Gamma(z) = \Gamma_0\left[1 - \left(\frac{2z}{l}\right)^2\right]^{3/2}$$

那么，

$$\frac{\mathrm{d}\Gamma(z)}{\mathrm{d}z} = -12\Gamma_0\left[1 - \left(\frac{2z}{l}\right)^2\right]^{\frac{1}{2}}\frac{z}{l^2}$$

$$w(z) = \int_{-\frac{l}{2}}^{\frac{l}{2}} \frac{-\dfrac{\mathrm{d}\Gamma(\xi)}{\mathrm{d}\xi}}{4\pi(\xi - z)}\mathrm{d}\xi = \int_{-\frac{l}{2}}^{\frac{l}{2}} \frac{3\Gamma_0\left[1 - \left(\dfrac{2\xi}{l}\right)^2\right]^{\frac{1}{2}}\dfrac{\xi}{l}}{\pi l(\xi - z)}\mathrm{d}\xi$$

设定，

$$\xi = -\frac{1}{2}l\cos\alpha$$

$$\mathrm{d}\xi = \frac{1}{2}l\sin\alpha\,\mathrm{d}\alpha$$

$$z = -\frac{1}{2}l\cos\theta$$

那么有

$$w(\theta) = \int_0^\pi \frac{3\Gamma_0\left[1 - \left(\dfrac{2\xi}{l}\right)^2\right]^{\frac{1}{2}}\dfrac{\xi}{l}}{\dfrac{1}{2}l^2\pi(\cos\theta - \cos\alpha)}\frac{1}{2}l\sin\alpha\,\mathrm{d}\alpha = \int_0^\pi \frac{-3\Gamma_0(\sin^2\alpha\cos\alpha)}{2\pi l(\cos\theta - \cos\alpha)}\mathrm{d}\alpha$$

$$= \int_0^\pi \frac{3\Gamma_0(-\cos\alpha + \cos 3\alpha)}{8\pi l(\cos\theta - \cos\alpha)}\mathrm{d}\alpha = \frac{3\Gamma_0}{8\pi l}\int_0^\pi \frac{(-\cos\alpha + \cos 3\alpha)}{(\cos\theta - \cos\alpha)}\mathrm{d}\alpha$$

$$= \frac{3\Gamma_0}{8\pi l}\left(\pi - \pi\frac{\sin 3\theta}{\sin\theta}\right) = \frac{3\Gamma_0}{8l}\left(1 - \frac{\sin 3\theta}{\sin\theta}\right)$$

（1）$z = \dfrac{l}{4}$ 位置，$\theta = \dfrac{2}{3}\pi$。下洗速度满足 $w_i = \dfrac{3\Gamma_0}{8l}$，由于约定向下为正，下洗

速度实际方向向下。

(2) $z = \dfrac{l}{2}$ 位置，$\theta = \pi$。下洗速度满足 $w_i = -\dfrac{3\Gamma_0}{4l}$。

9.9 若机翼使用一条Ⅱ形马蹄涡线代替，附着涡展长为 l，如习题9.9图所示，试证明：

（1）机翼中间距离附着涡后 a 处的下洗角为

$$a_i = \dfrac{C_L}{2\pi\lambda}\left[\dfrac{\sqrt{(l/2)^2 + a^2}}{a} + 1\right]$$

式中，C_L 为升力系数；λ 为展弦比。

（2）若翼型的 $C_{L\infty}^a = 2\pi$，设展弦比的修正采用椭圆机翼的修正，则机翼中间后面 a 处下洗角对迎角的变化率为

$$\dfrac{\mathrm{d}\alpha_i}{\mathrm{d}\alpha} = \dfrac{1}{\lambda + 2}\left[\dfrac{\sqrt{(l/2)^2 + a^2}}{a} + 1\right]$$

并计算 $A = 8$，$a = 0.4l$ 时的 $\dfrac{\mathrm{d}\alpha_i}{\mathrm{d}\alpha}$ 值。

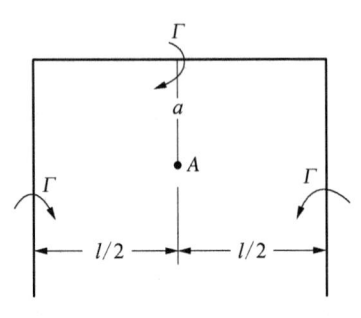

习题9.9图

答：

（1）对于 A 点处，左右是有限长的一侧和无限长半侧的涡线，上侧是有限长涡线，那么有

$$w_i = \dfrac{\Gamma}{4\pi a}\left(\dfrac{\dfrac{l}{2}}{\sqrt{\left(\dfrac{l}{2}\right)^2 + a^2}} + \dfrac{\dfrac{l}{2}}{\sqrt{\left(\dfrac{l}{2}\right)^2 + a^2}}\right)$$

$$+ \dfrac{\Gamma}{4\pi\left(\dfrac{l}{2}\right)}\left(\dfrac{a}{\sqrt{\left(\dfrac{l}{2}\right)^2 + a^2}} + \dfrac{a}{\sqrt{\left(\dfrac{l}{2}\right)^2 + a^2}} + 1\right)$$

$$= \dfrac{\Gamma}{\pi a l}\left(\sqrt{\left(\dfrac{l}{2}\right)^2 + a^2} + a\right)$$

对于来流速度有

$$\dfrac{1}{2}\rho u^2 S C_L = \rho u \Gamma l$$

即

$$C_L = \dfrac{2\Gamma l}{Su} = \dfrac{2\Gamma\lambda}{lu}$$

$$\varGamma = C_L \frac{lu}{2\lambda}$$

对于下洗角有

$$a_i = \frac{w_i}{u} = \frac{\varGamma}{\pi a u l}\left(\sqrt{\left(\frac{l}{2}\right)^2 + a^2} + a\right) = \frac{C_L}{2\pi \lambda a}\left(\sqrt{\left(\frac{l}{2}\right)^2 + a^2} + a\right)$$

$$= \frac{C_L}{2\pi \lambda}\left[\sqrt{\left(\frac{l}{2a}\right)^2 + 1} + 1\right]$$

(2)

$$C_{L\infty}^a = 2\pi$$

对于椭圆机翼修正，$\tau = 0$，那么有

$$C_L = \frac{2\pi}{1 + \dfrac{2}{\lambda}} \alpha$$

对应有

$$\frac{d\alpha_i}{d\alpha} = \frac{1}{2\pi\lambda}\left[\frac{\sqrt{\left(\dfrac{l}{2}\right)^2 + a^2}}{a} + 1\right]\frac{2\pi}{1 + \dfrac{2}{\lambda}} = \frac{1}{\lambda + 2}\left[\frac{\sqrt{(l/2)^2 + a^2}}{a} + 1\right]$$

那么，$\lambda = 8$，$a = 0.4l$ 时的 $\dfrac{d\alpha_i}{d\alpha}$ 有

$$\frac{d\alpha_i}{d\alpha} = 0.26$$

9.10 一种轻型单引擎通用航空飞机的机翼面积为 15 m²，翼展为 9.7 m，最大毛重为 1 111 kg。机翼采用 NACA 65-415 翼型，升力系数为 0.1 033/(°)，$\alpha_{L=0} = -3°$。假设 $\tau = 0.12$。如果飞机在其最大总重的标准海平面以 222 km/h 巡航，并且处于直线和水平飞行中，计算机翼的几何迎角。

答：

展弦比：

$$\lambda = \frac{l^2}{S}$$

巡航时，升力等于重力：

$$u = 61.67 \text{ m/s}$$

海平面大气密度：

$$\rho = 1.225 \text{ kg/m}^3$$

计算升力系数 C_L 满足

$$L = mg$$

$$L = \frac{1}{2}\rho u^2 S C_L$$

$$C_L = \frac{C_{L\infty}^{\alpha}}{1 + \frac{C_{L\infty}^{\alpha}}{\pi\lambda}(1+\tau)}(\alpha - \alpha_{L=0})$$

那么有

$$C_L = 0.3116$$

根据

$$C_L = \frac{C_{L\infty}^{\alpha}}{1 + \frac{C_{L\infty}^{\alpha}}{\pi\lambda}(1+\tau)}(\alpha - \alpha_{L=0})$$

得

$$\alpha = 1.0316°$$

9.11 一架重量 $G = 14\,700$ N 的飞机，在 $h = 3\,000$ m 以 $V_\infty = 300$ km/h 巡航平飞 ($Y = G$)，机翼面积 $S = 17$ m²，$\lambda = 6.2$，采用 NACA 23012 翼型，$\alpha_{0\infty} = -4°$，$C_L^{\alpha} = 0.108/(°)$，无扭转椭圆形平面形状。试计算 C_L、α 和 C_{Di} 值。

答：

$$C_L = \frac{L}{\frac{1}{2}\rho V_\infty^2 S} = \frac{G}{\frac{1}{2}\rho V_\infty^2 S} = \frac{14\,700}{\frac{1}{2} \cdot 0.90913 \cdot \left(\frac{300}{3.6}\right)^2 \cdot 17} = 0.274$$

$$\alpha = \frac{C_L}{C_L^{\alpha}} + \alpha_{0\infty}$$

对于椭圆翼有

$$C_L^{\alpha} = \frac{C_{L\infty}^{\alpha}}{1 + \frac{C_{L\infty}^{\alpha}}{\pi\lambda}} = \frac{0.108 \times \frac{180}{\pi}}{1 + \frac{0.108}{6.2\pi} \times \frac{180}{\pi}} = 4.6961$$

$$\alpha_0 = \alpha_{0\infty} = -4°$$

$$\alpha_a = \frac{C_L}{C_L^\alpha} + \alpha_0 = \left(\frac{0.274}{4.696\,051\,261} - 4 \times \frac{\pi}{180}\right) \text{rad} = -0.657°$$

$$C_{Di} = \frac{C_L^2}{\pi \lambda} = \frac{0.274^2}{6.2\pi} = 3.85 \times 10^{-3}$$

9.12 有一架重量 $G = 7.38 \times 10^4$ N 的单翼飞机,机翼为椭圆形平面形状,翼展 $l = 15.23$ m,现以 90 m/s 的速度在海平面直线飞行,试计算其诱导阻力 D_i 及根部剖面处的 Γ_0 值。

答:

$$C_L S = \frac{G}{\frac{1}{2}\rho V_\infty^2} = \frac{73\,800}{\frac{1}{2} \cdot 1.225 \cdot 90^2} \text{m}^2 = 14.875 \text{ m}^2$$

$$D_i = \frac{1}{2}\rho V_\infty^2 S C_{Di} = \frac{1}{2}\rho V_\infty^2 S \cdot \frac{C_L^2}{\pi \lambda} = \frac{1}{2}\rho V_\infty^2 \cdot \frac{C_L^2 S^2}{\pi l^2}$$

$$= \frac{1}{2} \cdot 1.225 \cdot 90^2 \cdot \frac{14.875^2}{15.23^2 \pi} = 1\,506.45 \text{ N}$$

$$\Gamma_0 = \frac{2V_\infty C_L S}{\pi l} = \frac{2 \cdot 90 \cdot 14.875}{15.23\pi} = 55.96 \text{ m}^2/\text{s}$$

9.13 试证明若用展长为 l'、强度为原机翼根部剖面环量 Γ_0 的一根马蹄涡线来模拟展长为 l 椭圆翼的总升力,则可得

$$\frac{l'}{l} = \frac{\pi}{4}$$

答:对于椭圆翼和马蹄涡线,分别有

$$C_L = \frac{\Gamma_0 \pi l}{2V_\infty S} = \frac{\rho V_\infty \Gamma_0 l'}{\frac{1}{2}\rho V_\infty^2 S}$$

可得

$$\frac{l'}{l} = \frac{\Gamma_0 \pi}{2V_\infty S} \times \frac{\frac{1}{2}\rho V_\infty^2 S}{\rho V_\infty \Gamma_0} = \frac{\pi}{4}$$

9.14 一个有弯度的翼型,$\alpha_{0\infty} = -4°$,$C_L^\alpha = 2\pi/\text{rad}$。若将此翼型放到一个无扭转 $\lambda = 5$ 的椭圆翼上,试求此机翼在 $\alpha = 8°$ 时的 C_L。

答：

$$C_L^\alpha = \frac{C_{L\infty}^\alpha}{1+\dfrac{C_{L\infty}^\alpha}{\pi\lambda}} = \frac{2\pi}{1+\dfrac{2\pi}{5\pi}} \times \frac{\pi}{180}/(°) = 0.0783/(°)$$

$$\alpha_0 = \alpha_{0\infty} = -4°$$

$$C_L = C_L^\alpha(\alpha_a - \alpha_0) = 0.0783/(°) \times (8+4)° = 0.940$$

9.15 $\lambda = 3$ 平板三角翼，已知 $C_{L\infty}^\alpha = 2\pi$，试用工程计算法求很小 α 下的 C_L^α 和 $\dfrac{x_F}{b_A}$ 值

答：

(1) C_L^α

工程算法1：

$$K_p = -0.8223 - 0.0612 \times 3 + 2.2142 \times 3^{0.5} = 2.829$$

$$K_v = 3.0941 - 0.1181 \times 3 - 0.0069 \times 3^2 = 3.386$$

此时工程算法翼型的升力系数：

$$C_L = K_p \sin\alpha\cos^2\alpha + K_v \sin^2\alpha\cos\alpha$$

对于很小的 α 有

$$C_L^\alpha = K_p = 2.829/\text{rad}$$

工程算法2：在小迎角下有，$\chi_{\frac{1}{2}}$ 是通过计算展弦比 3 下，翼根 $b_0 = \dfrac{2}{3}l$，从而有 $\chi_{\frac{1}{2}} = \arcsin\left(\dfrac{2}{3}\right)$。

$$C_L^\alpha = \frac{2\pi\lambda}{2+\sqrt{4+\left(\dfrac{\lambda}{\dfrac{C_{L\infty}^\alpha}{2\pi}\cos\chi_{\frac{1}{2}}}\right)^2}} = \frac{6\pi}{2+\sqrt{4+\left(\dfrac{3}{\dfrac{2\pi}{2\pi} \times \dfrac{3}{\sqrt{13}}}\right)^2}} = 2.902/\text{rad}$$

(2) $\dfrac{x_F}{b_A}$

$$b_A = \frac{2}{S}\int_0^{\frac{l}{2}} b^2(z)\,\mathrm{d}z$$

x 为剖面前缘距离 oz 轴的距离

$$\frac{x_F}{b_A} = \frac{1}{4} + \frac{\dfrac{2}{S}\int_0^{\frac{l}{2}} xb(z)\,\mathrm{d}z}{\dfrac{2}{S}\int_0^{\frac{l}{2}} b^2(z)\,\mathrm{d}z} = \frac{1}{4} + \frac{1}{2} = \frac{3}{4}$$

9.16 矩形机翼，$\lambda = 6$，$l = 12$ m，翼载荷 $G/S = 900$ N/m²。试计算飞机在海平面以 $V_\infty = 150$ km/h 平飞时的诱导阻力以及诱导阻力与总升力之比。

答：矩形机翼，$\lambda = 6$，那么有 $\delta = 0.049$，则

$$C_L = \frac{L}{\frac{1}{2}\rho V_\infty^2 S} = \frac{G/S}{\frac{1}{2}\rho V_\infty^2} = \frac{900}{\frac{1}{2}\cdot 1.225 \cdot \left(\frac{150}{3.6}\right)^2} = 0.8464$$

$$C_{Di} = \frac{C_L^2}{\pi\lambda}(1+\delta) = \frac{0.8464^2}{6\pi}(1+0.049) = 0.03987$$

$$D_i = \frac{1}{2}\rho V_\infty^2 S C_{Di} = \frac{1}{2}\cdot 1.225 \cdot \left(\frac{150}{3.6}\right)^2 \cdot \frac{12^2}{6} \cdot 0.03987 = 1\,017.52 \text{ N}$$

$$\frac{D_i}{L} = \frac{C_{Di}}{C_L} = \frac{0.03987}{0.8464} = 0.0471$$

9.17 一个 $\lambda = 9$、$\eta = 2.5$ 无扭转直机翼在某雷诺数下实验所得到的 C_L-α 曲线，见习题 9.17 图(a)，由图得机翼的 $\alpha_{0\infty} = -1.5°$，$C_L^\alpha = 0.084/(°)$，$C_{L\max} = 1.22$。若其他参数不变，只是 λ 减小为 5，求此时的 α_0 和 C_L^α 并画出 $\lambda = 5$ 时机翼的 C_L-α 曲线。

答：考虑到梯形机翼，各个剖面的下洗角不同。

对于展弦比为 9，根梢比为 2.5 情况下：

翼根弦长 $b_0 = \dfrac{10}{63}l$，翼梢弦长 $b_1 = \dfrac{4}{63}l$。

由于，

$$z = -\frac{l}{2}\cos\theta$$

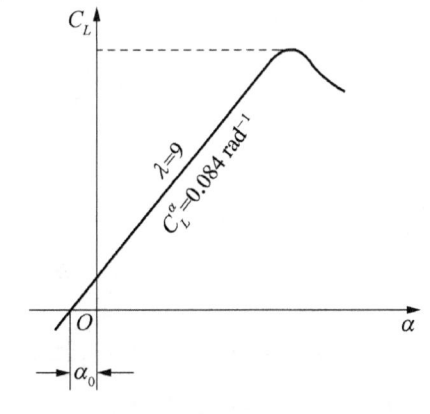

那么，

习题 9.17 图(a)

$$b(\theta) = \frac{10}{63}l - \frac{4}{63}l\cos\theta = \frac{1}{63}l(10 - 4\cos\theta)$$

采用习题 9.3 的方法,那么有

$$A_1 = 0.026\ 45$$

$$A_3 = -0.000\ 305$$

$$A_5 = 0.001\ 927$$

$$A_7 = -0.000\ 226\ 5$$

$$\delta = \frac{3A_3^2}{A_1^2} + \frac{5A_3^2}{A_1^2} + \frac{7A_7^2}{A_1^2} = 0.027\ 46$$

那么有升力系数:

$$C_{L1}^\alpha = 0.084/(°) = \frac{C_{L\infty}^\alpha}{1 + \frac{C_{L\infty}^\alpha}{\pi\lambda}(1 + \delta)}$$

有

$$C_{L\infty}^\alpha = \frac{C_{L1}^\alpha}{1 - \frac{C_{L1}^\alpha}{\pi\lambda}(1 + \delta)} = 5.768\ 5/\text{rad}$$

在 $\lambda = 5$ 的时候,同理计算得到在根梢比为 2.5 的时候:

$$A_1 = 0.041\ 5$$

$$A_3 = -0.000\ 41$$

$$A_5 = 0.002\ 64$$

$$A_7 = -0.000\ 308$$

$$\delta = \frac{3A_3^2}{A_1^2} + \frac{5A_3^2}{A_1^2} + \frac{7A_7^2}{A_1^2} = 0.020\ 9$$

那么,在 $\lambda = 5$ 的时候,机翼的零升迎角不变:

$$\alpha_0 = -1.5°$$

机翼的升力线斜率为

$$C_{L2}^{\alpha} = \frac{C_{L\infty}^{\alpha}}{1 + \frac{C_{L\infty}^{\alpha}}{\pi\lambda}(1+\delta)} = 4.195/\text{rad} = 0.0732/(°)$$

对应可以做出曲线 $C_L - \alpha$，见习题 9.17 图(b)。

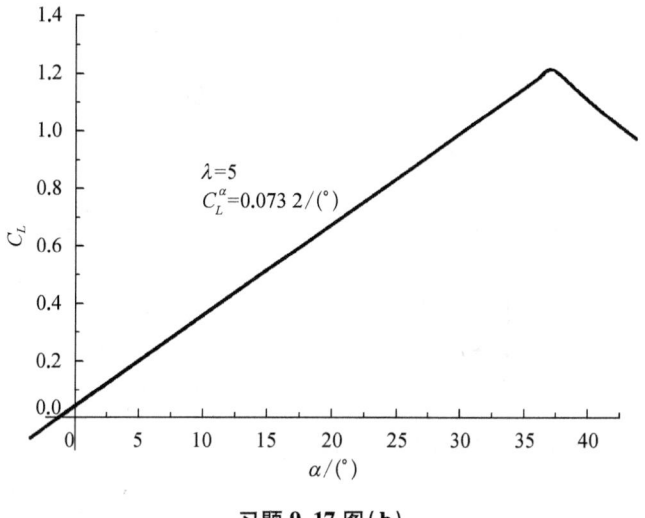

习题 9.17 图(b)

9.18 考虑一个展弦比为 6 的有限机翼。假设升力呈椭圆形分布。翼型截面的升力斜率为 $0.1/(°)$。计算并比较直翼和后掠翼的升力系数，半弦线后掠角为 $45°$。

答：

$$C_{Ln}^{\alpha} = \frac{C_{L\infty}^{\alpha}}{1 + \frac{C_{L\infty}^{\alpha}}{\pi\lambda}} = \frac{0.1 \times \frac{180}{\pi}}{1 + \frac{0.1 \times \frac{180}{\pi}}{6\pi}} = 4.934/\text{rad}$$

$$C_{L45°}^{\alpha} = \frac{2\pi\lambda}{2 + \sqrt{4 + \left(\dfrac{\lambda}{\dfrac{C_{L\infty}^{\alpha}}{2\pi}\cos\chi_{\frac{1}{2}}}\right)^2}} = \frac{12\pi}{2 + \sqrt{4 + \left(\dfrac{6}{\dfrac{0.1 \times \frac{180}{\pi}}{2\pi} \times \dfrac{\sqrt{2}}{2}}\right)^2}}$$

$$= 3.273/\text{rad}$$

9.19 一架民航机使用 $\lambda = 8$、$\eta = 2$、$\chi_0 = 45°$ 梯形后掠翼，试使用工程计算方法求此机翼

的 C_L^α 和 $\dfrac{x_F}{b_A}$ 值。

答：对于 $\chi_0 = 45°$ 的梯形后掠翼：

$$\lambda = 8, \eta = 2$$

$$\tan\chi_{1/2} = \tan\chi_0 - \frac{2(\eta-1)}{\lambda(\eta+1)} = \frac{11}{12}$$

$$\chi_{1/2} = 42.510\ 447\ 08°$$

那么有

$$C_L^\alpha = \frac{2\pi\lambda}{2+\sqrt{4+\left(\dfrac{\lambda}{\dfrac{C_{L\infty}^\alpha}{2\pi}\cos\chi_{\frac{1}{2}}}\right)^2}} = \frac{16\pi}{2+\sqrt{4+\left(\dfrac{8}{\dfrac{2\pi}{2\pi}\times\dfrac{12}{\sqrt{11^2+12^2}}}\right)^2}}$$

$$= 3.856\ 105\ 682/\text{rad}(C_{L\infty}^\alpha \text{ 取 } 2\pi)$$

$$Z_{ba} = \frac{L}{2} \times \frac{\eta+2}{3(\eta+1)} = \frac{L}{2} \times \frac{4}{9} = \frac{2L}{9}$$

$$b_A = \frac{4}{3}b_0\left[1 - \frac{\eta}{(\eta+1)^2}\right] = \frac{4}{3} \times \frac{1}{6}L\left[1 - \frac{2}{9}\right] = \frac{14}{81}L$$

$$\frac{x_F}{b_A} = \frac{1}{4} + \frac{Z_{ba}\tan\chi_0}{b_A} = \frac{1}{4} + \frac{\dfrac{2}{9}L\tan 45°}{\dfrac{14}{81}L} = 1.535\ 714\ 286$$

9.20 设在迎角不大时机翼的极曲线可表为抛物线 $C_D = C_{D0} + AC_L^2$，试证：

$$K_{\max} = \left(\frac{C_L}{C_D}\right)_{\max} = \frac{1}{2\sqrt{AC_{D0}}}$$

答：

$$K = \frac{C_L}{C_D} = \frac{C_L}{C_{D0}+AC_L^2}$$

对 C_L 求导有

$$\frac{dK}{dC_L} = \frac{C_{D0}+AC_L^2-2AC_L^2}{(C_{D0}+AC_L^2)^2} = \frac{C_{D0}-AC_L^2}{(C_{D0}+AC_L^2)^2}$$

当 $C_{D0} = AC_L^2$ 时上式为 0，K 取得最大值：

$$K_{\max} = \frac{\sqrt{\dfrac{C_{D0}}{A}}}{2C_{D0}} = \frac{1}{2\sqrt{AC_{D0}}}$$

第10章
低速机身与翼身组合体气动特性

10.1 内容要点

飞机机身是用来装载人员、货物、武器和机载设备的部件,同时也是机翼、尾翼、起落架等部件的连接件。在轻型飞机和歼击机上,常将发动机装在机身内。飞行中机身的阻力占全机阻力的30%~40%。因此,细长流线型机身对减小飞机阻力、改善飞行性能具有重要的作用。飞机的机身多数为旋成体。旋成体是指三维空间中,由旋转曲面与底截面围成的物体(圆柱体、圆锥体、球体均属于旋成体)。由一条母线(直线段或曲线段)绕对称轴旋转,闭合旋转曲面后而成的物体,如圆锥、圆柱、球体等。包含对称轴的任一平面称为旋成体的子午面,任一子午面上旋成体的边界形状均相同。

一般飞机采用旋成体机身都是比较细长而且飞机时迎角也不大,因此机身对流场的扰动是小扰动,在超声速飞行时头部冲波和马赫波相差无几,通过头部冲波时熵的变化也可忽略不计,整个流场可认为是无旋的,扰动速位仍然满足线化位流方程。

用柱坐标表示的全速位方程为

$$\left(1 - \frac{V_x^2}{a^2}\right)\frac{\partial^2 \Phi}{\partial x^2} + \left(1 - \frac{V_r^2}{a^2}\right)\frac{\partial^2 \Phi}{\partial r^2} + \left(1 - \frac{V_\theta^2}{a^2}\right)\frac{1}{r^2}\frac{\partial^2 \Phi}{\partial \theta^2} - 2\frac{V_x V_r}{a^2}\frac{\partial^2 \Phi}{\partial x \partial r} \\ - 2\frac{V_x V_\theta}{a^2}\frac{1}{r}\frac{\partial^2 \Phi}{\partial x \partial \theta} - 2\frac{V_r V_\theta}{a^2}\frac{1}{r}\frac{\partial^2 \Phi}{\partial x \partial \theta} + \frac{V_r}{r}\left(1 + \frac{V_\theta^2}{a^2}\right) = 0$$

在马赫数不接近1,又不是很大的超声速时,略去高于一阶的小量,得到扰动速度势方程:

$$(1 - Ma_\infty)^2 \frac{\partial^2 \varphi}{\partial x^2} + \frac{\partial^2 \varphi}{\partial r^2} + \frac{1}{r^2}\frac{\partial^2 \varphi}{\partial \theta^2} + \frac{1}{r}\frac{\partial \varphi}{\partial r} = 0$$

对于有迎角的机身绕流,由于方程线性,可将扰动速度势函数分解为轴向流动和横向流动速度势:

$$\varphi = \varphi_1 + \varphi_2$$

式中,φ_1 为由来流速度 $V_\infty \cos \alpha \approx V_\infty$ 产生的速度势函数;φ_2 为由来流速度 $V_\infty \sin \alpha \approx V_\infty \alpha$ 产生的速度势函数。

推导可得,细长旋成体压强系数在风轴坐标系的表达式为

$$C_p = -\frac{2}{V_\infty}\left(\frac{\partial \varphi_1}{\partial x} + \frac{\partial \varphi_2}{\partial x}\right) - \frac{1}{V_\infty^2}\left[\left(V_\infty \alpha\cos\theta + \frac{\partial \varphi_1}{\partial r} + \frac{\partial \varphi_2}{\partial r}\right)^2\right.$$
$$\left. + \left(V_\infty \alpha\sin\theta - \frac{1}{r}\frac{\partial \varphi_2}{\partial \theta}\right)^2 - V_\infty^2 \alpha^2\right]$$

由上式可以看出,在有迎角的绕流时,流场中任一点的压强系数一般说来不等于轴向流动产生的压强系数与横向流动压强系数之和。只有在求旋成体表面上压强系数时,压强系数才存在有叠加性。

假设细长体的长度为 L,底部面积为 $S(L)$,如果尾部面积为零,用最大横截面积。来流速度 V,迎角 α,法向力为 N,轴向力为 A,由此得到亚声速绕流的升力和阻力的计算式为

$$C_L \approx 2\alpha$$
$$C_D \approx \alpha^2$$

10.2 习题解答

10.1 说明运输机细长体机身气动设计的一般原则。

答：人类观察到海鸥翱翔时身体的外形是一个长细比大的圆锥体。长细比是指身体长度与最大直径的比值,这个比值一般在 6~13 时空气阻力最小。

对于运输类飞机,根据加工结构面,将机身分为机头、前机身、中机身、后机身和尾锥五大段。

由于各段的基本任务和结构要求不同。机身外形的总体气动设计基本要求如下。

（1）在给定动压下,阻力主要取决于飞机形状与浸润面积。满足同样载客和装货要求下,机身的截面积尽量选用较小的,以便减少机身的迎风阻力,是机身剖面设计的准则。

（2）实际机身所采用的长细比,可根据总体布置的需要确定,对巡航马赫数低于 0.85 的亚声速飞机,只要不影响商载,设计尽可能接近细长型的流线型外形。

（3）前机身外形主要根据机头雷达罩、驾驶舱、天窗玻璃外形光滑过渡要求,充分考虑视野和驾驶舱、电子设备舱等总体布置的要求,气动上避免产生分离而增加阻力。前机身的长细比(前机身长度/直径之比)的常用值为 2.0~2.5。

（4）后机身的长细比(后机身长度/直径之比)通常为 3.0~3.5,收缩太快易发生边界层分离。为了在起飞或者着陆时获取所需要的抬前轮角度(机身尾部不至擦地),机身后部常常稍微上翘。从阻力的角度看,尾翘角(决定了飞机的擦地角)不宜超过 6°~7°。如果尾翘角取得过大,特别是货机后机身,受机翼下洗、起落架整流鼓包和后机身绕流的影响,可能出现大的不利干扰,如在机身后部形成不稳定涡系,引起横向振荡,特别是在低速、大襟翼偏角时更为严重。大型飞机机身尾翘角布置在巡航时要产生大的阻力。

10.2 给出细长旋成体的线化假设和控制方程。

答:一般飞机采用旋成体机身都是比较细长且飞机迎角也比较小,因此机身对流场的扰动是小扰动,整个流场可认为是无旋流动,扰动速度满足线化势流方程。

取定一个柱坐标系,流场中任意一点 $P(x, r, \theta)$,扰动速度分量分别为 V_x,V_r,V_θ,在理想势流情况下,存在扰动速度势函数 φ,速度分量为

$$v_x = \frac{\partial \varphi}{\partial x}, \quad v_r = \frac{\partial \varphi}{\partial r}, \quad v_\theta = \frac{1}{r}\frac{\partial \varphi}{\partial \theta}$$

来流的速度分量为

$$V_{x\infty} = V_\infty \cos\alpha$$

$$V_{r\infty} = V_\infty \sin\alpha \cos\theta$$

$$V_{\theta\infty} = -V_\infty \sin\alpha \sin\theta$$

在小迎角下,来流速度分量可以简化为

$$V_{x\infty} \approx V_\infty$$

$$V_{r\infty} \approx V_\infty \alpha \cos\theta$$

$$V_{\theta\infty} \approx -V_\infty \alpha \sin\theta$$

在小迎角下,流场上任意点的速度分量可写成为未受扰动的速度分量和扰动速度分量之和:

$$V_x = V_{x\infty} + v_x \approx V_\infty + v_x$$

$$V_r = V_{r\infty} + v_r \approx V_\infty \alpha \cos\theta + v_r$$

$$V_\theta = V_{\theta\infty} + v_\theta \approx -V_\infty \alpha \sin\theta + v_\theta$$

在小扰动下,忽略二阶小量,能量方程为

$$a^2 = a_\infty^2 - \frac{\kappa-1}{2}(V^2 - V_\infty^2) \approx a_\infty^2 - (\kappa-1)V_\infty v_x$$

在马赫数不接近1,又不是很大的超声速时,略去高于一阶的小量,得到扰动速度势方程。

$$(1 - Ma_\infty)^2 \frac{\partial^2 \varphi}{\partial x^2} + \frac{\partial^2 \varphi}{\partial r^2} + \frac{1}{r^2}\frac{\partial^2 \varphi}{\partial \theta^2} + \frac{1}{r}\frac{\partial \varphi}{\partial r} = 0$$

上式的应用条件是:旋成体必须是细长体,旋成母线上任意点的斜率小于1,这意味着旋成体的顶点必须是尖的,而且来流马赫数不太接近1,也不是很高。扰动速度势必须满足条件:在旋成体表面上满足气流不穿过固壁条件。

$$\left(\frac{V_r}{V_x}\right)_{r=R} = \left[\frac{\frac{\partial \varphi}{\partial r} + V_\infty \alpha \cos\theta}{V_\infty + \frac{\partial \varphi}{\partial x}}\right]_{r=R} = \frac{dR(x)}{dx}$$

10.3 说明细长体大迎角绕流的横流理论的基本思想。

答：旋成体背风面上方的分离涡对表面压强分布有很大影响。因而在计算法向力和轴向力时需要考虑横流影响。由于旋成体细长，假设横向绕流的压强与来流 $V_\infty \sin\alpha$ 绕横截面圆柱流动压强一样，由此产生的法向力近似看作圆柱绕流阻力。

单位长度旋成体上的附加法向力可以表示为

$$N = 2\alpha\left(\frac{1}{2}\rho_\infty V_\infty^2\right)S(L) + C_x\left(\frac{1}{2}\rho_\infty V_\infty^2\right)\alpha^2 S_V$$

升力系数和阻力系数为

$$C_L = \frac{N\cos\alpha - A\sin\alpha}{\frac{1}{2}\rho_\infty V_\infty^2 S(l_r)} \approx 2\alpha + C_x\alpha^3$$

$$C_D = \frac{N\sin\alpha + A\cos\alpha}{\frac{1}{2}\rho_\infty V_\infty^2 S(l_r)} \approx \alpha^2 + C_x\alpha^3$$

上述理论结果与实验、线化位流理论的比较发现：黏性的影响甚大，升力系数远比位流理论的计算结果大，压力中心也后移得很多，而横流理论计算出的结果更符合实验结果。

10.4 说明翼身组合体绕流中翼身干扰的物理概念。

答：机翼与机身的配合称为翼身组合体。翼身组合体的升力不能简单地通过将单独机翼的升力与单独机身的升力相加得到。确切地说，一旦机翼与机身组合在一起后，流经机身的流场会改变流经机翼的流场，反之亦然——这一现象被称为翼身干扰。

（1）机身对机翼的干扰：由于机身横流的影响，将对机翼产生上洗流动，所以会增大机身附近机翼的有效迎角，产生附加升力。

（2）机翼对机身的干扰：若将机翼的升力效应用沿着机翼弦平面布置涡系取代，这些涡系在垂向将产生诱导速度，与来流速度合成，改变了沿机身轴线的迎角分布。在附着涡诱导作用下，机身头部产生上洗，有效迎角增大；在机翼自由涡面下洗诱导下，使机身中部迎角减小；在机翼机身连接处气流沿机翼流动，当机翼无安装角时，这部分气流无迎角；否则为有迎角的绕流。机翼产生升力，导致机身也要产生附加升力。

10.5 简述细长旋成体大迎角绕流分离现象。

答：在有来流迎角下，绕过细长旋成体的流动是不对称的，背风面边界层增厚，迎风面边界层变薄。当迎角达到一定值以后，旋成体上表面边界层分离，出现漩涡，导致绕流分离。

第11章
亚声速薄翼型和机翼绕流的气动特性

11.1 内容要点

11.1.1 亚声速可压流中绕翼型的流动特点

在流场中,如果处处都是亚声速的,则称该流场为亚声速流场。一般而言,当马赫数小于0.3时,可以忽略空气的压缩性,按不可压缩流动处理;当马赫数大于0.3时,就要考虑压缩性的影响,否则会导致较大误差。

亚声速可压流流过翼型的绕流图画与低速不可压流动情况相比,无本质区别,只是在翼型上下流管收缩处,亚声速可压流在竖向受到扰动的扩张,比低速不可压流的流线扩张大,即压缩性使翼型在竖向产生的扰动,要比低速不可压流的为强,传播得更远。

11.1.2 小扰动线化理论

在定常、理想流动中,对等熵可压流动问题,由于密度不再是常数,故不再有简单的速度位拉普拉斯方程。此时,可推导出定常理想可压流速位方程,又称全速位方程:

$$\left(1-\frac{u^2}{a^2}\right)\frac{\partial^2 \phi}{\partial x^2} + \left(1-\frac{v^2}{a^2}\right)\frac{\partial^2 \phi}{\partial y^2} + \left(1-\frac{w^2}{a^2}\right)\frac{\partial^2 \phi}{\partial z^2}$$
$$-2\frac{uv}{a^2}\frac{\partial^2 \phi}{\partial x \partial y} - 2\frac{vw}{a^2}\frac{\partial^2 \phi}{\partial y \partial z} - 2\frac{uw}{a^2}\frac{\partial^2 \phi}{\partial x \partial z} = 0$$

全速度位方程中仅包含一个未知函数速度势函数。因此,对于定常、理想、等熵可压缩绕流问题,即为满足具体边界条件求解全速位方程的数学问题,由于方程的非线性,对于实际物体形状的绕流问题,一般无法求精确解。全速位方程因为系数是速度位的函数,故是非线性的二阶偏微分方程(二阶拟线性方程),难以求解,可采用小扰动线化的近似解法及数值解法等。

飞行器高速飞行时,为减小阻力,机翼的相对厚度、弯度都较小,且迎角也不大。因此对无穷远来流的扰动,除个别地方外,总的来说不大,满足小扰动条件。在小扰动条件下,全速位方程可以简化为线化方程。

现假设:流动满足小扰动条件;非跨声速流动,即 Ma_∞ 不太接近于1,故 $|1-Ma_\infty^2|$ 不是小量;非高超声速流,即 Ma_∞ 不是很大。

对于无旋流动,有扰动位函数存在,方程成为

$$(1 - Ma_\infty^2)\frac{\partial^2 \varphi}{\partial x^2} + \frac{\partial^2 \varphi}{\partial y^2} + \frac{\partial^2 \varphi}{\partial z^2} = 0$$

该方程是线性二阶偏微分方程,故称为全速位方程的小扰动线化方程。
$Ma_\infty < 1$ 时,令 $\beta = \sqrt{1 - Ma_\infty^2}$,上面方程为

$$\beta^2 \frac{\partial^2 \varphi}{\partial x^2} + \frac{\partial^2 \varphi}{\partial y^2} + \frac{\partial^2 \varphi}{\partial z^2} = 0$$

$Ma_\infty > 1$ 时,令 $B = \sqrt{Ma_\infty^2 - 1}$,上面方程为

$$B^2 \frac{\partial^2 \varphi}{\partial x^2} - \frac{\partial^2 \varphi}{\partial y^2} - \frac{\partial^2 \varphi}{\partial z^2} = 0$$

可见,线化方程在亚声速时为椭圆型方程,在超声速时为双曲型方程。
压强系数:

$$C_p = \frac{2}{\gamma Ma_\infty^2}\left\{\left[1 + \frac{\gamma - 1}{2}Ma_\infty^2\left(1 - \frac{V^2}{V_\infty^2}\right)\right]^{\frac{\gamma}{\gamma-1}} - 1\right\}$$

在小扰动时,略去扰动速度的三次及更高阶小量,得

$$C_p = -\left(\frac{2u}{V_\infty} + \frac{u^2}{V_\infty^2} + \frac{v^2 + w^2}{V_\infty^2}\right)$$

对机翼等扁平物体,只取一次近似得

$$C_p = -\frac{2u}{V_\infty}$$

该式与不可压流动压强系数线化公式完全一样,压强系数仅决定于 x 向的扰动速度。

理想流体的物面边界条件是流体的法向速度为零。在小扰动条件下,可获得较简单的线化物面边界条件:

$$v(x, 0) = \left(\frac{\partial \varphi}{\partial y}\right)_{y=0} = V_\infty \left(\frac{\partial y}{\partial x}\right)_S$$

用于平面流问题时,上式变成

$$v(x, 0) = V_\infty \left(\frac{\mathrm{d}y}{\mathrm{d}x}\right)_s$$

式中,$(\mathrm{d}y/\mathrm{d}x)_s$ 是物面的斜率。

对亚声速可压流绕过物体的流动,在小扰动条件下,扰动速度位满足线化方程及线化

边界条件,可以求解,获得物体表面压强,进而求得其气动特性。

亚声速流的线化方程是椭圆型的,与不可压流的拉普拉斯方程相比,只是第一项的系数不是 1.0,而是常数因子 β^2。这可以通过适当的坐标变换,将线化方程化为拉普拉斯方程,并将边界条件和压强系数也作相应变换,这样就把求解线化方程满足边界条件的问题变为求解拉普拉斯方程满足边界条件的问题。

定义以下变换:$X = x$,$Y = \beta y$,$Z = \beta^2 z$,$\beta^2 \phi = \Phi$,$V_{\infty 可压} = V_{\infty 不可压}$。其中,纵向 x 和其他两个方向 y、z 用的是不同的缩尺,这种保持纵向尺度不变,只把其他两个方向的尺度加以放大或缩小的变换称为仿射变换,经此变换之后,两流场中的物体不是几何相似的,是仿射相似的。大写 X、Y、Z、Φ 表示不可压的坐标和扰动速度位。

通过变换,解可压流速度位线化方程加线化边界条件问题就转化为解拉普拉斯方程加相同边界条件的不可压流问题,即亚声速薄翼型绕流问题已变换为不可压绕流问题。例如,在平面流动中,仿射变换公式为

$$\beta^2 \frac{\partial^2 \phi}{\partial x^2} + \frac{\partial^2 \phi}{\partial y^2} = 0 \qquad \frac{\partial^2 \Phi}{\partial X^2} + \frac{\partial^2 \Phi}{\partial Y^2} = 0$$

$$\left(\frac{\partial \phi}{\partial y}\right)_{y=0} = V_\infty \frac{\mathrm{d} y_s}{\mathrm{d} x}, \quad \frac{\partial \Phi}{\partial Y}\bigg|_{Y=0} = V_\infty \left(\frac{\mathrm{d} Y}{\mathrm{d} X}\right)_S$$

现研究亚声速薄翼型绕流与相应的不可压低速薄翼型之间的几何参数关系。根据上面仿射变换公式,不可压流的翼型 X 向尺寸不变,Y 方向等于亚声速翼型的 y 向尺寸乘以 β。故对应不可压翼型的相对厚度、相对弯度均为可压流翼型对应值的 β 倍,同样,迎角也乘以 β。可见,对应不可压翼型绕流比原始翼型薄、弯度小、迎角小。

格特尔特法则(Gothert Rule):翼型上对应点压强系数之间的变换公式

$$C_p(Ma_\infty, \alpha, c, f) = \frac{1}{\beta^2} C_p(0, \beta\alpha, \beta c, \beta f)$$

即可压流场某点的压强系数等于不可压流场上对应点的压强系数乘以 $1/\beta^2$。

根据薄翼理论,小扰动不可压翼型绕流对气流的扰动,可认为是翼型的厚度,弯度和迎角三者所引起扰动的线性叠加,且扰动的大小分别与它们成正比。根据此原理,在不可压流场中将翼型厚度、弯度和迎角放大一下,都乘以 $1/\beta$。其引起的扰动速度也必放大 $1/\beta$ 倍,线化压强系数与之成正比,故也放大 $1/\beta$ 倍,故

$$C_p(0, \alpha, c, f) = \frac{1}{\beta} C_p(0, \beta\alpha, \beta c, \beta f)$$

代入上面的压强系数变换式,得

$$C_p(Ma_\infty, \alpha, c, f) = \frac{1}{\beta} C_p(0, \alpha, c, f)$$

这就是说不可压流和可压流在完全相同的翼型和迎角条件下,其对应点上的压强系

数的关系是,把不可压流的 C_p 乘以 $1/\beta$ 就是亚声速可压流的 C_p 值。该换算关系称为普朗特-格劳特法则(Prandtl-Glauert Rules)。$1/\beta$ 称为亚声速流的压缩性因子。

升力系数 C_L 是各点的压强系数沿翼面积分而得到的,力矩系数 m_z 和升力系数只差一个 x 向的力臂,所以同一翼型在同一迎角下,亚声速的 C_L 和 m_z 等于 $1/\beta$ 乘以不可压流的 C_L 和 m_z 值。即

$$C_L(Ma_\infty, \alpha, c, f) = \frac{1}{\beta} C_L(0, \alpha, c, f)$$

$$m_z(Ma_\infty, \alpha, c, f) = \frac{1}{\beta} m_z(0, \alpha, c, f)$$

$$C_L^\alpha(Ma_\infty, \alpha, c, f) = \frac{1}{\beta} C_L^\alpha(0, \alpha, c, f)$$

实验发现,当 Ma_∞ 在 $0.5 \sim 0.7$ 时,普朗特-格劳特的修正结果与实验数据的差别较大。1939 年,钱学森在一篇著名的学术论文中提出了一个新的压缩性修正公式——卡门-钱公式:

$$C_p(Ma_\infty, \alpha, c, f) = \frac{C_p(0, \alpha, c, f)}{\sqrt{1 - Ma_\infty^2} + \frac{Ma_\infty^2}{\sqrt{1 - Ma_\infty^2} + 1} \frac{C_p(0, \alpha, c, f)}{2}}$$

该公式的修正量不再是常数 $1/\beta$,而与当地的压强 $(C_p)_{0,\alpha,c,f}$ 有关,如果是吸力点的话,其为负值,修正量比 $1/\beta$ 大些,如果是压力点,是正值,则修正量比 $1/\beta$ 小一些。准确度更高。

11.1.3 亚声速大展弦比机翼基本特性

将二维的普朗特-格劳特法则推广到三维,即获得亚声速机翼和不可压机翼之间的对应变换关系。

对机翼等扁平物体,压强系数只取一次近似得

$$C_p = -\frac{2u}{V_\infty}$$

该式与不可压流动压强系数线化公式完全一样,压强系数仅决定于 x 向的扰动速度。

对于机翼,根据前面仿射变换关系,X 向不变,Z 向缩小,$Z = \beta z$,故相应机翼之间平面几何参数存在以下关系:

根梢比 $\eta' = \eta$
展弦比 $\lambda' = \beta\lambda$

后掠角 $\quad \tan\chi' = \dfrac{1}{\beta}\tan\chi \quad \tan\chi' = \dfrac{1}{\beta}\tan\chi$

可见,对应不可压流中的机翼,其展弦比变小,后掠角变大,而根梢比不变。

对于可压流机翼,其对应的不可压机翼,平面形状满足上面的关系,即展弦比变成 $\beta\lambda$、后掠角的正切变成 $\tan\chi' = \dfrac{1}{\beta}\tan\chi$,翼型不变,迎角不变,推广应用普朗特-格劳特法则至三维,可得可压流中的机翼的压强系数等于对应不可压机翼上对应点的压强系数的 $1/\beta$ 倍。即

$$C_p(Ma_\infty, \alpha, \lambda, \tan\chi, \eta) = \dfrac{1}{\beta}C_p\left(0, \alpha, \beta\lambda, \dfrac{1}{\beta}\tan\chi, \eta\right)$$

$$C_L(Ma_\infty, \alpha, \lambda, \tan\chi, \eta) = \dfrac{1}{\beta}C_L\left(0, \alpha, \beta\lambda, \dfrac{1}{\beta}\tan\chi, \eta\right)$$

$$m_z(Ma_\infty, \alpha, \lambda, \tan\chi, \eta) = \dfrac{1}{\beta}m_z\left(0, \alpha, \beta\lambda, \dfrac{1}{\beta}\tan\chi, \eta\right)$$

根据普朗特-格劳特法则,亚声速可压流中机翼的气动特性,可从不可压流中相应机翼的气动特性求出。将上面升力系数公式写成升力线斜率公式为

$$C_L^\alpha(Ma_\infty, \alpha, \lambda, \tan\chi, \eta) = \dfrac{1}{\beta}C_L^\alpha\left(0, \alpha, \beta\lambda, \dfrac{1}{\beta}\tan\chi, \eta\right)$$

$$\dfrac{C_L^\alpha}{\lambda}(Ma_\infty, \alpha, \lambda, \tan\chi, \eta) = \dfrac{1}{\beta\lambda}C_L^\alpha\left(0, \alpha, \beta\lambda, \dfrac{1}{\beta}\tan\chi, \eta\right)$$

11.2 习题解答

11.1 在翼型表面的给定点上,在非常低的速度下,压力系数为-0.3。如果自由流马赫数为0.6,则在此点计算 C_p。

答:根据普朗特-格劳特法则,在该马赫数下,此点压力系数为

$$C_p = -0.3 \times \dfrac{1}{\sqrt{1 - 0.6^2}} = -0.375$$

11.2 不可压缩流中对称薄翼型的理论升力系数为 $C_L = 2\pi\alpha$。计算 $Ma_\infty = 0.7$ 时升力系数。

答:不可压缩低来流速度下:

$$C_L = 2\pi\alpha$$

对于 $Ma_\infty = 0.7$,

$$C_L = \frac{1}{\sqrt{1-0.7^2}} 2\pi\alpha = 2.8\pi\alpha = 8.796\alpha$$

11.3 如习题 11.3 图所示,在低速风洞中测量的翼型上的压力系数分布 $Re = 3.65\times 10^6$。根据这些信息,估计在零攻角下 NACA 0012 翼型的临界马赫数。

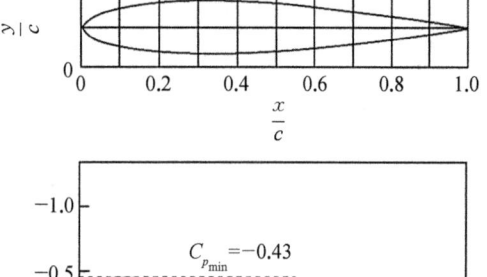

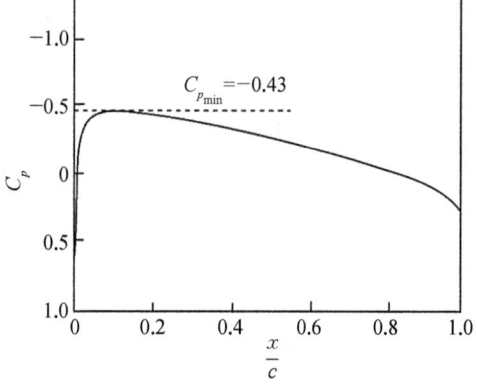

答:低速下有

$$C_{p_{\min}\text{不}} = -0.43$$

应用普朗特-格劳特法则:

$$C_{p_{\min}} = \frac{C_{p_{\min}\text{不}}}{\sqrt{1-Ma_{\text{cr}}^2}}$$

由等熵关系式得

$$C_{p_{\min}} = \frac{2}{\gamma Ma_{\text{cr}}^2}\left\{\left[\frac{2}{\gamma+1}\left(1+\frac{\gamma-1}{2}Ma_{\text{cr}}^2\right)\right]^{\frac{\gamma}{\gamma-1}} - 1\right\}$$

联立上述各式即可求得

$$Ma_{\text{cr}} = 0.74$$

习题 11.3 图

11.4 试证函数:

$$\phi = \frac{V_\infty}{\beta}\frac{d}{1+e^{-4\pi\beta y/l}}\sin\left(\frac{2\pi}{l}x\right)e^{-2\pi\beta y/l}\left[1+e^{4\pi\beta(y-h)/l}\right]$$

是亚声速线化方程的一个解。这是上下壁相距 h 的二维平行通道中间有一波纹板(正弦曲线)的亚声速流扰动位函数。题中 $\beta = \sqrt{1-Ma_\infty^2}$。

答:

$$\frac{\partial \phi}{\partial x} = \frac{V_\infty}{\beta}\frac{d}{1+e^{-\frac{4\pi\beta y}{l}}}\frac{2\pi}{l}\cos\left(\frac{2\pi}{l}x\right)e^{-\frac{2\pi\beta y}{l}}\left[1+e^{\frac{4\pi\beta(y-h)}{l}}\right]$$

$$\frac{\partial^2 \phi}{\partial x^2} = -\frac{V_\infty}{\beta}\frac{d}{1+e^{-\frac{4\pi\beta y}{l}}}\frac{4\pi^2}{l^2}\sin\left(\frac{2\pi}{l}x\right)e^{-\frac{2\pi\beta y}{l}}\left[1+e^{\frac{4\pi\beta(y-h)}{l}}\right]$$

$$\frac{\partial \phi}{\partial y} = \frac{2\pi dV_\infty}{l}\sin\left(\frac{2\pi}{l}x\right)\frac{1}{1+e^{-\frac{4\pi\beta y}{l}}}e^{-\frac{2\pi\beta y}{l}}\left\{\frac{1}{1+e^{-\frac{4\pi\beta y}{l}}}\left[1+e^{\frac{4\pi\beta(y-h)}{l}}\right]+\left[1+e^{\frac{4\pi\beta(y-h)}{l}}\right]\right\}$$

211

$$\frac{\partial^2 \phi}{\partial y^2} = \frac{\mathrm{d}V_\infty \beta}{1 + \mathrm{e}^{-\frac{4\pi\beta y}{l}}} \frac{4\pi^2}{l^2} \sin\left(\frac{2\pi}{l}x\right) \mathrm{e}^{-\frac{2\pi\beta y}{l}} \left[1 + \mathrm{e}^{\frac{4\pi\beta(y-h)}{l}}\right]$$

则

$$\beta^2 \frac{\partial^2 \phi}{\partial x^2} + \frac{\partial^2 \phi}{\partial y^2} = 0$$

满足亚声速线化方程。

11.5 考虑笛卡儿坐标系中的亚声速可压缩流,其中速度势由

$$\phi(x, y) = V_\infty x + \frac{7}{\sqrt{1 - Ma_\infty^2}} \mathrm{e}^{-2\pi\sqrt{1 - Ma_\infty^2}\, y} \sin(2\pi x)$$

如果自由流特性由 $V_\infty = 213$ m/s、$p_\infty = 101\,325$ Pa 和 $t_\infty = 15℃$ 给出,则在位置 $(x, y) = (0.061\text{ m}, 0.061\text{ m})$:处计算 Ma、p 和 T。

答:

声速:

$$a = \sqrt{\gamma R T} = 340.3 \text{ m/s},$$

则

$$Ma_\infty = \frac{V_\infty}{a} = 0.625\,9$$

$$\sqrt{1 - Ma_\infty^2} = 0.78$$

该点处有

$$u = \frac{\partial \phi}{\partial x} = V_\infty + \frac{14\pi}{\sqrt{1 - Ma_\infty^2}} \mathrm{e}^{-2\pi\sqrt{1 - Ma_\infty^2}\, y} \cos(2\pi x) = 254.82 \text{ m/s}$$

$$v = \frac{\partial \phi}{\partial y} = -14\pi \mathrm{e}^{-2\pi\sqrt{1 - Ma_\infty^2}\, y} \sin(2\pi x) = -0.22 \text{ m/s}$$

$$Ma = \frac{\sqrt{u^2 + v^2}}{a} = 0.75$$

$$p = \left(\frac{1 + \frac{\gamma - 1}{2} Ma_\infty^2}{1 + \frac{\gamma - 1}{2} Ma^2}\right)^{\frac{\gamma}{\gamma - 1}} p_\infty = 90\,850 \text{ Pa}$$

$$T = \left(\frac{p}{p_\infty}\right)^{\frac{\gamma-1}{\gamma}} T_\infty = 279.3 \text{ K}$$

11.6 试证位函数：

$$\phi = \frac{V_\infty}{\beta} h \sin\left(\frac{2\pi}{l}x\right) e^{-2\pi\beta y/l}$$

满足亚声速小扰动线化方程，式中 $\beta = \sqrt{1-Ma_\infty^2}$。试写出流线的微分方程，并用积分求解流线方程。假定 h 十分微小，求在 x 坐标轴附近的一条流线的近似表达式，以及 y 很大时的流线形状。

答：

$$\frac{\partial \phi}{\partial x} = \frac{V_\infty}{\beta} h \frac{2\pi}{l} \cos\left(\frac{2\pi}{l}x\right) e^{-\frac{2\pi\beta y}{l}}$$

$$\frac{\partial^2 \phi}{\partial x^2} = -\frac{V_\infty}{\beta} h \left(\frac{2\pi}{l}\right)^2 \sin\left(\frac{2\pi}{l}x\right) e^{-\frac{2\pi\beta y}{l}}$$

$$\frac{\partial \phi}{\partial y} = -\frac{2\pi V_\infty}{l} h \sin\left(\frac{2\pi}{l}x\right) e^{-\frac{2\pi\beta y}{l}}$$

$$\frac{\partial^2 \phi}{\partial y^2} = V_\infty \beta h \left(\frac{2\pi}{l}\right)^2 \sin\left(\frac{2\pi}{l}x\right) e^{-\frac{2\pi\beta y}{l}}$$

则

$$\beta^2 \frac{\partial^2 \phi}{\partial x^2} + \frac{\partial^2 \phi}{\partial y^2} = 0$$

满足亚声速小扰动线化方程。

$$\frac{\partial \psi}{\partial x} = -\frac{\partial \phi}{\partial y} = \frac{2\pi V_\infty}{l} h \sin\left(\frac{2\pi}{l}x\right) e^{-\frac{2\pi\beta y}{l}}$$

$$\frac{\partial \psi}{\partial y} = \frac{\partial \phi}{\partial x} = \frac{V_\infty}{\beta} h \frac{2\pi}{l} \cos\left(\frac{2\pi}{l}x\right) e^{-\frac{2\pi\beta y}{l}}$$

第一式进行积分得

$$\psi = -V_\infty h \cos\left(\frac{2\pi}{l}x\right) e^{-\frac{2\pi\beta y}{l}} + Cy \quad (C \text{ 为常数})$$

再对 y 进行求得

$$\frac{\partial \psi}{\partial y} = \frac{2\pi\beta}{l} V_\infty h \cos\left(\frac{2\pi}{l}x\right) e^{-\frac{2\pi\beta y}{l}} + C$$

联立第二式可解得

$$C = \frac{2\pi}{\beta l} V_\infty h\cos\left(\frac{2\pi}{l}x\right) e^{-\frac{2\pi\beta y}{l}} (1 - \beta^2)$$

$$\psi = - V_\infty h\cos\left(\frac{2\pi}{l}x\right) e^{-\frac{2\pi\beta y}{l}} + \frac{2\pi}{\beta l} V_\infty h\cos\left(\frac{2\pi}{l}x\right) e^{-\frac{2\pi\beta y}{l}} (1 - \beta^2) y$$

则 x 坐标轴附近的一条流线的近似表达式为

$$\psi_1 = - V_\infty h\cos\left(\frac{2\pi}{l}x\right)$$

y 很大时的流线形状为一条直线。

11.7 在低速不可压缩流动条件下，机翼上给定点处的压力系数为 -0.54。当自由流马赫数为 0.58 时，使用：

(1) 普朗特-格劳特法则；

(2) 卡门-钱法则；

(3) 赖特法则。

答：

$$\beta = \sqrt{1 - Ma_\infty^2} = \sqrt{1 - 0.58^2} = 0.8146$$

$$C_p(0) = -0.54$$

(1) 根据普朗特-格劳特法则：

$$C_p = \frac{1}{\beta} C_p(0) = -0.663$$

(2) 根据卡门-钱法则：

$$C_p = \frac{C_p(0)}{\sqrt{1 - Ma_\infty^2} + \frac{Ma_\infty^2}{\sqrt{1 - Ma_\infty^2} + 1} \frac{C_p(0)}{2}} = -0.706$$

(3) 根据赖特法则：

空气设定 $\gamma = 1.4$，

$$C_p = \frac{C_p(0)}{\sqrt{1 - Ma_\infty^2} + \frac{Ma_\infty^2}{\sqrt{1 - Ma_\infty^2}}\left(1 + \frac{\gamma - 1}{2} Ma_\infty^2\right)\frac{C_p(0)}{2}} = -0.776$$

11.8 在很低的马赫数下，二维翼型上某一点处的压强系数是 -0.5。试按线化理论，求 $Ma_\infty = 0.5$ 和 0.8 时该点的压强系数。

答：按线化理论，根据普朗特-格劳特法则对于亚声速翼型：

$$C_p = \frac{1}{\beta}C_p(0)$$

$$\beta = \sqrt{1 - Ma_\infty^2}$$

那么有，$Ma_\infty = 0.5$ 时，

$$C_p = -0.577$$

$Ma_\infty = 0.8$ 时，

$$C_p = -0.833$$

11.9 二维翼型在气流中这样放置：使它的最低压强点出现在下表面。当远前方来流马赫数为0.3时，这点的压强系数为-0.782。试用普朗特-格劳特法则，求该翼型的临界马赫数。

答：

低速下：

$$C_{p_{min}\text{不}} = -0.782$$

应用普朗特-格劳特法则

$$C_{p_{min}} = \frac{C_{p_{min}\text{不}}}{\sqrt{1 - Ma_{cr}^2}}$$

由等熵关系式得

$$C_{p_{min}} = \frac{2}{\gamma Ma_{cr}^2}\left\{\left[\frac{2}{\gamma + 1}\left(1 + \frac{\gamma - 1}{2}Ma_{cr}^2\right)\right]^{\frac{\gamma}{\gamma-1}} - 1\right\}$$

联立上述各式即可求得

$$Ma_{cr} = 0.65$$

11.10 对于给定的翼型，临界马赫数为0.8。当 $Ma_\infty = 0.8$ 时，计算最小压力点的 p/p_∞ 值。

答：

$$\frac{p_{min}}{p_\infty} = \left[\frac{2}{\gamma + 1}\left(1 + \frac{\gamma - 1}{2}Ma_{cr}^2\right)\right]^{\frac{\gamma}{\gamma-1}} = 0.805$$

11.11 翼型 NACA 006 在亚声速风洞中做实验，测得 $a = 0$ 附近的升力曲线斜率如下：

Ma_∞	0.3	0.4	0.5	0.6	0.7	0.8
$\frac{dC_L}{d\alpha}\text{rad}^{-1}$	0.596	0.620	0.654	0.710	0.801	0.963

试绘制此实验曲线,并与按普朗特-格劳特法则推算的曲线相比较。

答：按普朗特-格劳特法则计算：

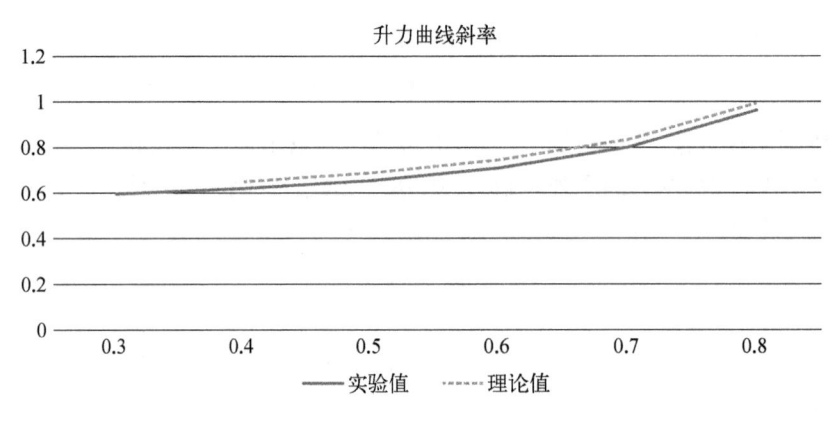

$$\frac{dC_L}{d\alpha} = \frac{\dfrac{dC_L(0)}{d\alpha}}{\sqrt{1-Ma^2}}$$

习题 11.11 图

从图像可以看出,理论值偏大。

11.12 习题 11.12 图显示了同一翼型上流动的四种情况,其中 Ma_∞ 从 0.3 逐渐增加到 $Ma_{cr} = 0.61$。翼型上的点 A 是翼型上的最小压力点(因此是最大马赫数)。假设最小压力(最大马赫数)继续出现在 Ma_∞ 增加的同一点上。在习题 11.12 图(a)部分,对于 $Ma_\infty = 0.3$,A 点的局部马赫数被任意选择为 $Ma_A = 0.435$,这种任意性是合理的,因为没有指定翼型形状,无论形状如何,最大马赫数 0.435 出现在翼型表面的 A 点。然而,一旦给出了习题 11.12 图(a)部分的数字,那么图(b)、(c)和(d)就不是任意的了。相反,Ma_A 是 Ma_∞ 在剩余图片中的唯一函数。以所有这些作为背景信息,从习题 11.12 图(a)所示的数据开始,当 $Ma_\infty = 0.61$ 时计算 Ma_A。显然,从习题 11.12 图(d)来看,结果应该是 $Ma_A = 1.0$,因为 $Ma_\infty = 0.61$ 被认为是临界马赫数。证明这个翼型的临界马赫数是 0.61。提示：假设普朗特-格劳特法则适用于此问题的条件。

答：解法 1：

这里如果假设已知气体的比热比

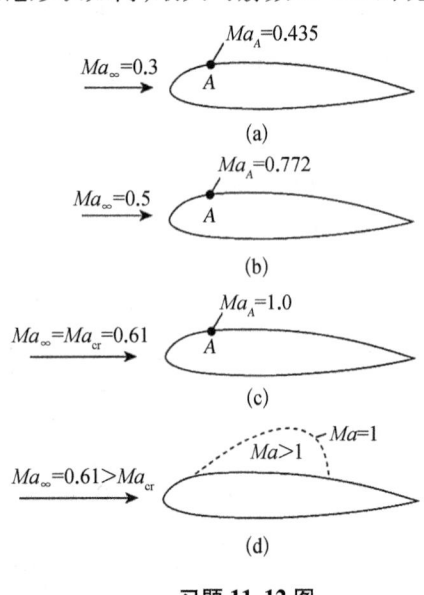

习题 11.12 图

γ 已知,等于 1.4。

那么在已知来流 $Ma_\infty = 0.3$ 和局部最大速度点 $Ma = 0.435$ 的情况下,局部最大速度点处的压强系数为

$$C_p(Ma_\infty) = \frac{p - p_\infty}{\frac{1}{2}\rho_\infty u_\infty^2} = \frac{2\left(\dfrac{p}{p_\infty} - 1\right)}{u_\infty^2} \frac{p_\infty}{\rho_\infty} = \frac{2\left(\dfrac{p}{p_\infty} - 1\right)}{\gamma} \frac{a_\infty^2}{u_\infty^2} = \frac{2}{\gamma Ma_\infty^2}\left(\frac{p}{p_\infty} - 1\right)$$

同时有等熵流公式下:

$$\frac{p}{p_\infty} = \left(\frac{1 + \dfrac{\gamma - 1}{2}Ma^2}{1 + \dfrac{\gamma - 1}{2}Ma_\infty^2}\right)^{\frac{\gamma}{\gamma-1}}$$

根据普朗特-格劳特法则:

$$C_p(Ma_\infty) = \frac{1}{\sqrt{1 - Ma_\infty^2}} C_p(0)$$

那么对于在临界点(即 $Ma = 1$ 计算对应的 $Ma_\infty = Ma_{cr}$),方程联立:

$$\frac{2}{\gamma Ma_\infty^2}\left[\left(\frac{1 + \dfrac{\gamma - 1}{2}Ma^2}{1 + \dfrac{\gamma - 1}{2}Ma_\infty^2}\right)^{\frac{\gamma}{\gamma-1}} - 1\right] = \frac{1}{\sqrt{1 - Ma_\infty^2}} C_p(0)$$

$$\frac{2}{\gamma Ma_{cr}^2}\left[\left(\frac{1 + \dfrac{\gamma - 1}{2}}{1 + \dfrac{\gamma - 1}{2}Ma_{cr}^2}\right)^{\frac{\gamma}{\gamma-1}} - 1\right] = \frac{1}{\sqrt{1 - Ma_{cr}^2}} C_p(0)$$

从而可以数值求解对应的 Ma_{cr}:

$$C_p(0) = -0.9894$$

$$Ma_{cr} \approx 0.61$$

解法 2:

如果假设气体的比热比 γ 未知。已知来流 Ma_∞ 和局部最大速度点 Ma 的情况下,局部最大速度点处的压强系数为

$$C_p(Ma_\infty) = \frac{p - p_\infty}{\frac{1}{2}\rho_\infty u_\infty^2} = \frac{2\left(\frac{p}{p_\infty} - 1\right)}{u_\infty^2} \frac{p_\infty}{\rho_\infty} = \frac{2\left(\frac{p}{p_\infty} - 1\right)}{\gamma} \frac{a_\infty^2}{u_\infty^2} = \frac{2}{\gamma Ma_\infty^2}\left(\frac{p}{p_\infty} - 1\right)$$

同时有等熵流公式下：

$$\frac{p}{p_\infty} = \left(\frac{1 + \frac{\gamma - 1}{2}Ma^2}{1 + \frac{\gamma - 1}{2}Ma_\infty^2}\right)^{\frac{\gamma}{\gamma-1}}$$

根据普朗特-格劳特法则：

$$C_p(Ma_\infty) = \frac{1}{\sqrt{1 - Ma_\infty^2}} C_p(0)$$

$$\frac{2}{\gamma Ma_\infty^2}\left[\left(\frac{1 + \frac{\gamma - 1}{2}Ma^2}{1 + \frac{\gamma - 1}{2}Ma_\infty^2}\right)^{\frac{\gamma}{\gamma-1}} - 1\right] = \frac{1}{\sqrt{1 - Ma_\infty^2}} C_p(0)$$

由于图中给出在两组来流马赫数和最大速度点处马赫数，那么联立上述进行计算，可以得到气体的比热比 γ 以及 $C_p(0)$。然后代入：

$$\frac{2}{\gamma Ma_{cr}^2}\left[\left(\frac{1 + \frac{\gamma - 1}{2}}{1 + \frac{\gamma - 1}{2}Ma_{cr}^2}\right)^{\frac{\gamma}{\gamma-1}} - 1\right] = \frac{1}{\sqrt{1 - Ma_{cr}^2}} C_p(0)$$

求得临界马赫数：

$$Ma_{cr} = 0.61$$

11.13 考虑圆柱上的流动。圆柱体和球体上的亚声速可压缩流动在性质上相似，但在量上不同于它们的不可压缩流动。实际上，由于这些物体的"钝性"，它们的临界马赫数相对较低。特别是：对于圆柱体：$Ma_{cr} = 0.404$；对于球体：$Ma_{cr} = 0.57$。在物理基础上解释为什么球体的 Ma_{cr} 高于圆柱体。

答：考虑到对于三维流动，尽管二者可以存在相同圆形横截面，但是其在垂直该横截面上，呈现出垂向或者说展向的不同。即选取横截面为对称面，将圆柱体和球体类比成翼型，对于圆柱，相当于圆形截面的无限翼展无后掠的平直翼，没有展向流动，当地合成速度偏大，导致当地马赫数达到1所对应的来流马赫数偏小；对于球体，存在展向流动，类似后掠翼流动，绕过球面的来流法向速度分量与二维圆柱绕流相比偏小，导致当地马赫数达到1所对应的来流马赫数偏大。

第 12 章
超声速薄翼型与机翼绕流气动特性

12.1 内容要点

12.1.1 超声速薄翼的绕流和近似理论

在超声速流动中,绕流物体产生的激波阻力大小与物体头部钝度存在密切的关系。由于钝物体的绕流将产生离体激波,激波阻力大;而尖头体的绕流将产生附体激波,激波阻力小。因此,对于超声速翼型,前缘最好做成尖的,如菱形、四边形、双弧形等。但是,对于超声速飞机,总是要经历起飞和着陆的低速阶段,尖头翼型在低速绕流时,较小迎角下气流就要发生分离,使翼型的气动性能变差。为此,为了兼顾超声速飞机的低速特性,目前低超声速飞机的翼型,其形状都采用小圆头的对称薄翼。

受激波和膨胀波的影响,翼型压强在激波后变大,在膨胀波后变小。激波阻力和升力与翼面上的压强分布有关。翼面的压强在激波后最大,以后沿翼面经一系列膨胀波而顺流逐渐减小。由于翼面前半段的压强大于后半段压强,因而翼面上压强的合力在来流方向将有一个向后的分力,即为波阻力。

当翼型处于小的正迎角时,由于上翼面前缘的切线相对于来流所组成的凹角,较下翼面的为小,故上翼面的激波较下翼面的弱,其波后马赫数较下翼面的大,波后压强较下翼面的低,所以上翼面的压强低于下翼面的压强,压强合力在与来流相垂直的方向上有一个分力,即升力。

为减小波阻,超声速翼型厚度都比较薄,弯度很小甚至为零,且飞行时迎角也很小。因此产生的激波强度也较弱,作为一级近似可忽略通过激波气流熵的增加,在无黏假设下可认为流场等熵有位,从而可用前述线化位流方程在给定线化边条下求解。

超声速二维流动的小扰动速度位所满足的线化位流方程为

$$B^2 \frac{\partial^2 \varphi}{\partial x^2} - \frac{\partial^2 \varphi}{\partial y^2} = 0$$

其中,$B = \sqrt{Ma^2 - 1}$。

该方程为二阶线性双曲型偏微分方程,x 沿来流,y 与之垂直。上述方程可用数理方程中的特征线法或行波法求解,得到通解:

$$\varphi(\xi,\eta) = f_1(x - By) + f_2(x + By)$$

式中,$x - By = $ 常数,$x + By = $ 常数,分别代表倾角为 $\arctan 1/B$ 和 $\arctan(-1/B)$ 的两族直线即马赫线。由于扰动不能逆传,对翼型上半平面流场,$\varphi = f_1(\xi) = f_1(x - By)$ 代表沿马赫线"$x - By = $ 常数"向下游传播到 (x, y) 点产生的扰动速度位。进一步推导,可得线化压强系数:

$$C_{p_u}(x, 0_+) = -2\left(\frac{u}{V_\infty}\right)_{y=0_+} = \frac{2}{B}\frac{dy_u}{dx}$$

对翼型下半平面流场,$\varphi = f_2(\eta) = f_2(x + By)$ 代表沿马赫线"$x + By = $ 常数"向下游传播到 (x, y) 点产生的扰动速度位,线化压强系数为

$$C_{p_l}(x, 0_-) = -\frac{2}{B}\frac{dy_l}{dx}$$

线化理论表明:压强系数与翼面斜率成线性关系,因此在线化理论范围内可把翼型分解为如下三个部分产生的压强系数叠加而得。

$$C_p = C_{p\alpha} + C_{pf} + C_{pc}$$

式中,下标 α 表示迎角为 α 的平板绕流;下标 f 表示迎角为零、中弧线弯度为 f 的弯板绕流;下标 c 表示迎角、弯度均为零,厚度为 c 的对称翼型绕流。

$$C_{pu}(x, 0_+) = \frac{2}{B}\left[-\alpha + \left(\frac{dy_u}{dx}\right)_f + \left(\frac{dy_u}{dx}\right)_c\right]$$

$$C_{pl}(x, 0_-) = \frac{2}{B}\left[\alpha - \left(\frac{dy_l}{dx}\right)_f - \left(\frac{dy_l}{dx}\right)_c\right]$$

因此,上下翼面的压强系数写为

$$C_{pu}(x, 0_+) = \frac{2}{B}\left[\left(\frac{dy_u}{dx}\right)_\alpha + \left(\frac{dy_u}{dx}\right)_f + \left(\frac{dy_u}{dx}\right)_c\right]$$

$$C_{pl}(x, 0_-) = -\frac{2}{B}\left[\left(\frac{dy_l}{dx}\right)_\alpha + \left(\frac{dy_l}{dx}\right)_f + \left(\frac{dy_l}{dx}\right)_c\right]$$

薄翼型上、下翼面任一点的载荷系数可表为

$$(\Delta C_p) = (C_{pl} - C_{pu})_\alpha + (C_{pl} - C_{pu})_f + (C_{pl} - C_{pu})_c = \frac{4}{B}\alpha - \frac{4}{B}\left(\frac{dy}{dx}\right)_f$$

从而可见亚声速绕流与超声速绕流时载荷系数分布的典型区别如下。

亚声速平板:前缘载荷很大,原因是前缘从下表面绕上来很大流速的绕流;后缘载荷为零,原因是后缘要满足压强相等的库塔条件。

超声速平板:上下翼面压强系数大小相等,载荷系数为常数,原因是超声速时上下表

面流动互不影响。

超声速厚度问题：上游为压缩，下游为膨胀，不产生升力，只产生阻力。

超声速弯度问题：上表面上游为压缩，下游为膨胀，下表面上游为膨胀，下游为压缩，也不产生升力，只产生阻力，这一点与亚声速很不相同。

在超声速线化小扰动条件下，翼型厚度和弯度一样都不会产生升力，升力仅由平板部分的迎角产生：

$$C_L = (C_L)_\alpha = \frac{4\alpha}{B}$$

总的波阻系数为

$$C_{d_b} = (C_{d_b})_\alpha + (C_{d_b})_f + (C_{d_b})_c$$

$$= \frac{4}{B}\left[\alpha^2 + \frac{1}{b}\int_0^b \left(\frac{dy}{dx}\right)_f^2 dx + \frac{1}{b}\int_0^b \left(\frac{dy_u}{dx}\right)_c^2 dx\right]$$

上式表明，薄翼型的波阻系数由两部分组成，一部分与升力有关，另一部分仅与弯度和厚度有关。

与升力无关而仅与弯度和厚度有关的波阻称为零升波阻$(C_{d_b})_0$：

$$(C_{d_b})_0 = \frac{4}{bB}\int_0^b \left[\left(\frac{dy}{dx}\right)_f^2 + \left(\frac{dy_u}{dx}\right)_c^2\right] dx$$

综上所述，由于弯度对超声速翼型升力无贡献，为了降低零升波阻，超声速翼型一般应为无弯度的对称翼型，且厚度也不大，为了降低飞行阻力一般飞行迎角也不是很大，因为$C_L \sim \alpha$，$C_{d_b} \sim \alpha^2$，迎角较大时超声速翼型的升阻比下降较快。

线化超声速薄翼型的焦点位于翼弦中点。因为焦点是升力增量的作用点，而升力只与迎角有关，其载荷随迎角大小变化。但在平板上均匀分布，因此焦点位于翼弦中点。当翼型无弯度时，压力中心与焦点重合，都位于翼弦中点。翼型低速绕流时焦点位置约距前缘 1/4 弦长处，而翼型超声速绕流时焦点位置则距前缘 1/2 弦长处，即从低速到超声速翼型焦点显著后移，这对飞机的稳定性和操纵性都有很大影响。

12.1.2　无限翼展斜置翼的超声速气动特性

对一斜置角为 χ 的无限翼展斜置翼，来流马赫数可分解为垂直于前缘的法向分量和平行于前缘的切向分量：

$$Ma_{\infty n} = Ma_\infty \cos\chi, \quad Ma_{\infty t} = Ma_\infty \sin\chi$$

若不考虑气流黏性，则切向分量对机翼的气动特性不产生影响，无限翼展斜置翼的气动特性主要取决于来流马赫数的法向分量，且仅当 $Ma_{\infty n} > 1$ 时斜置翼才具有超声速绕流特性，否则即使 $Ma_\infty > 1$，无限斜置翼的绕流特性仍为亚声速特性，不存在波阻力。

根据超声速翼型上下表面的压强系数公式和无限斜置翼压强系数与法向压强系数式,可得无限斜置翼压强系数:

$$C_{p_l^u} = \frac{2\cos\chi}{\sqrt{Ma_\infty^2 \cos^2\chi - 1}}\left[\mp \alpha \pm \left(\frac{\mathrm{d}y}{\mathrm{d}x}\right)_f \pm \left(\frac{\mathrm{d}y_{u_l}}{\mathrm{d}x}\right)_c\right]$$

和无限斜置翼载荷系数:

$$\Delta C_p = C_{p_l} - C_{p_u} = \frac{4\cos\chi}{\sqrt{Ma_\infty^2 \cos^2\chi - 1}}\left[\alpha - \left(\frac{\mathrm{d}y}{\mathrm{d}x}\right)_f\right]$$

无限斜置翼的升力系数公式为

$$C_L = \frac{4\alpha\cos\chi}{\sqrt{Ma_\infty^2 \cos^2\chi - 1}}$$

无限斜置翼波阻系数公式为

$$C_{d_b} = \frac{4\cos\chi}{\sqrt{Ma_\infty^2 \cos^2\chi - 1}}\left[\alpha^2 + \frac{1}{b}\int_0^b \left(\frac{\mathrm{d}y}{\mathrm{d}x}\right)_f^2 \mathrm{d}x + \frac{1}{b}\int_0^b \left(\frac{\mathrm{d}y}{\mathrm{d}x}\right)_c^2 \mathrm{d}x\right]$$

与斜置翼的亚声速绕流相反,增加后掠角却可提高超声速斜置翼的升力线斜率;同时在一定后掠角范围内,增加后掠角将减小机翼的零升波阻系数。这就是超声速飞行多使用后掠翼的原因。

12.1.3　薄机翼超声速绕流的气动特性

超声速机翼不同边界对机翼绕流性质有很大影响,从而影响机翼的气动特性,因此必须将机翼的边界划分为前缘、后缘和侧缘。

机翼与来流方向平行的直线首先相交的边界为前缘,第二次相交的边界为后缘,与来流平行的机翼边界为侧缘。是否前缘、后缘或侧缘自然还与来流与机翼的相对方向有关。

如果来流相对于前(后)缘的法向分速小于声速($Ma_{\infty n}<1$),则称该前(后)缘为亚声速前(后)缘;反之若$Ma_{\infty n}>1$,则称该前(后)缘为超声速前(后)缘;如果$Ma_{\infty n}=1$则称为声速前(后)缘。

在超声速三维机翼中仅受单一前缘影响的区域称为二维流区(每点的依赖区只包含一个前缘)。其余非阴影部分为三维流区,其影响区包含两个前缘(或一前缘一侧缘或还含后缘)。

在二维流区中,可将机翼看成为一无限翼展直机翼或无限翼展斜置翼,其特点是流动参数仅与垂直于前缘的法向翼型有关而与机翼平面形状无关。对于平板机翼,其中二维流区上下表面的压强系数为

$$C_{p_l^u} = \mp \frac{2\alpha\cos\chi}{\sqrt{Ma_\infty^2 \cos^2\chi - 1}}$$

利用 $m = \dfrac{B}{K}$ 的关系进行变换,可得

$$C_{p_l^u} = \mp \frac{2\alpha m}{B\sqrt{m^2 - 1}}$$

在三维区流动参数与翼型和机翼平面形状都有关。

12.2 习 题 解 答

12.1 利用线化理论的结果,计算马赫数为 2.6 的自由流中无限薄平板在迎角为(1) $\alpha = 5°$、(2) $\alpha = 15°$、(3) $\alpha = 30°$ 的升力和波阻。

答:对于无限薄平板有

$$C_L = \frac{4\alpha}{\sqrt{Ma_\infty^2 - 1}}$$

$$C_D = \frac{4\alpha^2}{\sqrt{Ma_\infty^2 - 1}}$$

(1) $\alpha = 5°$:

$$C_L = \frac{4 \times \dfrac{5\pi}{180}}{\sqrt{2.6^2 - 1}} = 0.145\,4$$

$$C_D = \frac{4 \times \left(\dfrac{5\pi}{180}\right)^2}{\sqrt{2.6^2 - 1}} = 0.012\,7$$

(2) $\alpha = 15°$:

$$C_L = \frac{4 \times \dfrac{15\pi}{180}}{\sqrt{2.6^2 - 1}} = 0.436\,3$$

$$C_D = \frac{4 \times \left(\dfrac{15\pi}{180}\right)^2}{\sqrt{2.6^2 - 1}} = 0.114\,2$$

(3) $\alpha = 30°$:

$$C_L = \frac{4 \times \dfrac{30\pi}{180}}{\sqrt{2.6^2 - 1}} = 0.8727$$

$$C_D = \frac{4 \times \left(\dfrac{30\pi}{180}\right)^2}{\sqrt{2.6^2 - 1}} = 0.4569$$

12.2 具有对称菱形剖面的无限翼展机翼,见习题 12.2 图(a),以 $Ma = 2$ 在海平面空气中向左运动。相对厚度 $c = 0.15$,$\alpha = 2°$,利用激波膨胀波理论,试求图示翼型上 B 点的压强。

答:

(1) 从外场到 1 区 [习题 12.2 图(b)]:

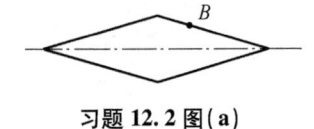

$$\delta_{\infty 1} = \gamma - \alpha = 6.53°$$

查表可知

$$\beta_1 = 35.75°$$

习题 12.2 图(a)

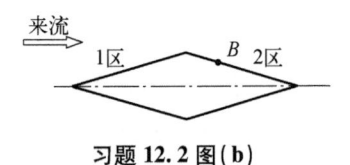

习题 12.2 图(b)

所以,

$$Ma_1^2 = \frac{Ma^2 + \dfrac{2}{\gamma - 1}}{\dfrac{2\gamma}{\gamma - 1}Ma^2\sin^2\beta_1 - 1} + \frac{\dfrac{2}{\gamma - 1}Ma^2\cos^2\beta_1}{Ma^2\sin^2\beta_1 + \dfrac{2}{\gamma - 1}} \approx 3.1212$$

得

$$Ma_1 \approx 1.7667$$

$$\frac{p_1}{p_\infty} = \frac{2\gamma}{\gamma + 1}Ma_\infty^2 \sin^2\beta_1 - \frac{\gamma - 1}{\gamma + 1} \approx 1.4263$$

其中,

$$p_\infty = 101\,325 \text{ Pa}$$

查表可知

$$\frac{p_1}{p_0} \approx 0.1831, \ \theta_1 = 19.76°$$

(2) 从 1 到 2 区:

$$\delta_{12} = 2\gamma = 17.06°$$

$$\theta_2 = \theta_1 + \theta_{12} = 19.76° + 17.06° = 36.82°$$

查表可知

$$Ma_2 \approx 2.4030, \frac{p_2}{p_0} \approx 0.06808$$

则

$$p_2 = \frac{\left(\dfrac{p_2}{p_0}\right)}{\left(\dfrac{p_1}{p_0}\right)} \times \left(\frac{p_1}{p_\infty}\right) \times p_\infty = \frac{0.06808}{0.1831} \times 1.4263 \times 101\,325 \approx 53\,727 \text{ Pa}$$

12.3 假设上题中机翼迎角为零度,试求 B 点的压强。
答：
本题和习题 12.2 只有一个变量有区别：

$$\alpha = 0$$

因此，

$$\delta_{\infty 1} = \gamma - \alpha = 8.53°$$

剩下流程与习题 12.2 完全一致。最后可得

$$p_2 = 60\,168 \text{ Pa}$$

12.4 洛克希德 F-104 超声速战斗机,如习题 12.4 图所示,是第一架设计用于 $Ma = 2$ 持续飞行的战斗机。F-104 体现了良好的超声速飞机设计,翼型厚度为 3.4%。机翼的平面面积为 18.21 m²。以 F-104 为例,在 11 km 的高度上以马赫数 2 的速度进行稳定的水平飞行。这架飞机的质量为战斗质量 9 400 kg。假设飞机的所有升力来自机翼上的升力(即忽略机身和尾部的升力)。计算机翼相对于自由流的迎角多少时,在 11 km 高度上的飞行马赫数为 2。

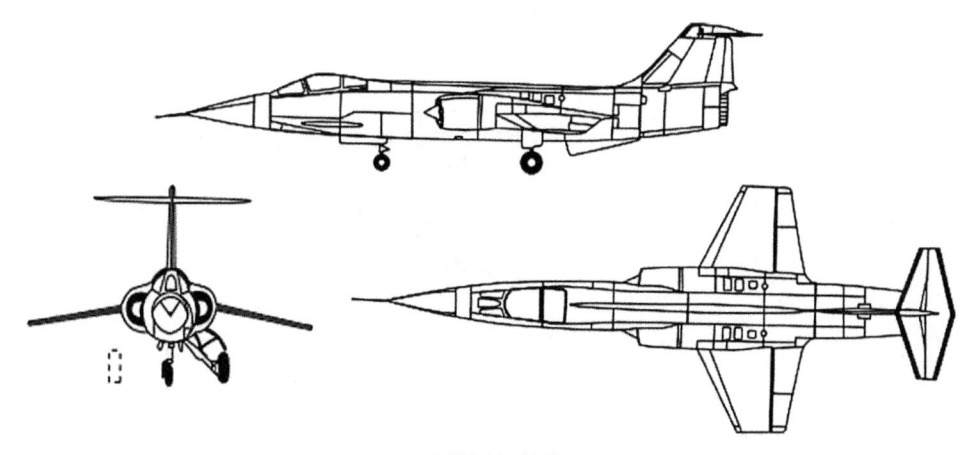

习题 12.4 图

答：

$$C_L = \frac{L}{\frac{1}{2}\rho v_\infty^2 S} = \frac{W}{\frac{1}{2}\rho Ma_\infty^2 a^2 S} = \frac{9\,400 \times 9.8}{\frac{1}{2} \times 0.371\,1 \times 2^2 \times 295.2^2 \times 18.21} = 0.782\,2$$

又因为

$$C_L = \frac{4\alpha}{\sqrt{Ma_\infty^2 - 1}}$$

得

$$\alpha = \frac{\sqrt{Ma_\infty^2 - 1}\,C_L}{4} = \frac{\sqrt{2^2 - 1} \times 0.782\,2 \times \frac{180}{\pi}}{4} = 1.94°$$

12.5 计算马赫数为 2.6 的自由流中无限薄平板在迎角为（1）$\alpha = 5°$、（2）$\alpha = 15°$、（3）$\alpha = 30°$ 的平板上下表面的压力（以 p/p_∞ 的形式）。

答：根据平板超声速绕流载荷系数计算公式可以得到

$$C_{pu}(x, 0^+) = -\frac{2}{B}\alpha, \quad C_{pd}(x, 0^-) = \frac{2}{B}\alpha$$

其中，$B = \sqrt{Ma_\infty^2 - 1}$。

将迎角转换为弧度制计算后可以得出：

(1) 平板上表面压力系数为 -0.072 7，下表面为 0.072 7；
(2) 平板上表面压力系数为 -0.218 2，下表面为 0.218 2；
(3) 平板上表面压力系数为 -0.436 3，下表面为 0.436 3。

12.6 二维平板在 6 km 高度，以 $Ma_\infty = 2$ 飞行，迎角为 10°。试用线化理论，计算上下表面间的压强差。

答：

$$C_y = \frac{4\alpha}{\sqrt{Ma_\infty^2 - 1}}$$

$$C_x = \frac{4\alpha^2}{\sqrt{Ma_\infty^2 - 1}}$$

$$\Delta C_p = \sqrt{C_y^2 + C_x^2} = \sqrt{1 + \alpha^2}\,\frac{4\alpha}{\sqrt{Ma_\infty^2 - 1}}$$

$$p_d - p_u = \Delta p = \frac{1}{2}\rho v_\infty^2 \Delta C_p = \frac{1}{2}\rho v_\infty^2 \sqrt{1 + \alpha^2}\,\frac{4\alpha}{\sqrt{Ma_\infty^2 - 1}}$$

$$\Delta p = \frac{1}{2} \times 0.6727 \times 2^2 \times 316.6^2 \sqrt{1+\left(\frac{10\pi}{180}\right)^2} \frac{4 \times \dfrac{10\pi}{180}}{\sqrt{2^2-1}} \text{Pa} = 55\,177 \text{ Pa}$$

12.7 如习题 12.7 图所示翼型,以 $Ma_\infty = 3$, $\alpha = 2°$ 运动,厚度与弦长之比为 0.1,且最大厚度出现在前缘之后 30% 弦长处。利用线化理论计算:

(1) 绕焦点的力矩系数;
(2) 压力中心的位置;
(3) 波阻系数;
(4) 零升力角。

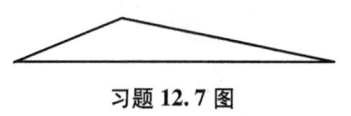

习题 12.7 图

答:

$$y_u(x) = \begin{cases} \dfrac{x}{3} & 0 \leqslant x \leqslant 0.3c \\ \dfrac{c-x}{7} & 0.3c \leqslant x \leqslant c \end{cases}$$

(1)

$$C_{m0.5c} = \frac{2}{\sqrt{Ma_\infty^2 - 1}} \int_0^1 \frac{\mathrm{d}y_u}{\mathrm{d}x} \frac{x - \dfrac{1}{2}c}{c} \mathrm{d}\left(\frac{x}{c}\right) = -0.0352$$

(2)

$$C_{mx_0} = \frac{-4\alpha}{\sqrt{Ma_\infty^2 - 1}}\left(\frac{1}{2} - \frac{x_0}{c}\right) + \frac{2}{\sqrt{Ma_\infty^2 - 1}} \int_0^1 \frac{\mathrm{d}y_u}{\mathrm{d}x} \frac{x - x_0}{c} \mathrm{d}\left(\frac{x}{c}\right) = 0$$

时,x_0 即为压力中心。解得 $x_0 = 1.214c$。

(3)

$$C_{Dw} = \frac{4\alpha^2}{\sqrt{Ma_\infty^2 - 1}} + \frac{2}{\sqrt{Ma_\infty^2 - 1}} \frac{1}{c} \int_0^c \left(\frac{\mathrm{d}y_u}{\mathrm{d}x}\right)^2 \mathrm{d}x = 0.0354$$

(4) 由

$$C_L = \frac{4\alpha}{\sqrt{Ma_\infty^2 - 1}}$$

可知零升迎角为 0°。

12.8 根据线性超声速理论,方程 $C_D = \dfrac{4\alpha^2}{\sqrt{M_\infty^2 - 1}}$ 预测平板的 C_D 随 Ma_∞ 的增加而减小,这是否意味着阻力本身随着 Ma_∞ 的增加而减少?为了回答这个问题,导出一个方

程式将阻力作为 Ma_∞ 的函数。

答：不是。

$$D = \frac{1}{2}\rho v_\infty^2 C_D = \frac{1}{2}\rho a^2 \frac{4\alpha^2 Ma_\infty^2}{\sqrt{Ma_\infty^2 - 1}} = 2\alpha^2 \rho a^2 \frac{Ma_\infty^2}{\sqrt{Ma_\infty^2 - 1}}$$

$\dfrac{Ma_\infty^2}{\sqrt{Ma_\infty^2 - 1}}$ 在 $Ma_\infty > 1$ 时，为单调递增函数，所以阻力 D 随 Ma_∞ 的增大而增大。

12.9 有一机翼,平面形状如习题 12.9 图所示,试求超声速前缘和亚声速后缘的 Ma_∞ 范围

答：超声速前缘：

$$Ma_\infty \geqslant \sqrt{1 + \left(\frac{2c}{3b}\right)^2}$$

亚声速后缘：

$$Ma_\infty \leqslant \sqrt{1 + \left(\frac{4c}{3b}\right)^2}$$

所以，

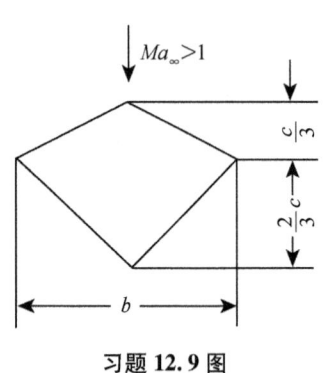

$$Ma_\infty \in \left[\sqrt{1 + \left(\frac{2c}{3b}\right)^2}, \sqrt{1 + \left(\frac{4c}{3b}\right)^2}\right]$$

习题 12.9 图

12.10 有一三角形机翼,前缘后掠角 χ_0 为 45°,现以 $V_\infty = 450$ m/s 速度飞行,试考虑飞行高度分别在海平面 5 500 m 和 11 000 m 时,该机翼前缘性质作何变化。

答：查表得海平面处,声速 $a = 340.40$ m/s, 则

$$Ma_\infty = \frac{450}{340.4} = 1.32$$

$$m = \frac{\sqrt{Ma_\infty^2 - 1}}{\tan\chi_0} = \frac{\sqrt{1.32^2 - 1}}{1} = 0.86 < 1$$

所以为亚声速前缘。

查表得 5 500 m 处,声速 $a = 318.6$ m/s, 则

$$Ma_\infty = \frac{450}{318.6} = 1.41$$

$$m = \frac{\sqrt{Ma_\infty^2 - 1}}{\tan\chi_0} = \frac{\sqrt{1.41^2 - 1}}{1} = 1.00$$

所以为声速前缘。

查表得 11 000 m 处,声速 $a = 295.2$ m/s,则

$$Ma_\infty = \frac{450}{295.2} = 1.52$$

$$m = \frac{\sqrt{Ma_\infty^2 - 1}}{\tan\chi_0} = \frac{\sqrt{1.52^2 - 1}}{1} = 1.15 > 1$$

所以为超声速前缘。

12.11 试证明如习题 12.11 图所示矩形平板翼面区域 I 的升力,等于该区为超声速二维值所产生升力的一半。

答:对于二维范围内,单位面积的平均升力为定值:

$$\overline{CL_{2D}} = CL_{2D} = \frac{4\alpha}{\sqrt{Ma_\infty^2 - 1}}$$

对于三维区的距离对称面距离为 z',距离前缘为 x' 的单位面积升力为

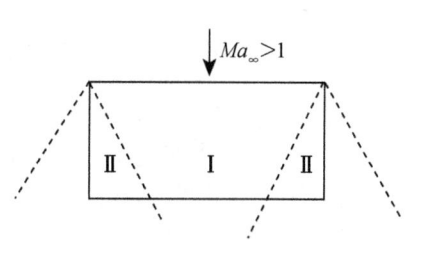

习题 12.11 图

$$CL_{3D} = \frac{4\alpha}{\pi\sqrt{Ma_\infty^2 - 1}}\arccos(1 + 2t') = \frac{8\alpha}{\pi\sqrt{Ma_\infty^2 - 1}}\arcsin\sqrt{-t'}$$

$$t' = \sqrt{Ma_\infty^2 - 1}\,\frac{z'}{x'} = \sqrt{Ma_\infty^2 - 1}\,\tan\theta$$

$$\tan\theta = \frac{z'}{x'}$$

对于三维区范围内,平均升力为

$$S_3 = b^2\sqrt{Ma_\infty^2 - 1}$$

$$\overline{CL_{3D}} = \frac{2}{S_3}\iint_{dS} CL_{3D}\,dS = \frac{8\alpha b^2}{S_3\pi(Ma_\infty^2 - 1)}\int_{-1}^{0}\arcsin\left(\sqrt{-t'}\right)dt' = \frac{2\alpha}{\sqrt{Ma_\infty^2 - 1}}$$

那么有

$$\overline{CL_{3D}} = \frac{1}{2}\overline{CL_{2D}}$$

第 13 章 跨声速薄翼型与机翼绕流气动特性

13.1 内容要点

13.1.1 翼型的跨声速流动特性

由于从超声速过渡到亚声速往往要通过激波实现,因此跨声速流场中往往包含局部激波。薄翼的跨声速流场主要在来流马赫数 Ma_∞ 接近 1 时出现,钝头物体作超声速运动时,在头部脱体激波之后也会出现跨声速流。

随来流马赫数增大,机翼表面某些点的流速也相应增大,当来流马赫数最大到某一值时($Ma_\infty<1$),物体表面某些局部速度恰好达到当地声速($Ma=1$),此时对应的来流马赫数称为临界马赫数(或下临界马赫数)$Ma_{\infty 临}$,对应 $Ma=1$ 处的压强称为临界压强 $P_临$。其压强分布与翼型相对厚度、相对弯度和迎角等参数有关,因此翼型的临界马赫数也与这些参数有关,对机翼来说,其临界马赫数还与其平面形状有关。

如果来流马赫数 Ma_∞ 继续增大($Ma_\infty>Ma_{\infty 临}$),翼型表面上将产生局部超声速区和激波,气动特性将发生剧烈变化。显然这种变化将从来流马赫数超过临界马赫数开始,因此确定 $Ma_{\infty 临}$ 就十分重要。

临界压强系数为

$$C_{p临}=\frac{2}{\gamma Ma_{\infty 临}^2}\left(\frac{p_临}{p_\infty}-1\right)=\frac{2}{\gamma Ma_{\infty 临}^2}\left\{\left[\frac{2}{\gamma+1}\left(1+\frac{\gamma-1}{2}Ma_{\infty 临}^2\right)\right]^{\frac{\gamma}{\gamma-1}}-1\right\}$$

临界马赫数越小,翼面临界压强系数负值越大。

对已知翼型,随来流 Ma_∞ 加大,翼面最低压强点最先达到临界状态。翼型最低压强点压强系数 $C_{p_{\min}}$ 随马赫数 Ma_∞ 的变化可按普朗特-格劳特压缩性修正法则计算:

$$(C_{p_{\min}})_{Ma_\infty}=\frac{(C_{p_{\min}})_{Ma=0}}{\sqrt{1-Ma_\infty^2}}$$

或卡门-钱修正法则计算:

$$(C_{p_{\min}})_{Ma_\infty}=\frac{(C_{p_{\min}})_{Ma=0}}{\sqrt{1-Ma_\infty^2}+\frac{Ma_\infty^2}{1+\sqrt{1-Ma_\infty^2}}\frac{(C_{p_{\min}})_{Ma=0}}{2}}$$

对于斜置翼,翼面压强仅与垂直于前缘的法向剖面绕流有关,当斜置翼法向剖面最低压强点 $Ma_n = 1$ 时,对应的来流马赫数称为斜置翼临界马赫数,其临界压强系数表为

$$C_{p临} = \frac{2}{\gamma Ma_{\infty 临}^2}\left\{\left[\frac{2}{\gamma + 1}\left(1 + \frac{\gamma - 1}{2}Ma_{\infty 临}^2\cos^2\chi\right)\right]^{\frac{\gamma}{\gamma - 1}} - 1\right\}$$

对给定临界压强系数,增大后掠角将提高机翼的临界马赫数。

在跨声速范围内,翼型升力系数随马赫数的变化是几上几下的。

在 Ma_∞ 小于 $Ma_{\infty 临}$ 时,翼型阻力主要是由气流黏性引起,所以阻力系数随 Ma_∞ 的变化不大。当来流 Ma_∞ 超过 $Ma_{\infty 临}$ 进入跨声速流后,随 Ma_∞ 增大翼面上超声速区逐渐扩大出现激波产生波阻力,阻力系数增大。当激波越过翼型顶点后,强度迅速加大的激波导致波阻系数急剧增加出现阻力发散现象,因此激波越过顶点时对应的来流马赫数称为阻力发散马赫数 Ma_D。

在跨声速范围内,由于翼面激波的移动使得压力中心位置随之前后剧烈移动,导致翼型纵向力矩发生很大变化。

为了提高翼型阻力的发散马赫数 Ma_D,以缓和和延迟翼型气动力特性的剧烈变化而提出了所谓超临界翼型的概念和设计。超临界翼型上翼面曲率较小比较平坦,使来流 Ma_∞ 超过临界马赫数后,大约从距前缘5%弦长处沿上表面为无加速的均匀超声速,这样结尾激波前的超声速马赫数较低,激波强度较弱,且伸展范围不大,波后逆压梯度较小,边界层不易分离,从而缓和了阻力发散现象。

为了补偿超临界翼型前段升力的不足,一般将后缘附近的下表面做成内凹形以增大翼型后段弯度使后段能产生较大升力。

13.1.2 跨声速面积律

理论与风洞试验发现,飞机在跨声速飞行时,飞机的零升波阻受其横截面积的纵向分布影响较大,而且与横截面积分布相同的旋成体的零升波阻相同。这就是说,飞机在纵向位置上的横截面积形状对波阻无影响,有影响的是横截面积大小在纵向的变化方式。因为飞机横截面积大小分布不同,零升波阻不同。那么在满足一定容积的情况下,什么样的面积分布零升波阻最小?具有这样特性的旋成体,就是著名的西亚斯-哈克(Sears-Haack,S-H)旋成体。在实际应用中,通常假设机翼和尾翼不变,只是通过修型机身来改变飞机总的横截面积的分布规律,这样就提出了所谓的蜂腰机身结构。这是 NASA 惠特科姆(Whitcomb)提出通过修型机身减少零升波阻的有效方法。实验发现,应用面积律可使跨声速的零升波阻降低25%~30%,但随着马赫数增大,面积律的减阻效果逐渐减弱。当马赫数在1.8~2.0时,面积律效果几乎为零。飞机在跨声速飞行时,使用面积律设计,可以推迟零升波阻的急剧上升,明显提高飞机的阻力发散马赫数。

13.2 习 题 解 答

13.1 某翼型在 Ma_∞ 增大到0.8时,翼型上最大速度点的速度已达声速。问此翼型在低

速时最大速度点的压强系数是多少？假设普朗特-格劳特法则可用。

答：最大速度点对应的为最低压强点，对应为马赫数 Ma 等于 1 及临界压强 P_c。

已知

$$Ma_\infty = 0.8$$

那么根据等熵流有

$$C_{pc} = \frac{2}{\gamma Ma_\infty^2}\left(\frac{P_c}{P_\infty} - 1\right) = \frac{2}{\gamma Ma_\infty^2}\left\{\left[\frac{2}{\gamma+1}\left(1 + \frac{\gamma-1}{2}Ma_\infty^2\right)\right]^{\frac{\gamma}{\gamma-1}} - 1\right\} = -0.4346$$

这里 $\gamma = 1.4$。根据普朗特-格劳特压缩性修正法则，低速情况下：

$$C_{pc} = \frac{C_{pc,0}}{\sqrt{1 - Ma_\infty^2}}$$

那么有此翼型在低速时最大速度点的压强系数是

$$C_{pc,0} = -0.2608$$

13.2 有一展弦比 λ 为 3.5 的矩形机翼，其剖面为 NACA 0006 翼型，在高度为 12 km 处以马赫数 $Ma_\infty = 0.85$ 做定常直线飞行。试计算仿射变换后对应于不可压流动中的仿射相关机翼的翼型相对厚度 c 和展弦比 λ。

答：可知 NACA 0006 的相对厚度为 6%。

对于不可压情况下有

$$c = \sqrt{1 - Ma_\infty^2} \times 0.06$$

$$\lambda = \sqrt{1 - Ma_\infty^2} \times 3.5$$

这是由于仿射变换中：

$$c_{可压} = \frac{1}{\sqrt{1 - Ma_\infty^2}} c_{不可压}$$

$$\lambda_{可压} = \frac{1}{\sqrt{1 - Ma_\infty^2}} \lambda_{不可压}$$

那么不可压情况下为

$$c = 3.16\%$$

$$\lambda = 1.84$$

13.3 一组仿射翼型在 $\alpha = 0°$ 条件下在低速风洞中做压强系数分布实验，取得最低压强系数和相对厚度的关系如下：

c	0.05	0.10	0.15	0.20
$C_{p_{min}}$	-0.1357	-0.1786	-0.2286	-0.300

求 $c=0.10$ 时这个翼型来流的临界马赫数。

答：由于此时低速风洞中得到的结果是

$$C_{p_{min}} = -0.1786$$

相对于临界马赫数 $Ma_{\infty,c}$ 下的结果：

$$C_{pc} = \frac{2}{\gamma Ma_{\infty,c}^2}\left\{\left[\frac{2}{\gamma+1}\left(1+\frac{\gamma-1}{2}Ma_{\infty,c}^2\right)\right]^{\frac{\gamma}{\gamma-1}} - 1\right\}$$

那么有

$$C_{pc} = \frac{C_{p_{min}}}{\sqrt{1-Ma_{\infty,c}^2}}$$

方程为

$$\frac{C_{p_{min}}}{\sqrt{1-Ma_{\infty,c}^2}} = \frac{2}{\gamma Ma_{\infty,c}^2}\left\{\left[\frac{2}{\gamma+1}\left(1+\frac{\gamma-1}{2}Ma_{\infty,c}^2\right)\right]^{\frac{\gamma}{\gamma-1}} - 1\right\}$$

通过数值求解得到临界马赫数：

$$Ma_{\infty,c} \approx 0.84$$

13.4 一展弦比 λ 为 10 的矩形机翼，以马赫数 $Ma_\infty = 0.6$ 做等速直线飞行，试求该机翼的升力线斜率 C_L^α，并将此结果与相同机翼在不可压流中的 C_L^α 进行比较。

答：矩形机翼，有 $\chi_{\frac{1}{2}} = 0$。

不可压低速翼型与亚声速翼型两者几何参数间的关系：

$$\lambda_{低速} = \sqrt{1-Ma^2} \times \lambda_{亚声速} = \sqrt{1-0.6^2} \times 10 = 8$$

已知

$$C_{y来流}^\alpha = 2\pi$$

根据升力面理论：

$$\frac{C_{y低速}^\alpha}{\lambda_{低速}} = \frac{2\pi}{2+\sqrt{4+\left[\lambda_{低速}\bigg/\left(\frac{C_{y来流}^\alpha}{2\pi}\cos\chi_{\frac{1}{2}}\right)\right]^2}}$$

可得

$$C_{y低速}^{\alpha} \approx 4.906, \quad C_{y亚声速}^{\alpha} = \frac{1}{\sqrt{1-Ma^2}} C_{y低速}^{\alpha} = \frac{1}{\sqrt{1-0.6^2}} \times 4.906 \approx 6.132$$

13.5 已知一展弦比 $\lambda = 3$ 的矩形薄机翼,在风洞中进行吹风试验,得到的数据如下:

Ma_∞	0.40	0.70	0.80	0.90	0.95
$\dfrac{dC_L}{d\alpha}\text{rad}^{-1}$	0.060 0	0.066 0	0.069 0	0.075 0	0.082 5

试根据上述实验数据,计算 $\lambda = 4$ 并具有相同翼型的矩形机翼在 $Ma_\infty = 0.80$ 时的升力线斜率 C_L^α 值。

答:查表可知:$\lambda = 3$, $Ma = 0.80$ 时,$C_y^\alpha = 0.069\,0$。

不可压低速翼型与亚声速翼型两者几何参数间的关系:

$$\lambda_{低速} = \sqrt{1-Ma^2} \times \lambda_{亚声速} = \sqrt{1-0.80^2} \times 3 = 1.8$$

$$C_{y低速}^{\alpha} = \sqrt{1-Ma^2} \times C_{y亚声速}^{\alpha} = \sqrt{1-0.80^2} \times 0.069\,0 = 0.041\,4$$

对于 $\lambda = 4$, $Ma = 0.8$:

$$\lambda_{低速} = \sqrt{1-Ma^2} \times \lambda_{亚声速} = \sqrt{1-0.80^2} \times 4 = 2.4$$

不同 λ 机翼升力线斜率换算公式:

$$\frac{C_{yA_1低速}^{\alpha}}{1 - \dfrac{C_{yA_1低速}^{\alpha}}{\pi\lambda_1(1+\tau_1)}} = \frac{C_{yA_2低速}^{\alpha}}{1 - \dfrac{C_{yA_2低速}^{\alpha}}{\pi\lambda_2(1+\tau_2)}}$$

其中,$\tau_1 = \tau_2 = 0.17$。得

$$C_{yA_2低速}^{\alpha} \approx 0.039\,78, \quad C_{yA_2亚声速}^{\alpha} \approx 0.066\,3$$

13.6 展弦比 $\lambda = 5$ 的矩形薄翼,以马赫数 $Ma_\infty = 0.85$ 等速直线飞行,试分别用普朗特-格劳特法则和根据仿射组合参数查图线法,计算该机翼在迎角 $\alpha = 5.73°$ 时的升力系数。

答:矩形机翼,有:$\chi_{\frac{1}{2}} = 0$。

已知:$C_{y来流}^{\alpha} = 2\pi$。

不可压低速翼型与亚声速翼型两者几何参数间的关系:

$$\lambda_{低速} = \sqrt{1-Ma^2} \times \lambda_{亚声速}$$

根据升力面理论:

$$\frac{C_{y低速}^{\alpha}}{\lambda_{低速}} = \frac{2\pi}{2 + \sqrt{4 + \left[\lambda_{低速} \bigg/ \left(\dfrac{C_{y来流}^{\alpha}}{2\pi}\cos\chi_{\frac{1}{2}}\right)\right]^2}}$$

可得

$$C_{y低速}^{\alpha} \approx 3.1183, \quad C_{y亚声速}^{\alpha} = \frac{1}{\sqrt{1-Ma^2}} C_{y低速}^{\alpha} = \frac{1}{\sqrt{1-0.85^2}} \times 3.1183 \approx 5.92$$

$$C_{y亚声速} = C_{y亚声速}^{\alpha} \alpha = 5.92 \times \frac{5.73\pi}{180} \approx 0.592$$

13.7 现有跨声速流动 $Ma_\infty = 0.95$，设一矩形机翼，翼型的相对厚度 $c = 0.08$，展弦比 $\lambda = 4$。若保持流动相似，试求该机翼在跨声速流 $Ma_\infty = 1.07$ 时的展弦比和翼型的相对厚度。

答：根据跨声速相仿律：

$$\sqrt{|1-Ma^2|} \times A = \text{const}$$

$$\lambda \left[(\gamma+1) Ma^2 \times c \right]^{\frac{1}{3}} = \text{const}$$

取 $\gamma = 1.4$，得：$\lambda \approx 3.28$，$c \approx 0.114$。

13.8 对二维跨声速流动在小扰动理论范围内，可认为流动为无旋，其条件为

$$\frac{\partial u}{\partial y} - \frac{\partial v}{\partial x} = 0$$

试证明：如将上述以 x 和 y 为自变量的微分方程进行变换，以 u 和 v 作为自变量，即

$$x = X(u, v)$$
$$y = Y(u, v)$$

则可把上述 xy 平面上的非线性方程组变为速度平面上的线性方程组

$$\begin{cases} (1-Ma_\infty^2) \dfrac{\partial y}{\partial v} + \dfrac{\partial x}{\partial u} = (\gamma+1) Ma_\infty^2 \dfrac{u}{V_\infty} \dfrac{\partial y}{\partial v} \\ \dfrac{\partial x}{\partial u} - \dfrac{\partial y}{\partial v} = 0 \end{cases}$$

式中，Ma_∞ 为来流马赫数；V 为来流速度。

答：已知：$x = X(u, v)$，$y = Y(u, v)$

对 x 求导，得

$$1 = \frac{\partial X}{\partial u} \frac{\partial u}{\partial x} + \frac{\partial X}{\partial v} \frac{\partial v}{\partial x}$$

$$0 = \frac{\partial Y}{\partial u} \frac{\partial u}{\partial x} + \frac{\partial Y}{\partial v} \frac{\partial v}{\partial x}$$

对 y 求导，得

$$0 = \frac{\partial X}{\partial u}\frac{\partial u}{\partial y} + \frac{\partial X}{\partial v}\frac{\partial v}{\partial y}$$

$$1 = \frac{\partial Y}{\partial u}\frac{\partial u}{\partial y} + \frac{\partial Y}{\partial v}\frac{\partial v}{\partial y}$$

解上述方程：

$$\frac{\partial u}{\partial x} = \frac{1}{J}\frac{\partial Y}{\partial v}$$

$$\frac{\partial v}{\partial x} = -\frac{1}{J}\frac{\partial Y}{\partial u}$$

$$\frac{\partial u}{\partial y} = -\frac{1}{J}\frac{\partial X}{\partial v}$$

$$\frac{\partial v}{\partial y} = \frac{1}{J}\frac{\partial X}{\partial u}$$

其中，$J = \dfrac{\partial Y}{\partial v}\dfrac{\partial X}{\partial u} - \dfrac{\partial Y}{\partial u}\dfrac{\partial X}{\partial v}$。

将上式代入方程：

$$\frac{\partial u}{\partial y} - \frac{\partial v}{\partial x} = 0$$

$$(1 - Ma_\infty^2)\frac{\partial u}{\partial x} + \frac{\partial v}{\partial y} = (\gamma + 1)Ma_\infty^2 \frac{u}{V_\infty}\frac{\partial u}{\partial x}$$

可得证。

第14章
高升力装置及其气动性能

14.1 内 容 要 点

为了实现飞机在不同飞行速度和姿态情况下的要求,设计上是在巡航状态下机翼形状的基础上,采用各种活动面措施,以达到增大升力的目的。这些增加升力的装置称为增升装置。增加升力的方法主要有:

(1) 增大机翼的有效面积(可通过增加机翼的弦长实现,在保持外形不变的情况下,增大机翼的面积);

(2) 增加机翼的弯度(增加机翼的弯度,相当于增加环量);

(3) 改善缝道的流动品质(通过缝隙流动,改善翼面上的边界层流动来延迟分离,提高失速迎角和最大升力系数);

(4) 通过流动控制,达到动力增升的目的。

根据增升装置的位置不同,分为前缘增升装置和后缘增升装置。前缘增升装置有前缘缝翼、前缘下垂、前缘襟翼和克鲁格襟翼等构型。其中,前缘缝翼偏转产生较大的升力增量,失速迎角大,失速特性好。结构重量上,它可做成封闭的扭力盒,受力形式合理,所以比克鲁格襟翼为轻。其次是缝翼的铰链力矩小,动作操作系统也简单。后缘增升装置有简单襟翼、开裂襟翼、单缝襟翼、富勒襟翼、双缝襟翼、三缝襟翼等构型。

增升装置形式的选择与飞机的起飞和着陆特性要求密切相关。翼载发生很大变化的飞机,比较紧张的是起飞阶段,因为起飞翼载很大,单位载荷要求的升力就很大,而着陆的翼载要比起飞时小得多(燃油重量的减小),升力较容易满足。而对翼载变化较小且有较大功率(或推力)动力装置的飞机来说,比较紧张的是着陆阶段,因为着陆时翼载还很大,起飞阶段在很大程度上因为相当大的动力而容易实施。

对于军用飞机,属于前一种情况,由于巡航中要消耗大量的燃料以及投掷各种武器,翼载变化很大,比较紧张的是起飞,因此起飞构型作为设计构型;对于民用飞机,通常是载客或载货,翼载变化较军机要小,因而着陆构型作为它的设计状态。

常规起飞、着陆方式的飞机,都必须具有后缘增升装置;如果有前缘失速发生的可能,应具有前缘增升装置。但对于轻型飞机和小型螺旋桨飞机,其所使用的翼型相对较厚,前缘半径较大,通常不需要考虑前缘增升装置。

多段翼型是指带增升装置的翼剖面形状,其特点如下:

(1) 对于襟翼偏角较大的多段翼型,即使来流马赫数不高,在其前缘的上表面也可能

出现有限的超声速流,存在跨声速区和激波边界层干扰;

(2) 上游翼段的尾迹经常与下游翼段表面上的边界层混合,合成的剪切层是一个混合边界层;

(3) 后缘襟翼翼面上的黏性流区域相对是很厚的,特别是在着陆构型下,即使在正常飞行条件下(即在远离最大升力系数达到之前),这相对很厚的黏性流区域也会导致流动分离;

(4) 当后缘襟翼偏转时,在主翼后缘处会形成分离气泡,当前缘增升装置(前缘缝翼或克鲁格襟翼)偏转时,在小迎角下也可能产生同样的流动状态。

14.2 习题解答

14.1 请说明多段翼型绕流的主要特点和增大升力的物理机制。

答:多段翼型绕流特点如下。

(1) 对于襟翼偏角较大的多段翼型,即使来流马赫数不高,在其前缘的上表面也可能出现有限的超声速流区,存在跨声速区或激波边界层干扰。

(2) 上游翼段的尾迹经常与下游翼段表面上的边界层混合,合成的剪切层是一个混合边界层。

(3) 后缘襟翼上翼面的黏性流区相对较厚,特别是在着陆构型下,即使在正常飞行条件下(即在远离最大升力系数达到之前),这相对较厚的黏性流区域也会导致流动分离。

(4) 当后缘襟翼偏转时,在主翼后缘处会形成分离气泡,当前缘高升力装置(前缘缝翼或克鲁格襟翼)偏转时,在小迎角下也可能产生同样的流动状态。

多段翼型升力增大的主要原因如下。

(1) 增加机翼的弯度效应。增加机翼的弯度,即增加环量,这时会产生较大的低头力矩,特别是在着陆进场时,需要水平安定面或升降舵后缘下偏来进行配平。

(2) 增加机翼的有效面积。大多数高升力装置是以增加机翼的基本弦长来实现增加机翼面积,以高升力装置未打开时的机翼面积为参考面积,高升力装置打开后机翼的有效面积增加了,升力也就增大了。这样,参考面积不变,则相当于增加了零迎角的升力系数,因而大大提高了最大升力系数。

(3) 改善缝道的流动品质、延迟分离。通过改善翼段之间缝道的流动品质,改善翼面上的边界层状态,来增强边界层承受逆压梯度的能力,延迟分离,提高失速迎角,增大最大升力系数。

14.2 前缘缝翼对升力系数增大的物理原因是什么?说明缝道流动对增升所起的作用。

答:前缘缝翼是通常应用在多段翼构型上提高最大升力的气动装置,主要在飞机进场着陆时打开使用。其主要目的是利用气流加速通过缝翼与主翼之间狭窄的收缩通道后增大主翼吸力面附面层内的流动速度,消除分离旋涡以延缓失速。展开后的缝翼会明显增大翼型的失速迎角和最大升力系数,但在小迎角时对升力系数的影响较小

14.3 说明后缘襟翼下偏对增大升力所起的作用。

答：后缘襟翼下偏，适当增大了弯度，增大机翼的有效面积；通过缝道流动，改善翼面上的边界层流动来延迟分离进而增大升力。

14.4 前缘下垂和前缘缝翼绕流的主要差别是什么？

答：前缘缝翼由于与主翼之间有收缩通道以及其特殊的外形，其附近存在着边界层转捩、分离以及凹腔非定常流动等多种流动现象。前缘缝翼凹腔内存在非定常流动、缝翼下尾缘边界层分离、剪切层流动尾缘涡脱落则等流动现象。

由于前缘下垂构型不存在前缘增升装置与主翼之间的缝道，也没有凹腔的存在，更没有钝尾缘，这种增升装置彻底消除了由于缝道流动、凹腔流动带来的影响。

14.5 多段翼高升力装置绕流气动噪声产生的主要物理原因是什么？

答：前缘缝翼的主要噪声源位于缝翼尾缘、凹槽内部剪切层和流动再附区，在这些区域内，湍动能的数值最大，压力脉动也最为强烈。后缘襟翼的侧缘产生了强大的涡，包括高频的小尺度不稳定涡和低频的大尺度涡，这两种不同尺度的涡形成了襟翼的侧缘噪声源。

14.6 简述后缘铰链襟翼与扰流板下偏联合控制技术特点。

答：在单缝后缘铰链襟翼向下偏转时，由计算机控制扰流板同时下偏到一个最有利的位置，使缝道参数可以达到流动品质最佳的状态，襟翼可以偏转更大的角度，从而大大改善了单缝襟翼的气动性能。

14.7 说明未来高升力装置的发展趋势。

答：满足气动性能的条件下，重量减少、造价降低、机构简单、运行可靠、维护方便、噪声下降（简单、轻量、可靠、高效、降噪）。

参考文献

刘沛清,2018.流体力学通论[M].北京:科学出版社.
刘沛清,2021.空气动力学[M].北京:科学出版社.
钱翼稷,2004.空气动力学[M].北京:北京航空航天大学出版社.